U0001578

羅素‧布朗森 Russell Brunson———著   許玉意———譯

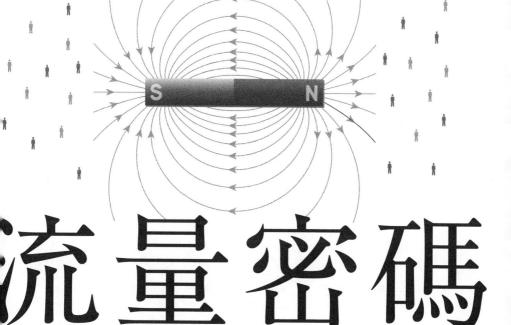

流量密碼

流量致富時代，

爆巨大流量的20個贏利思維，在任何平台都有效！

Traffic Secrets

The Underground Playbook for Filling Your Websites and Funnels with Your Dream Customers

「控制流量是任何獲利企業的聖杯。這本書是一個網路公式，能讓每一個產品都獲得成功所需要的關注度。」

——史蒂芬·拉森（Steve J Larsen）

本書獻給我蒙召去服務的企業家們：我的漏斗駭客（Funnel Hackers）。你們讓我有機會做一份我感興趣、覺得有意義且有價值的工作。網路行銷機密三部曲的最後這一本書，是為了幫助你找到更多等待你傳播訊息的人。如果這本書能幫助你觸及到人，哪怕只是一兩個，並用你的天賦改變他們的生活，那麼這本書就是成功的。

Contents

Part Three
成長駭客

如果你正確運用這本書，可能會改變人生

「2 萬 5 千美元。有人喊 3 萬嗎？」

拍賣師的語速極快，隨著出價越高，語調間營造的懸疑感也越大。

「有。」我說。

「前頭這位黑髮先生出價 3 萬美元。」

「4 萬。」在我身後有人說。

「後面這位先生喊價 4 萬美元。」

「4 萬 5。」我說。

「4 萬 5 千美元！」

我看不出是誰在和我競價，但拍賣師最終喊到 5 萬美元時，我決定停止競標。令我訝異的是，我後面的人也一樣。接著，拍賣師喊道：「27 號，你得標了！」

我是 27 號。我贏了。我在競標維珍航空（Virgin Atlantic）一架商用飛機的命名。是的，我知道聽起來很做作，但這是為了偉大的目標。

在撰寫此文大約十二年前，我人在理查・布蘭森（Richard Branson）的其中一個慈善活動。我是在更早之前認識理查的，當時我和一個朋友為他的慈善機構「維珍聯合」（Virgin Unite）募集了一大筆錢。

　　在這次慈善活動，我也決定要全力以赴。理查會為這次活動所有支出買單，而我們捐的錢全數都會用來幫助那些最需要幫助的人。

　　顯然，坐在我後面三張桌子遠的那位先生也得出相同結論——這就是為什麼我要花 5 萬美元來命名一架飛機。

　　我得標後，理查站起來宣布：「為什麼要爭這個，孩子們？我給你們倆每人 5 萬美元！全都捐給慈善機構！」

　　和我一起上台（同時也是和我競價）的是一個年輕人，他看起來比實際年齡小十歲。

　　他的名字叫羅素・布朗森。

　　那是我第一次見到他本人。他是個很有魅力的人，他和我去那裡的理由一樣：幫助有需要的人。

　　那天在拍賣會房間裡的人，有些人超級有名，非常富有，遠比我和羅素都知名。但他是唯一讓我留下深刻印象的人。

　　直到幾年後我才真正認識羅素。在真正了解他這個人之後，才知道他是我所見過最謙遜、最聰明、最雄心勃勃、最充滿活力，以及最真誠的人之一。

　　最讓我印象深刻的是，他談及如何幫助創業家更快成長。他說起創業家的樣子，就好像他們是自己的孩子，而且興奮激動之情溢

於言表。

這在當今世界非常罕見。

羅素關注的焦點從來不是自己要賺多少錢，或是生意要做多大。他總是聚焦在如何幫助人們跑得更快。

他利用這股能量和熱情，與人合夥創辦一家名為「Click-Funnels」（按鍵漏斗）的公司，這家公司徹底改變人們利用網路將自己的想法轉化為可銷售產品和服務的方式。羅素確實為人們提供一條更快的路徑，幫助他們從自己的想法中產生影響和獲利。

羅素的熱情推動 ClickFunnels 成為有史以來發展最快的軟體即服務（software as a service, SaaS）公司之一，對全世界成千上萬人的生活產生莫大影響。

藉由使用羅素提供的軟體和培訓，人們獲得了前所未有的巨大成功。

但這並不是你需要讀這本書的唯一原因。

全球經濟以及我們消費產品和資訊的方式已發生劇烈變化，而且還會持續演變。那些不具必要技能和能力（亦即懂得銷售自家產品和服務、行銷實體店面，或者創造客戶上門的管道）的人，將會被狠甩在後。

我這麼說不是要嚇唬你。

但請理解，我也不是在亂說。

我預見到這股趨勢，而我和羅素有著同樣的熱情。我很幸運在自我教育行業工作超過二十二年。我是《紐約時報》暢銷書作家，而且有能力創辦十三家公司，締造超過 10 億美元的銷售額。

這些機會使我位居世界的前沿，而我能看到即將到來的變化。

還有比被遺棄更糟糕的感覺嗎？出自想要幫助你避免這種感覺的熱情，是羅素‧布朗森寫這本書的原因，也是我寫這篇推薦序的原因。

這本書揭示了如何以最先進的方式來推動人們的目光，並定睛在你的產品或服務上，以**幫助人們找到你。**

有一部凱文‧科斯納（Kevin Costner）主演的經典電影：《夢幻成真》（*Field of Dreams*）[1]。這是一部關於在荒郊野外建立棒球場的故事。這部電影很棒，但它傳遞出一個不好的訊息，那就是人們會僅僅因為場地蓋好了就主動上門。

不幸的是，太多商界人士光從字面上理解這個概念，就決定以這種方式經營他們的企業。他們認為只要打造出最好的產品或服務，發明出最好的裝置，創造出最好的策劃，或寫出最好的書，世人就會自己找到你。這些人天真認為只要創造最好的產品或服務，人們自然會前來購買。

現實是，顧客不會就這樣出現。

除非人們知道你的存在，而且你有給出一個引人入勝的充分理由吸引人潮上門，否則他們不會出現。

沒有好的行銷，你的想法就只是好想法，沒別的了。想像當你八十歲的時候回顧過去，自己的一生似乎就只是在嘗試二十個不同的偉大想法，卻從未真正產生過你想要的影響力。

事情不一定非得如此。

羅素有著非常豐富的專業知識，他在這本書中傾其所知，揭示

一種「新的」方式，可以找到正確的顧客上門使用你的產品、服務、想法、公司、企畫或書籍。他將告訴你一些祕密，而且從未有人用這種方式告訴過你，以簡單易懂的形式讓他的內容相當容易吸收和理解。

他將準確地揭示出如何為你的業務、產品或網站帶來流量。

如果你正確地閱讀和運用這本書，可能會改變你的人生。

讀完這本書，你就會更清楚地理解，為什麼某些網路公司能蓬勃發展，而其他公司卻舉步維艱。

你會明白，為什麼你以前創辦的企業或生意未能得到你期望的結果。

你可能也會明白你已經做得很好的原因，並學習如何做得更好。

世界已經變了。對於那些不知道如何調整方向的人來說，未來的生活可能會充滿艱辛。或者（不那麼戲劇化，但同樣悲傷的是），你的生活和目標都無法實現。如果你無法改變，無法進入下一個階段的生活樣貌，你就永遠無法發揮自己的全部潛能。

在這本強有力的書中，羅素‧布朗森以開放的心，盡其所能分享必要的戰術和策略，以確保你充分發揮個人潛力。

請堅持下去，探索實現獲利、產生影響，以及創建一家在當今世界中蓬勃發展的公司是什麼樣的感覺。

丹恩‧葛拉西奧希（Dean Graziosi）

投資者、創業家暨成功教練

你帶來熱情，我給你架構創造成功

　　2014 年 9 月 23 日，陶德・狄克森（Todd Dickerson）、迪倫・瓊斯（Dylan Jones）和我共同成立一家新的軟體公司，當時我們天真地認為它會改變全世界。我們的目標是創造一種產品，能解放所有的企業家，讓他們能夠比以往任何時候都更快、更容易地將自己的訊息傳達給市場，從而改變他們服務的客戶生活。我們成立的這家公司叫做 ClickFunnels。

　　成立 ClickFunnels 後短短幾個月，我出版了一本耗費將近十年時光的書。我是新手作家，而且主題是關於銷售漏斗（sales funnel）（對我來說極為有趣，但對大多數人來說相當無聊），我很擔心人們會對它作何反應，那本書叫做《網路行銷究極攻略》（*DotCom Secrets*），當時我並不知道該書會成為建立線上銷售漏斗的指南，同時也是我們公司最初發展的關鍵。結果是，一旦人們明白如何使用漏斗來發展他們的公司之後，自然就會開始這麼做了。

　　我在《網路行銷究極攻略》中首次揭露的幾個核心概念是：

- **價值階梯的祕密**，以及你如何利用它為客戶提供更多價值，並在此過程從每個客戶身上賺到更多錢。
- **如何吸引你想與之共事的夢想客戶**，並趕走那些你不想共事的客戶類型，如此一來，你就可以只花時間為喜歡的客人服務。
- **你可以使用的準確漏斗和銷售劇本**，供你將網站訪客和漏斗訪客轉換成客戶，並讓客戶通過你的價值階梯，這樣你就能以最高的水準為他們服務。
- **還有許多許多⋯⋯**

　　賈瑞特・懷特（Garrett J. White）在讀完這本書並將其應用到自己的公司後跟我說：「熱情我早就有了，但你給了我成長所需的架構。」在接下來的兩年裡，這本書儼然成為十幾萬名行銷人員在網路上建立銷售漏斗的地下劇本。

　　但隨著 ClickFunnels 的發展，我逐漸發現，在那些用漏斗轉大錢的人，以及用漏斗做生意卻賺不到錢的人之間，存在巨大的鴻溝。有人因為《網路行銷究極攻略》這本書，掌握了漏斗結構和框架（他們可以經由 ClickFunnels 快速構建這些漏斗），但有些人卻因為不知道如何將漏斗的訪客轉化為客戶，而無法獲利。他們不懂得說服、說故事、建立社群、成為領導者，也不懂所謂的基本原理與進入他們圈子的人溝通。

　　因此，我開始撰寫第二本書，目的是幫助讀者學習和掌握說服的祕密，這是人們在其每個不同漏斗階段進行轉化時所必需的。

《網路行銷究極攻略》好比是構建漏斗所需的「科學」，而《專家機密》（Expert Secrets）則是成功漏斗背後的「藝術」，幫助人們通過你的漏斗並成為你的夢想客戶。

因此，這就為我們帶來了《流量密碼》這本書，網路行銷機密三部曲的第三部，也是最後一部。流量是每一項成功事業的燃料，也是進入漏斗的人。你能聚集更多的人，你和公司就會有更大的影響力，也因此通常會為你的公司創造更多的資金。

當我們看到 ClickFunnels 的成員運用《網路行銷究極攻略》提供的結構，以及從《專家機密》學到的說服技巧來發展他們的公司時，許多人仍然在苦苦掙扎，因為他們不知道**如何讓持續的流量或用戶進入「漏斗」**。另一方面，那些從臉書或 Google 獲得流量的人

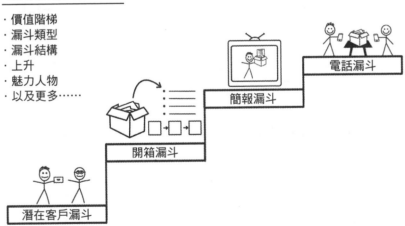

網路行銷究極攻略

· 價值階梯
· 漏斗類型
· 漏斗結構
· 上升
· 魅力人物
· 以及更多……

電話漏斗

簡報漏斗

開箱漏斗

潛在客戶漏斗

圖表 A 《網路行銷究極攻略》幫助行銷人員建立網路銷售漏斗。

也擔心，如果他們的任何一個平台來源中斷，可能會在一夜之間失去公司。

《流量密碼》將從一個完全不同的方向來探討流量這件事，而且以前從未有人這樣討論過，更少來自謀略性、不可靠的操作，更多來自保證有源源不絕的人進入漏斗的策略及長期模式。本書提供的策略是歷久不衰的，只要這個星球上還存在人類，能把東西賣給人，就永遠不會改變。

網路行銷機密三部曲中的每一本書都是獨立編寫的劇本，但掌握這三本書中的技能對你公司的長期發展至關重要。正因為如此，每一本書都交叉引用且與其他書中的重要概念有所關連。

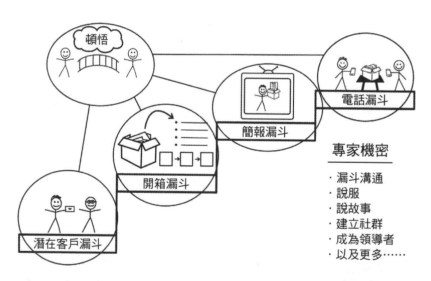

圖表 B　《專家機密》能讓行銷人員精通將潛在客戶轉化為夢想客戶的藝術。

如果你對最新、即時的資訊感興趣，建議你上網造訪我的網站 Marketing Secrets.com，收聽我的 Podcast 節目《行銷機密輕鬆談》（*Marketing Secrets*）。該節目每週開播兩次，涵蓋了我們正在學習和發現的一切。我每週都會免費分享一些新的行銷機密，這些機密來自於你在這些書中所掌握的持久不衰的主題和架構。

我希望你能好好利用這三本書，來改變你所服務的顧客生活。這三本書中所寫的一切都經得起時間的考驗，聚焦在對昨天、今天有效，而且明天和永遠也會一直行得通的概念。

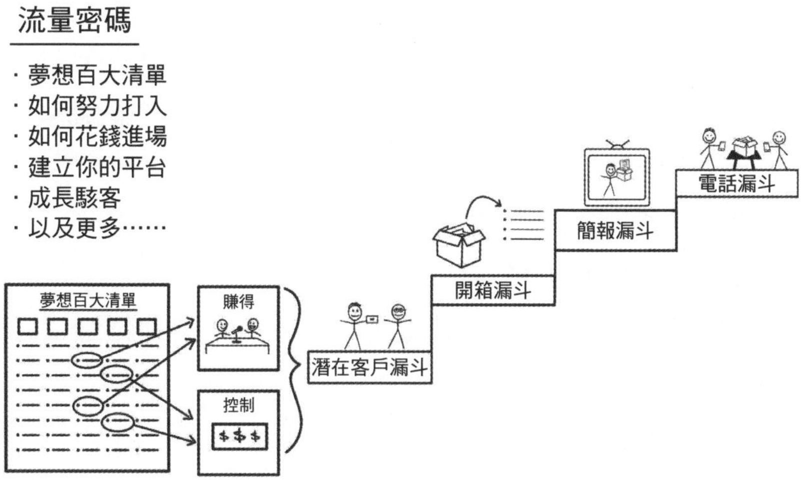
流量密碼
· 夢想百大清單
· 如何努力打入
· 如何花錢進場
· 建立你的平台
· 成長駭客
· 以及更多……
夢想百大清單
賺得
控制
潛在客戶漏斗
開箱漏斗
簡報漏斗
電話漏斗

圖表 C 《流量密碼》提供行銷人員策略，讓他們的漏斗保有持續流量。

贏家，是隨時準備好迎戰風暴的人

2018 年 4 月 27 日，是我和孩子們期待已久的一天。這是電影《復仇者聯盟 3：無限之戰》（*Avengers: Infinity War*）[2] 的首映之夜。自從第一部《鋼鐵人》（*Iron Man*）電影上映以來，我就一直是超級英雄的粉絲，但時間還不夠長到足以了解漫畫原著中的整個歷史，所以電影中發生的一切對我來說都是大驚喜。這是漫威電影宇宙的第十九部電影，前面幾部電影都在為這段以薩諾斯（Thanos）和復仇者之間史詩般的對峙做鋪陳。

在電影中，你可以看到薩諾斯是終極壞蛋，但他實際上認為自己是在做好事。他擔心宇宙人口過多，並相信拯救宇宙是他的使命。他的目標是收集所有的無限寶石，全數放到他的長手套上（非常大的手套），然後，只要他一彈指，宇宙一半的居民全會灰飛煙滅，藉此恢復宇宙平衡。

在薩諾斯收集了所有無限寶石並彈了個響指之後，電影以一個巨大的懸念結束（劇透警告）。一瞬間，宇宙中一半的人消失了。看完電影的隔天，我和同為網路行銷同業的朋友彭俊（Peng Joon）

討論這部電影，他說了一些事情激發我萌生一個想法。該想法後來成了件大事，並促使我撰寫這本書。

談到臉書的創始人，彭俊說：「你有沒有覺得馬克・祖克柏（Mark Zuckerberg）就像薩諾斯，他的終極目標就是消滅一半在臉書上打廣告的企業家？他只要一彈指，一半的網路創業者就會在一夕之間失去生意。」

這句話讓我的思緒迅速回到 2003 年，那年我買了人生中第一個 Google 廣告。當時我剛買了克里斯・卡本特（Chris Carpenter）的一本書《Google 現金》（*Google Cash*），這本書展示出，設置 Google 廣告並導引到任何你想要的網站有多麼容易！這是簡單的套利。我可能只要花個 0.25 美元讓別人點擊我的廣告，他們就有機會造訪我的網站，我便因此（希望可以）能經由每次點擊獲得 2 至 3 美元的銷售額。

起初，這看似好得不像真的，但我還是決定設置第一個在 Google 的廣告，出售 DVD 教人如何製作馬鈴薯槍（potato guns）。當有人在 Google 搜尋「馬鈴薯槍」時，我的廣告就會出現。如果他們點擊我的廣告（我需要花 0.25 美元），就會來到我的網站 HowToMakeAPotatoGun.com。登錄該頁面的人當中，有一定比例的人會購買 DVD，於是我立刻成為了「網路千元富翁」。（我那時還不是百萬富翁，但如果一切都像網路早期那樣運轉的話，再過短短幾個月我就能成為百萬富翁了！）

直到後來發生了一件事……

人們稱之為「Google 巴掌」（Google slap），但對我來說，看起

來更像是我的網路生涯終結。我的每次點擊成本從 0.25 美元上升到 3 美元，甚至更多！半數在 Google 上購買廣告的網路創業家（包括我自己），馬上在一夕之間失去生意。

當時我所認識大多數靠 Google 大賺一筆的人，都沒能從第一次 Google 巴掌中恢復過來。大多數人都很困惑，為什麼 Google 會在一夕之間收取我們十倍的廣告費用。不過，塵埃落定後，很快就開始說得通了。

Google 只想要大品牌，也就是那些每個月會花 100 萬美元廣告費用的公司，而不是像我這樣每月只投個幾千美元的小公司。像我這樣的小企業家只占他們總收入的很小一部分，卻可能是給他們帶來九成甚至更多麻煩的人。Google 根本不在意我們，他們只關心真正的大廣告商。當 Google 創始人賴利・佩吉（Larry Page）和謝爾蓋・布林（Sergey Brin）決定給我們這些小企業家一記耳光時，小企業獲得成功的最佳途徑很快就消失了。

在《網路行銷究極攻略》中，我分享了我將自己（以及我的小公司）從 Google 巴掌中拯救出來的方法，就是學習如何使用漏斗。我把馬鈴薯槍網站變成漏斗，在這過程我可以從點擊我的廣告的每一個網路訪客身上，賺到更多的錢。Google 的成本並沒有下降，但我找到支付這些成本的方法。我依然會投入 Google 希望向我索取的 3 美元每次點擊費，然後從所有進入我漏斗的人身上賺取 5 至 6 美元。這個策略已超出本書的討論範圍，但我在《網路行銷究極攻略》和《專家機密》中對這點有大量論述。

歷經最初的 Google 巴掌之後，那些倖存下來的企業家開始尋

找其他方法來拯救公司。有些人轉攻電子郵件行銷，有些人則轉向其他部落格和網站的付費廣告，但大多數行銷人員開始從 Google 的免費搜尋平台獲得大部分流量。

我們都開始學習如何玩這個遊戲。過去我們因為付費給 Google 使用核心關鍵字，因此這些關鍵字獲得非常高的排名，然後流量就會免費回到我們的漏斗中！再一次，這現象實在好得令人難以置信，但多年來我們靠的就是這個祕密！

然後有一天，就像以前一樣，Google 決定是時候再做一次改變了。在接下來的幾年內，十幾個 Google 的新巴掌影響了那些在免費搜尋結果中排名在前的人。

每天早上我們醒來時，無不希望並祈禱著自己辛辛苦苦所獲得的關鍵字還在排名內，但我們卻只能任憑 Google 擺布。我們的未來幾乎不受自己控制。每一巴掌都會淘汰另一大批企業家。很快地，他們開始給每個巴掌取諸如「熊貓」、「企鵝」，以及「蜂鳥」等可愛的小名，但每一個新的巴掌都意味著，又有另一群企業家不得不清醒且認知到一個現實：他們的公司一夕之間要面臨倒閉危機。他們失去所有的流量，而流量等於客戶，這代表公司沒有任何生意。

從 2000 年代初期到 2010 年的十年間，大多數創業者都在為生存而不斷奮鬥。接著，2007 年祖克柏推出新的臉書廣告平台，開啟網路廣告新時代的曙光。正如 Google 最初開放平台時所做的那樣，臉書讓創業者可以更容易且在能力範圍內購買廣告。廣告成本很低，套利也相當簡單。臉書的目標是令客戶「接受」：讓盡可能

多的人（並且盡可能快速的）使用臉書廣告服務。後來事實也是如此。

對於像我這樣的人來說，這就像是過去在 Google 的美好時光，那時我可以只花 0.25 美元的廣告費用，便能經由每次點擊獲得 2 至 3 美元的報酬！現在我指導的許多企業家，都是在這個時候創辦公司，並利用臉書快速發展。

但對於那些資歷久到經歷過 Google 和其他平台血戰的行銷人員來說，臉書的模式和 Google 剛成立時幾乎一模一樣。

• 步驟 1：接受

進入障礙容易，讓所有人都能夠進入並使用該平台。

• 步驟 2：價格上漲

慢慢提高價格以擠壓利潤，扼殺所有不懂得如何運用漏斗的企業家。

• 步驟 3：揮出巴掌

淘汰五成會為平台帶來九成麻煩的廣告客戶。（如果你每月花在廣告上的錢少於 100 萬美元，就會被認定是小廣告商。你只占他們收益的一小部分，但比起那些不太關心投資報酬率，只在乎看到自己的品牌無處不在的大品牌來說，你卻是百倍地難伺候。）

看完電影後的第二天，彭俊和我開玩笑說，我們看到的不是 Google 巴掌，而是祖克柏／薩諾斯（我們現在給他取了個暱稱「祖諾斯」〔Zanos〕）彈指，表示有五成的創業家會在一夕之間沒了生意。

如果你百分之百仰賴臉書的流量，那麼這就是給你的警告，風暴即將來臨。你應該實踐在這本書中讀到的一切，如此才能保護你的公司，並在這場風暴中茁壯成長。另一方面，如果祖諾斯彈指已然發生，而你某天早上醒來發現公司已經倒閉（或即將倒閉），那麼這本書就是你如何拯救公司並讓它再次繁榮的答案。

在過去的十五年裡，我一直在玩這種遊戲，經歷了無數次 Google 巴掌、電子郵件行銷之死、演算法的改變、社交網路的興衰，以及網路媒體的碎片化，仍能存活（甚至興盛）。很多人不禁要問：為什麼我們在這麼多公司倒閉的情況下，依然屹立不搖？

別人失敗時，我們依然存活的兩大原因

- **我們知道如何使用漏斗**。有了漏斗，就可以從點擊我們廣告的每一個網路訪客身上賺到五至十倍的錢，所以當成本上升時，我們仍能生存和發展。
- **我們已經掌握如何獲得流量的策略**（而不僅是戰術）。這些**策略在過去、現在和未來的所有廣告平台上都有效**。如果你掌握這些策略，那麼任何一個巴掌或彈指都不會影響到你的公司命脈。

很快又會有一場暴風雨來襲，就像上次 Google 一樣。這種情況一再發生，而我們知道，過去是未來最偉大的預言者。這場風暴正向我們襲來，而成千上萬的企業家卻毫不知情。

我覺得自己對 ClickFunnels 社群的十萬多名成員、關注我的一百多萬名企業家，以及想為這場風暴做好準備而願意傾聽的任何人，負有道義上的責任。掌握這些策略的人，將一一吸收那些毫無準備的人手上的流量、客戶和業務。精通這些原則，你和你的公司就會興盛繁榮。

一本討論快速變遷議題的書，卻在任何時代都適用？

決定寫這本書的時候，我最擔心的是如何寫出一本關於流量且經得起時代考驗的書。畢竟，你如何在一個日新月異的議題上傳授永恆的概念呢？過去十年內，我讀過的每一本關於流量的書都聚焦在趨勢戰術，而這些手法通常在出版幾個月後就變得退時落伍了。很多時候，它們甚至在付梓印刷之前就已過時。

如何讓人們點擊廣告並造訪你的網站，這其中的戰術幾乎每天都在變化。事實上，我認識一些人，他們的全職工作完全是為了跟上臉書對其演算法和廣告管理員所做的改變。如果我試圖給你適用於今日的最新戰術或建議，當你讀到這段話時，它可能早已遠遠過時。

我們之中有多少人在五、六年前就知道 Instagram 會像今天這樣強大？誰能預見到 Messenger 機器人會變成一個非常酷的玩意，

然後因為臉書的法律糾紛而一蹶不振幾個月，但很快又復活了？還有哪些社交平台和技術仍等待我們去發現，而我們甚至還沒有想到呢？

於是我開始思考過去十五年內看過的倒閉企業。許多企業家會因為找到一種獲得流量的方法，或者掌握一種戰術（例如 Google 廣告或搜尋引擎最佳化〔SEO〕），而獲致短暫的成功，但只要一個巴掌過來，他們就失去了所有。

我開始思忖，為什麼我不僅能在每次巴掌中存活下來，而且還能繁榮興盛。我越想著為什麼我們在不斷變化的情況下仍能做得這麼好，就越意識到我了解流量的方式和角度跟其他大多數企業家並不一樣。

一般來說，大多數人都是經由以下方式學習如何獲取流量。一個新的網站先變得流行，並迅速發展一個龐大的用戶群，企業家因而從中看到機會，可以投入資源在這個新平台上購買或賺取流量，例如推特（Twitter）或臉書。一群早期採用者開始使用它，然後他們想出利用這個平台獲得流量的技巧。在接下來的幾個月或幾年內，這群人利用這些概念以極低的成本挖掘大量的流量。

最後，更多人發現並開始使用這些管道。隨著對這種新流量的需求增加，供應量下降，平台開始對每次點擊收取更高的費用。企業家可能會看到這種新戰術所創造的機會，並試圖藉由教授其他人如何去做來善用此一機會。在學會如何開發利用這些新流量之後，成千上萬的新用戶開始使用這個平台。需求上升，供給下降，價格迅速上漲。

其他人看到這個傳授新戰術的新課程如此成功，他們也想加入。於是，幾十種模仿的類似課程接連出現，現在就有一群人在銷售如何借助這種新流量之力的課程。需求上升，供給下降，價格持續上漲。

在這個過程中，你（或團隊中的行銷人員）發現課程廣告，所以你購買該課程、予以研究，並開始利用這個新漏洞。你為這些廣告支付多少費用，取決於你多早進入這場遊戲，也決定了你使用這種戰術能夠獲得多大的成功。最終，成本將變得過高，使得大多數企業不再能夠利用這些戰術獲利。懂得漏斗的人會持續生存更長的時間，因為他們會從每一個點擊廣告的網路訪客身上賺到更多的錢，但是這種策略很快就會過時。

這是大多數人學習如何為他們的網站引進流量並引導到漏斗的過程，而這就是問題的來源。在這樣的滑坡上，你要怎麼為公司打下基礎呢？

我尚能「存活」至今的原因是，在我十五年前開始玩這個遊戲時，沒有任何流量課程教授最新的戰術。和我一起學習的人，在他們發展公司時還沒有網際網路。我取經的對象是一些老派的直效行銷大師，例如：丹・甘迺迪（Dan Kennedy）、比爾・格雷澤（Bill Glazer）、蓋瑞・亥爾波特（Gary Halbert）、傑・亞伯拉罕（Jay Abraham）、喬・舒格曼（Joe Sugarman）、切特・霍姆斯（Chet Holmes）、佛瑞德・卡托納（Fred Catona）、唐・拉珀（Don Lapre）、尤金・施瓦茲（Eugene Schwartz）、大衛・奧格威（David Ogilvy），以及羅伯特・柯里爾（Robert Collier）。這些人沒有奢華

的臉書或 Google，在網際網路出現之前，他們就已習得控制流量的策略！他們是經由直接郵件、廣播廣告、電視與報紙來增加流量。

這些直效行銷大師促使我以一種完全不同於現今人們的方式來看待市場行銷和銷售。他們對我進行核心策略的訓練，讓我知道哪些要素能使直效行銷見效：如何藉由廣播、雜誌或分類廣告之力，將客戶吸引到你身邊。在十年的直效行銷學習中，我所掌握的策略給了我一個非常不同的視角，讓我的公司有能力走在新趨勢的前沿、在大多數人知道新興戰術之前先行掌握、預見大多數人看不見的機會，以及有辦法對每次 Google 巴掌或祖諾斯彈指的出現一笑置之。

更進一步來說，你必須明白，流量就是人，而人是非常容易預測的。我在此傳授給你們的核心策略將超越任何特定的平台，因此你們可以在任何地方予以應用。

巨大挑戰

你們之中的一些人可能會感到震驚或生氣，在這本談論流量的書中，你完全看不到任何一張關於臉書廣告管理員後台的圖片，或明白告訴你如何建立 Google 廣告宣傳活動的詳細說明。我在這本書裡不放任何特定平台的截圖，因為我想讓這本書在任何時候都適用於你。每個系統的後端都在不斷變化，我今天所取的任何截圖，在你開始閱讀之前就已經過時了。

取而代之的是，我們將聚焦在持久不變的策略，包括：

- 確定／辨認出你的夢想客戶
- 在網路上找到他們已經聚集的地方
- 學習如何「努力打入」
- 了解如何「花錢進場」
- 創建自己的發布平台
- 建立自己的通路清單

　　所有策略都有一個大的共通點：當風暴來臨、使用者介面改變，或流量移動時，這些策略仍然有效！我所提供的策略能讓你在大型媒體火紅時（例如 Google、YouTube、臉書和 Instagram），運用其資產之力，即使當這些平台發生改變，你也能很容易地移動到大眾目光聚焦之處。當我被迫從 Friendster（你們大多數人都不記得 Friendster 了，對吧？）轉到 Myspace，再到臉書時，這些策略確實管用。而我相信，有一天我們不得不從臉書和 Google 轉向下一個大型網路時，它也會起作用！

　　這本書將提供你需要的安全與保障，用以知道如何讓你的生意、流量，以及潛在客戶都在穩定的基礎上。在第一部中，你將學習如何準確識別誰是你的夢想客戶、要在哪裡找到他們，以及如何接近這些人。在第二部，我將提出一個簡單的模式，你可以利用它將流量從任何廣告網絡（包括臉書、Instagram、Google 和 YouTube）引導到你的漏斗。同時我也會演示，掌握這個簡單的模式，同時我

也會演示，掌握這個簡單的模式，就能打開在任何網絡平台上都能獲得持續流量的大門。最後，第三部將揭示強大的成長駭客技術，幫助你增加流量，即便你沒有臉書、Google 或任何其他廣告網絡等管道。

精通這些成長技巧，能讓你在堅實的基礎上建立自己的流量。我花了超過十五年的時間學習及掌握這些概念和策略，很高興現在能把這一切傳遞給你們！

Part One

尋找夢想客戶

YOUR DREAM CUSTOMER

電話鈴響。是查德（Chad）打來的。好吧，對我來說只是查德，但對他的病人來說，他是伍納醫生（Dr. Woolner）。

「喂？你好。」我接起電話。

「嘿，老兄。我知道很晚了，但你有時間談談嗎？我現在處境很糟糕。」

「當然。」我很快回答道，「我馬上就到。」

就在五年前，伍納博士拿到脊骨神經醫學博士學位。不久，他舉家搬到愛達荷州的波夕（Boise），在鎮上一家新診所擔任脊椎指壓治療師，不過他的目標並不是為別人工作。查德雖是出色的脊椎指壓治療師，他更在行的是當一名企業家，他想開一間自己的診所。他撰寫商業計畫、獲得小型企業商業貸款、重新裝修新辦公室、設計商標，以及其他所有涉及創業的流程。

我知道，自從他開門營業以來，生意一直很清淡，但直到那天晚上我來到他的辦公室，我才知道生意有多清淡。

「我撐不下去了。」他說。「我們已經沒錢了，也找不到方法讓更多的病人上門。」

我花了些時間和他談談目前的情況，並提供一些可以做成更多生意的建議。之後他說的話讓我大吃一驚。

「我花了四年拿到大學學位，然後又在脊骨神經醫學學院讀了四年，成為一名脊椎指壓治療師。在這段時間裡，他們從來沒有討論過如何真正讓病人來我的診所。」

這不是很不可思議嗎？學校囚禁企業家八年，只為教他們一項技能，但卻不願意花十分鐘向他們展示如何推銷這項技能。對我來

說，這是我們教育系統最大的問題，也是困擾所有新創業者的最大問題之一。他們相信，只要打造出偉大的產品，或是創建很厲害的公司，客戶就會自動跟隨。

我看到一些企業家將自己的每一分錢都投入到創造他們認為將改變世界的產品和服務中，卻從未想過自己的夢想客戶是誰，或是要如何接觸到這些客戶。

他們很樂於投資在顧問、產品製造、設計、教育等方面（幾乎是所有方面），但當你告訴他們要在臉書或 Google 上買廣告時，他們就呆住了。或者，如果你對他們說，必須有計畫、有組織地同等投入自己的時間及汗水來吸引訪客，他們通常都不屑一顧。

有些人認為，**我的產品很棒，我不需要為流量付費**。

還有些人則有自信他們絕對有資格獲得客戶青睞，因為他們覺得自己的產品比競爭對手更好。所以這些人一直在等，同時想著：**「這是我做的產品，顧客為什麼不來捧場？」**

然而，在指導過成千上萬名企業家之後，我可以告訴你，那些把全部精力都放在創造神奇事物上，而非聚焦在讓人們真正看到他們所創造之物的人，往往會失敗。他們最大的問題是，沒能讓未來的客戶發現他們的存在。每年都有數以萬計的企業剛成立就失敗，因為這些創業家並不理解這項基本技能：**讓流量（或人）找到你的藝術和科學**。

這是一個悲劇。

我覺得自己是被召喚來到這個世界上，肩負著幫助企業家向世界傳達他們的產品和服務訊息的使命。我堅信，企業家是地球上唯

一能夠真正改變世界的人。這不會發生在任何政府，我認為也不會發生在學校。

因為唯有像你們這樣甘冒一切風險去實現夢想的企業家，才能真正改變世界。

對於所有創業第一年就失敗的企業家來說，當他們為一件事付出一切代價卻從未見天日時，這是一場悲劇。

等待別人前來找你，並不算是一個策略。

但準確地了解誰是你的夢想客戶、發現他們聚集的地方，然後拋出鉤子來吸引大家的注意力，將夢想客戶拉進你的漏斗（你可以在其中向他們說一個故事，並提供報價），這就是策略。這就是致勝的祕密。

關於伍納博士的好消息是，自那晚之後，他開始鑽研漏斗的知識。他成功打造出一個獲取客戶的漏斗，並學會如何在臉書和Google 上購買廣告。現在，他的漏斗每天二十四小時、每週七天持續為他帶來新的病人，業務蒸蒸日上。

我假設你現在正在讀這本書，你已集中無數小時掌握一項產品、服務或技能。這本書將教會你，如何精通讓人們真正看到你的藝術。

本書的第一部將集中回答以下兩個非常重要的問題：

- 問題 1：誰是你的夢想客戶？
- 問題 2：他們聚集在哪裡？

一旦你對於誰是你的夢想客戶有一個完整的樣貌時，就很容易找到他們聚集的地方。相反地，如果你根本不清楚那個人是誰，實在很難找到他。讀完本書第一部，你就會確切知道誰是你的夢想客戶，以及他們藏在哪裡，如此一來你就有足夠多的時間，吸引他們聆聽你的故事。

誰是你的夢想客戶？

WHO IS YOUR DREAM CUSTOMER?

圖表 1.1　每個企業都需要了解他們的夢想客戶形象，甚至比客戶自己本身還要更了解。

「我不知道艾莉西斯會不會喜歡這個。」莎莉美容用品公司（Sally Beauty Supply）的一名高階主管說。

我的朋友佩里‧貝爾徹（Perry Belcher）感到困惑，問道：「什麼？」他放下手上帶來要在會議中推銷的新香味乾洗手液。

佩里拿起另一個新品凝膠指甲油，遞給大家。「好吧，那這個產品怎麼樣？」他問道。

他們看了看，打開瓶子，又聞了聞。「我很確定艾莉西斯也不會喜歡的。」主管們回答。

佩里比之前更困惑了，而且有點沮喪，他拿出第三個也是最後一個產品向對方推銷。

他們以類似的方式看了看產品，快速瀏覽了一下，接著說：「抱歉，艾莉西斯**肯定**也不會對這個感興趣。」

佩里更沮喪了，他看著和他談話的兩位高階主管，終於脫口而出：「**誰是艾莉西斯？!** 她是決策者嗎？為什麼不是她來開會，而是你們兩位？她在這裡嗎？我可以直接跟她會報嗎？我知道我可以說服她、讓她知道，你們公司需要銷售這些產品！」

片刻沉默之後，兩位高管都大笑出聲。

「艾莉西斯不是人。她是我們的客戶化身！」其中一位回答。

「什麼？」佩里問道。他以前從沒聽過客戶虛擬形象。「對不起，我不太明白。你說艾莉西斯不是真人？」

兩位高階主管只是相視一笑，然後帶著佩里到另一個房間。

當他們走進房間時，他看到牆上掛滿了「艾莉西斯」（Alexis）的照片，這是一個虛構的人物，代表莎利美容用品公司的夢想客戶。牆上還有她的個人介紹，包括她是誰、她有幾個孩子、她住在哪裡、她賺多少錢，以及她住什麼樣的房子等等。

高階主管接著解釋，公司裡的每個人都接受過這樣的培訓：在他們做的**任何決定**裡，無論是決定要購買什麼產品、店內裝潢或商

標要使用什麼顏色、要投放什麼廣告、舉辦何種促銷活動、官方網站要長什麼樣子、店裡要播放什麼音樂，這所有的一切全是通過艾莉西斯的眼睛來決定。

如果某件事物是艾莉西斯喜歡的，答案就會是肯定的。反之，若不是她所喜歡的事物，那麼答案一定都是否定的。

他們經營的不是一家以產品為中心的公司，而是**以客戶為中心**的公司。

從創造的產品一直到投放的廣告，所有的一切全由這個客戶虛擬形象所推動。

佩里第一次說這個故事的時候，我突然恍然大悟。

大多數創業家誤以為他們的生意是關於他們自己，但事實並非如此。相反地，你的生意完全是關於你的客戶。

如果你想要客戶（流量）進入你的漏斗，那麼你必須能夠在網路上找到他們。如果你想在網路上找到他們，那麼就必須開始在更深的層次上理解他們。

對你的夢想客戶著迷

這個過程的第一步，是對你的夢想客戶著迷。一心只沉迷於產品的公司終將失敗。

隨著發展 ClickFunnels 的過程中，我看到這種情況一再發生。與我們競爭的每一家公司，最終都輸給了我們，其中一些公司背後甚至有數億美元的資金支持。因為他們忙著專注在自己的產品，而

我們則為客戶著迷。

我說的著迷是什麼意思？對你的客戶著迷，意味著理解客戶的程度就像客戶理解自己一樣，甚至做到更好。

對許多人來說，這是過程中最困難的部分，即使不久前你還是你公司的「夢想客戶」。現在換你為人們解決問題，光是回想自己先前曾試圖解決相同問題時的感受，通常就已經很困難了。

我最近和朋友尼古拉斯・貝耶爾（Nicholas Bayerle）聊到一個事實，大多數生意的誕生都是源於企業家遭遇的問題，其產品或服務都是他們找到問題解方的結果。「我們的困境成了我們的核心概念。」尼古拉斯說。

當你對於目前遭遇的問題感到沮喪，你會尋找解決方案。如果你不能找到一個提供你期望結果的解決方案，那麼你可能會開始一段尋找或創造個人解決方案的旅程。如此一來，你的問題就變成了你的生意。換句話說，你的困境成了你的核心概念。

如果上述情況屬實，那麼你需要回顧過去，找到你與夢想客戶所面臨同樣問題的癥結所在。然後，記住你當時陷入痛苦時的感受。

在我們的社群裡，有許多令人驚嘆的領導者案例，他們將自己的困境變成核心概念，我最喜歡的夫妻老闆之一，是史黛西和保羅・馬蒂諾（Stacey and Paul Martino）。多年前，他們發現彼此正處於一個十字路口。他們的關係破裂了。保羅幾個月來一直試圖留下，但最終他還是備感痛苦，決定離開。某天深夜，當他把這個消息告訴史黛西時，她陷入崩潰，哭了起來。她的感情已結束，對此

感到痛苦不堪。

我不會在這裡講述他們故事的全貌，但長話短說，由於這次經歷，史黛西知道，若要挽救她的感情，她首先需要改變。她努力改變自己，而在這過程中，保羅也有了轉變。在他們成功挽救自己的婚姻之後，兩人研發出一種不需要「夫妻共同努力」就能治癒婚姻的獨特方法。相反地，他們認為一段關係中只要有一個人努力，就能使它往好的方向發展。

他們的困境成了他們的核心概念，現在他們致力於幫助其他人擺脫多年前他們曾感受過的相同痛苦。藉由他們獨特的系統和工具，他們已協助挽救成千上萬樁婚姻。在一個離婚率超過 50％ 的社會裡，參加他們課程的學生只有 1％ 的離婚率。

史黛西和保羅成功找到並幫助他們的夢想客戶，因為就在幾年前，他們正是自己的夢想客戶。由於他們確實且深刻地理解痛苦，因而能發現夢想客戶的目標和渴望盼想，有辦法確定客戶都聚集在哪裡，並幫助客戶朝著目標前進。他們就是自家產品的結晶。

在二十世紀初期，羅伯特・柯里爾（Robert Collier）出版了一本關於文案寫作的偉大著作，《羅伯特・柯里爾書信集》（*The Robert Collier Letter Book*）。在這本書中，他分享如何真正了解你的客戶。如果你想找到他們、說服他們追隨你，並希望藉由你銷售的產品和服務改變他們的生活，你就需要比客戶更了解他們自己。

柯里爾認為，身為行銷人員，我們不應該試圖想出如何創造下一個驚人的廣告宣傳活動，反而需要學習如何「加入已經在消費者心中發生的對話」。[3]

如果你想真正了解你的夢想客戶是誰，以及找出他們在網路上的何處聚集，你就必須有能力進入已經發生在他們頭腦中的對話，並從他們的角度看待這個世界。

當你真正了解客戶想要擺脫的核心痛苦，以及他們想要追求的關鍵欲望和熱情，就很容易確定他們在網路上的確切位置。一旦你知道他們在網路上的位置，就可以把他們引到你的漏斗中，進而為他們提供服務。我們將在本書的其餘部分詳細討論如何做到這一點。

現在，我們已經談完了基礎知識，接下來讓我們深入研究如何藉由三個主要市場（3 Core Markets），有時也被稱為三個主要渴望（3 Core Desires）來識別你的夢想客戶。

洞悉三個主要市場與渴望

在《專家機密》中，我曾介紹三個主要市場（或稱三個主要渴望）的概念。這三種渴望（不分先後順序）分別是健康、財富，以及人際關係。人們從任何地方、任何店家購買任何產品，他們都希望在生活的這三個領域中獲得某種結果。所以你需要回答的第一個問題是：

「這三個渴望中，哪一個是我未來的夢想客戶在購買我的產品或服務時想要得到的？」

這是進入夢想客戶腦袋的第一層，對大多數人來說，答案很簡單。然而，有時人們會因為兩個原因而卡在這問題上。

原因 1：我的產品符合一個以上的需求渴望

許多產品可以經由行銷包裝，達到客戶一個以上的渴望，但你的行銷訊息「只能聚焦在其中一個」。任何時候，當你試圖讓潛在客戶相信兩件事時，你的轉換率通常會減少一半（大多時候會減少90％或更多）。為了瞄準兩種不同的渴望，你需要兩種不同的廣告引導到兩個不同的漏斗。在你投放到市場的每一條訊息中，只關注一個渴望。

圖表 1.2　人們購買產品是希望從這三個主要渴望／市場獲得某種結果與滿足。

原因 2：我的產品不符合任何這些渴望

這個錯誤的信念在我們最近的一次活動中得到最好的解決，當時有人對我的教練史蒂芬・拉森（Steve J Larsen）說了完全相同的事情。史蒂芬以吉列刮鬍刀的故事作為回應，並問大家刮鬍刀滿足了人們哪些需求渴望。

起初大家都很安靜，接著有幾個人開始猜測。「健康嗎？」另一個囁嚅著說：「或者⋯⋯嗯⋯⋯」

然後，史蒂芬播放吉列的一則廣告。在廣告中，你可以看到故事如何發展。首先，一個男人正在刮鬍子。刮完鬍子後，一個漂亮的女人走近他。之後兩人晚上去市區逛。最後，兩人一起回到他們的房間。

廣告播完後，史蒂芬用稍微不同的方式再次問了這個問題：「這則行銷訊息營造出的渴望是什麼？」

所有人立刻都回覆道：「人際關係！」

大多數產品都可以分為多種類別，即使它們看似根本不屬於任何類別，但無論如何，關鍵是你的行銷訊息可以、而且必須只關注三個主要渴望中的其中一個。我希望你能花幾分鐘時間好好決定，你的產品或服務目前符合哪一個主要市場或渴望。

人有趨樂避苦的渴望

現在你既已確定產品或服務所關注的主要渴望，若想要進入客戶腦袋中的對話，下一步就是了解他們正在朝哪個方向移動。這個

圖表 1.3　所有人都想要遠離痛苦，或走向快樂。

星球上的每個人在做決定時，永遠會朝兩個方向的其中一個前進：遠離痛苦或走向快樂。

　　避苦：人們的第一個可能的前進方向是遠離痛苦。讓我舉一些在三個渴望中想擺脫痛苦的例子。

健康（遠離痛苦）

- 我過重了，衣服都穿不下了。
- 我沒有精力，總是感覺很累。
- 我討厭照鏡子時看到的景象。

財富（遠離痛苦）

- 我討厭我的工作，想開除我的老闆。
- 我沒有存款，而且很擔心會失去工作。
- 我身邊所有人都賺得比我多。

人際關係（遠離痛苦）

- 我正處於一段糟糕的感情中，不知道該如何脫身。
- 我感到孤獨，想感受愛是什麼感覺。
- 當我身邊都是陌生人時，我會感到很尷尬。

上述每一句話都是發生在人們自己頭腦裡的對話。雖然都是些很廣泛的例子，但當我真正寫下特定夢想客戶的想法時，我做了以下三件事，以試圖理解他們每天與自己的對話。

1. 我會寫下幾百句以前我一開始試圖解決自己的問題時，常對自己說的話。
2. 我上網查看論壇、留言板和群組，看看其他人在試圖擺脫痛苦時都會說些什麼。
3. 試著把自己當成客戶，寫下我認為人們在想什麼。

練習

關於這個練習，我希望你至少寫下你的潛在未來客戶在試圖擺脫痛苦時所說或所想的十幾件事。下頁這個練習是你應該每天堅持做下去的。從過去到現在，我總是不斷尋找我的夢想客戶在試圖擺脫痛苦時所提出的問題和陳述。

主要渴望

痛苦

遠離痛苦

他們所說或所想的事情：

- _____
- _____
- _____
- _____
- _____
- _____
- _____
- _____

圖表 1.4　練習：寫下你的夢想客戶在遠離痛苦時所說或所想的所有事物。

　　趨樂：人們第二個可能前進的方向是走向快樂。他們對健康、財富或人際關係沒有渴望，因為他們不快樂；他們有渴望，是因為

他們很快樂，想要尋找更多快樂。讓我給你舉幾個追求三大渴望滿足的例子。

健康（走向快樂）

- 我想練出六塊腹肌。
- 我希望有能力跑馬拉松。
- 我想吃得更健康，這樣我就會有更多的精力。

財富（走向快樂）

- 我想買我的夢想之屋或夢想汽車。
- 我想讓我的公司成長，這樣我就能有更大的影響力。
- 我想學習領導力，這樣就可以發展我的團隊。

人際關係（走向快樂）

- 我希望我的感情能有更多激情。
- 我想花更多的時間和我的伴侶及孩子在一起。
- 我想通過社交網絡認識更多的人。

你有沒有看到，上述這些短語儘管表達相同的主要渴望，但彼此之間有多麼不同？我將它們全數放在圖表 1.5，以便讀者對照參考。雖然每個人都在努力實現同樣的目標，但他們想要實現目標的原因卻幾乎完全相反，若能看到這一點，會很有力量。

遠離痛苦	走向快樂
健康（遠離痛苦）	健康（走向快樂）
• 我過重了，衣服都穿不下了。 • 我沒有精力，總是感覺很累。 • 我討厭照鏡子時看到的景象。	• 我想練出六塊腹肌。 • 我希望有能力跑馬拉松。 • 我想吃得更健康，這樣我就會有更多的精力。
財富（遠離痛苦）	財富（走向快樂）
• 我討厭我的工作，想開除我的老闆。 • 我沒有存款，而且很擔心會失去工作。 • 我身邊所有人都賺得比我多。	• 我想買我的夢想之屋或夢想汽車。 • 我想讓我的公司成長，這樣我就能有更大的影響力。 • 我想學習領導力，這樣就可以發展我的團隊。
人際關係（遠離痛苦）	人際關係（走向快樂）
• 我正處於一段糟糕的感情中，不知道該如何脫身。 • 我感到孤獨，想感受愛是什麼感覺。 • 當我身邊都是陌生人時，我會感到很尷尬。	• 我希望我的感情能有更多激情。 • 我想花更多的時間和我的伴侶及孩子在一起。 • 我想通過社交網絡認識更多的人。

圖表 1.5　雖然兩個人或許有相同的目標，但他們實現這個目標的原因可能完全不同。

練習

現在我想請你花幾分鐘做第二個練習。請寫下至少十二句你的潛在客戶在走向快樂時，可能出現在他們腦中的短語。

主要渴望

快樂

走向快樂

他們所說或所想的事情：

圖表 1.6　練習：請寫下你的夢想客戶在走向快樂時所說或所想的各種事物。

你能找到的短語越多，就能挖掘到更多的人流。因此，請讓這個識別並記錄發生在你客戶腦內對話的練習成為你持續的功課。正如你在下文中所看到的，從兩種方向（遠離痛苦或走向快樂）試圖理解顧客，將有助於你成功找到他們的想法。

流量的起點：主動搜尋、被動干擾

若想要真正知道如何運用夢想客戶大腦中的對話，我們需要回到幾百年前，在網路、電視和廣播尚未出現之前，回到流量開始產生的地方。

直到十九世紀早期，人們主要都還是根據自己的需求來獲得產品。他們可能在處於某種痛苦的情況下，尋找解決方法。這樣的痛苦源於食物。我們的祖先有健康（食物）的渴望，所以他們會尋找食物（動物）、屠宰它，然後帶回家。在較為現代的社會，我們則有商店，當家裡需要食物或其他東西時，你會去當地的商店尋找所需，然後買下來。

1886 年，黃頁目錄問世了，這對消費者來說是一件很棒的事，因為你可以準確找到需要的東西，而企業主則可以很有餘裕地看著人們前來尋找他們要賣的東西。這似乎是一個完美的解決方案，除了一件事：身為企業主，如果你想賺更多錢或發展公司，你完全沒有掌控權。你必須等到人們有需求的時候，他們才會來找你。

但後來，1927 年人們發明出電視。短短十五年後，1942 年 7

月 1 日，在艾比茲球場（Ebbets Field）布魯克林道奇隊（Brooklyn dodgers）對費城費城人隊（philadelphia Phillies）的比賽中，播出史上第一個電視廣告。[4] 當時，紐約市內有四千多台電視機，而那天，當家家戶戶聚集在一起觀看 NBC 的重要比賽期間，被第一個電視廣告打斷了。這則廣告時長僅九秒，價格僅為 9 美元，其特色是秀出一幅美國地圖，中間擺放寶路華（Bulova）手錶的錶盤。在廣告結尾，一個聲音宣布：「美國以寶路華時間運行。」（America runs on Bulova time.）就在這九秒鐘裡，搜尋式廣告轉向干擾式廣告的轉變正式開始。

那晚看電視的人原先並無意尋找一隻新手錶，但當他們看到這則廣告和手錶圖片時，已在心中播下一顆渴望的種子。他們不需要這隻錶，但他們想要它。

這則電視廣告為企業主提供一個窗口，讓他們能夠長時間抓住潛在客戶的注意力，從而播下欲望的種子，展示銷售商品的感知價值。人們不再只是在有需求時才買東西，現在廣告商有能力營造欲望，並向人們出售他們渴望的東西。

這種干擾式廣告開始出現在其他類型的媒體，如廣播、報紙和直接郵件。這個過程很簡單：吸引忠實的視聽眾，娛樂或教育他們，當他們全神貫注的時候，先用你的廣告訊息干擾他們。接著，你就可以抓住這些人的注意力，讓他們對你販賣的產品或服務產生渴望。

如今，這種類型的干擾式廣告每天都在你身邊發生，但我猜你沒有意識到這些廣告實際上對你的購買決定產生了多麼深遠的影

響。為了讓你看看，干擾式廣告與傳統搜尋廣告相比是多麼有效，我將分享一個來自朋友崔佛‧查普曼（Trevor Chapman）的故事。

崔佛曾經帶領一大群銷售團隊，挨家挨戶推銷警報系統。當時，如果你上亞馬遜網站搜尋「家庭安全系統」，很快就會找到數百個選項，每一個都在比誰最便宜。如果有人需要警報器，且打算上亞馬遜購買，通常他們會購買最便宜、但有最高評分的那一個。

於是崔佛將上網搜尋家庭安全系統的人，與他的銷售團隊每天所做的事情進行比較。他解釋說：「我們會走到街上，敲人家的門，打斷他們的日常生活。幾分鐘之前，他們還沒想過會需要一個家庭安全系統。不過，因為我們中斷了他們原本的生活節奏，有一個小小的機會能展示公司家庭安全系統的感知價值。這個簡報會讓他們產生向我們購買警報系統的欲望。然後我們會提供一個只能從我們這裡得到的特別優惠，就在此時此地。不到一小時，我們就可以拿到一份每月監控的合約，在未來五年內，這份合約對我們來說價值超過 2,999 美元，而他們在亞馬遜上花 199 美元也可以得到同樣功能的產品。」

有趣的是，網際網路在幾十年前開始發展時，也遵循一個非常相似的模式。它從搜尋開始。人們有某種需求，通常是為了擺脫某種痛苦，他們會立即到搜尋引擎上尋找解決問題的方法。後來我們都被介紹經由 Myspace、臉書，以及 Instagram 等平台接觸社交媒體。正如同 1941 年的寶路華廣告一樣，2007 年臉書也發布有史以來第一個社交干擾廣告。人們在線上和朋友聊天、上傳相片，為相片和影片按讚，然後突然間，你的廣告就會出現在他們的臉書動態

消息中。你有一小段時間來吸引他們的注意力，並提供特別優惠，讓他們對你的產品或服務產生興趣。

搜尋的優缺點： 以搜尋為主而來的流量，其優點是，當他們來找你時，就是準備購買的狂熱買家。這就像是有人走進你的商店，或在黃頁上找到你、並主動打電話給你。

缺點則是，人們不只是搜尋，他們也會拿你與其他競爭對手做比較。你必須是價格的領導者，同時也是品質和利基市場的領導者。搜尋的人將會研究所有資訊，所以除非你擅長漏斗和報價，否則你可能會試圖藉由降低價格來擊敗競爭對手。不幸的是，試圖成為最便宜的產品從來都不是一個好策略。

干擾的優缺點： 身為一名行銷，你可以將目標放在那些對某些人、想法、電視節目或樂團感興趣的人，接著利用你的廣告干擾他

圖表 1.7 人們若不是搜尋你的產品（左圖），就是你干擾他們（右圖），也就是在人們捲動螢幕畫面時，利用你的廣告吸引他們的注意。

們。開啟一小段廣告時間的機會，趁機抓住觀眾的注意力，並向他們展示你所銷售產品或服務的感知價值。你不再需要被動等待人家來找你。現在你就能為你的夢想客戶創造渴望。

此種以社交干擾為主而來的流量，其優勢在於，你可以根據人們的興趣吸引人潮。因此，你能以自家產品或服務的感知價值為基礎進行銷售。

缺點則在於，由於客戶並非積極主動尋找你，你必須擅長「鉤子、故事、報價」（Hook, Story, Offer），藉此抓住他們的注意力、告訴他們一個故事，然後提供報價。我們將在密碼 #3 中更詳細介紹如何做到這一點。

現在你已經確定夢想客戶的樣貌，以及了解他們的主要渴望，如果他們現在正在遠離痛苦或走向快樂，我們要問的下一個問題是：「他們在哪裡聚集？」正如你將在下一章中了解到的，網路上有人們聚集的地方，你就能在其中找到搜尋者。

流量躲在哪裡？
列出你的夢想百大清單

WHERE ARE THEY HIDING? THE DREAM 100

　　大學生活的某一天，我知道自己應該專心寫作業，但我那注意力不足過動症（ADHD）的頭腦再也忍受不了。我不得不停止寫作，即使只是幾分鐘。我環顧四周，確保沒有其他人在看之後，就在瀏覽器上開啟了一個新分頁。

　　我開始輸入 www.TheMat.com，接著幾秒鐘內，我就被帶到一個新的世界：這個世界滿是成千上萬和我一樣的摔角手，遍布世界各地。這是我們的遊樂場，我們可以在其中談論摔角、張貼相片和影片，以及討論下一屆錦標賽的每場比賽誰將獲勝。

　　我讀了幾篇文章，看了一支影片展示如何完成單腳抱腿摔的新方法。之後，我去了論壇。我超喜歡論壇的！有人剛剛貼文：「誰

比較厲害？是巔峰時期的丹‧蓋博（Dan Gable），還是現在的凱爾‧桑德森（Cael Sanderson）？」當然，我有我的觀點，我盡自己所能不去花接下來的一個半小時，將我的深思熟慮細細寫下，也就是如果我們把凱爾縮小到丹的尺寸，然後把他帶到時間機器回到70年代，凱爾可能會直接把丹解決掉。但我知道我不能。我的論文第二天就要交了，我得被關在自習室裡直到寫完。我生氣地關掉視窗，坐在椅子上舒展一下身體，然後回到現實。

身體向後靠的時候，我開始環顧其他摔角手朋友，他們和我一樣因為成績不好而被關在自習室裡。然而，瞥向那個60公斤重的同學時，我注意到他臉上竟掛著笑容。什麼？他在自習室怎麼笑得出來？當我把目光從他的臉上移到他的電腦螢幕時，我看到了。他也在上 TheMat.com 網站，而且他還發表了關於為什麼他認為丹會打敗凱爾的評論！

然後，繼續環視房內的其他摔角手，我決定我必須去了解他們在做什麼。我假裝要去上廁所，站起來從他們的課桌旁走過。我看了看另一位71公斤重同學的螢幕。是的，他也在看 TheMat.com。80公斤的？一樣也是 TheMat.com! 那我們的重量級同學呢？他一定是在做作業，對吧？沒有，他也在 TheMat.com 上，而且經過他的電腦時，很快就看到他在論壇上的留言，他說布魯斯‧鮑姆加特（Bruce Baumgartner，兩次奧運會重量級冠軍暨四次奧運會獎牌得主）將同時擊敗丹和凱爾。

什麼？！他瘋了嗎？凱爾不可能輸給布魯斯……而就在那時，我突然想到。TheMat.com 是我們在網路上聚集的小角落。自習室

裡所有的摔角手都聚集在那個網站上談論摔角，但我們並非唯一的訪客。全國其他大學的摔角手、高中摔角手，以及他們的父母也都在這個網站上。世界各地成千上萬的人聚集在此，討論我們最喜愛的話題：摔角。

老實說，這就是網路的真正力量：它讓我們能夠以一種前所未有的方式，與志趣相投的人聯繫。它允許我們每個人帶著自己獨特的、有時甚至是奇怪的愛好和興趣，和我們的同類人聚在一起，討論對我們來說最重要的事情。

不過，事情並非總是如此。我在高中時，還沒有 TheMat. com，所以我們唯一能談論摔角的對象，就是校內其他幾十名摔角手。但我們不是唯一的小團體。高中充斥各種不同的群體，例如籃球隊、舉重社、體育社、樂隊，還有玩《魔法風雲會》（*Magic: The Gathering*）卡牌的孩子們。在網路出現之前，諸如此類的小組，其規模有限，僅限於他們能找到多少志同道合的人，並且在地理位置上離他們很近。

在前網際網路時代，市場行銷人員向每一個這類小群體銷售產品和服務的成本很高。畢竟，你如何在每個城市精準找到那些對你的產品感興趣的人呢？

如果你有一個大規模市場的產品，例如洗髮精比或止痛藥，你可以在電視上打廣告，而且知道大部分看到該廣告的人可能有頭髮，或偶有頭痛問題。但是製作摔角鞋或訓練 DVD 的廣告太過昂貴，還要祈禱每個城市的十幾個摔角手都有看到你的廣告。

但網路改變了一切。它把我高中內的十幾個摔角手，以及世界

上其他學校的摔角手，聚集在同一個地方。如果摔角手是我的夢想客戶，而我有一個產品要賣給他們，我不需要大規模進行媒體宣傳活動。相反地，我可以直接連上 TheMat.com 網站，或是他們聚集的其他地方，並在那裡買廣告，因為我知道真正看到我的廣告的人，都是對摔角感興趣的人！我可以確保**只有我的夢想客戶才能看到我賣的東西**，而不是浪費錢向數百萬不想要或不需要我的產品的人投擲廣告。比起過去人們為了獲得夢想客戶的所需花費，這種定位方式將廣告成本降低到相對很小的比例。這使得像我們這樣的小公司有可能與最大的品牌競爭，甚至常常領先他們，擁有主導權。

　　無論你的夢想客戶是誰，這個原則都是正確的。網際網路使你在尋找現有夢想客戶族群時，就像在桶裡抓魚一樣。你只需要找到一桶魚和你的夢想客戶，並投入你的魚鉤。如果你的鉤子夠好，它就會把人從桶內拉到你的漏斗裡！

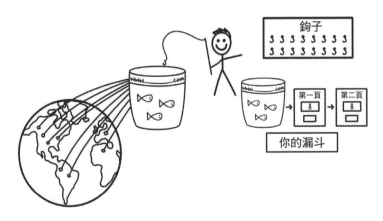

圖表 2.1　為了抓住你的夢想客戶，你只需要在夢想客戶聚集之處拋出夠多的鉤子。

有了密碼 #1 之協助，你可以確定夢想客戶的樣貌，而密碼 #2 則能幫助你找到夢想客戶隱藏或聚集的地方。如果我要賣產品給摔角手，我就不應該問：「我該如何為我的漏斗增加流量？」相反地，我應該問：「我的夢想客戶（在此例是摔角手）聚集在哪裡？」

練習

　　以下提供一些你可以用來自問的問題：

- 哪些是我的夢想客戶已經去過的重要網站？
- 他們參與哪些論壇或留言板？
- 他們加入哪些臉書社團？
- 他們在臉書和 Instagram 上追蹤關注的影響者是誰？
- 他們聽什麼 Podcast？
- 他們訂閱哪些電子報？
- 他們讀哪些部落格？
- 他們在 YouTube 上訂閱哪些頻道？
- 他們在 Google 中會搜尋什麼關鍵字來查找資訊？

　　這些問題將幫助你開始識別出你的夢想客戶藏在哪裡。這些問題的答案應該很簡單，尤其如果你是自己的夢想客戶。

　　我成立 ClickFunnels 時，很容易就能找到創業者（也就是我的夢想客戶），因為我自己就是一名創業者！我開始查看哪些是我常

去的地方（我聽哪些 Podcast、關注哪些部落格、加入哪些電子郵件群組等等），然後就立刻知道未來的夢想客戶都藏在哪裡。

如果你不能真正理解你的夢想客戶（我們在密碼 #1 中談到的一切），那麼你將很難找到他們。但如果你真的了解他們，那麼應該已經知道他們為了擺脫痛苦會聚集在哪裡，以及他們又聚集在哪裡好走向快樂。當你知道他們的聚集之處，就很容易把你的訊息或賣點放在他們眼前，然後將這群夢想客戶拉進你的漏斗中。

關於流量的一個常見誤解是，你必須「創造」流量，然而，正如你現在清楚可見，這個說法並不屬實。流量（你的夢想客戶）早已存在。你的工作是確定他們所在之處，同時利用那些現有的流量，丟出一些鉤子，接著讓這群夢想客戶的其中一部分開始來找你。

夢想百大（一對一）

現在你知道流量早已存在，而非憑空創造出來的，我想和你分享一個我從朋友切特·霍姆斯那裡學到的概念，叫做「夢想百大」（Dream 100）[5]。他在自己的暢銷書《無敵銷售機器》（*The Ultimate Sales Machine*）中已對此詳加描述。切特傳授和使用夢想百大的方式，與我使用它的方式略有不同，但理解切特的模型將能擴增你的能力，讓無限流量進入你的漏斗。

在切特職業生涯的早期，他曾為查理·蒙格（Charlie Munger）工作，你可能知道蒙格是華倫·巴菲特（Warren Buffett）在波克夏

海瑟威公司（Berkshire Hathaway）的商業夥伴。切特為該公司的一份法律雜誌賣廣告。當時，他們真的是苦苦求生，在其所在市場中，他們是銷售成績最差的。切特與一個擁有兩千多名廣告商的資料庫合作。他每天都打銷售電話，但在同行的十五家雜誌中，他們仍然排在倒數第一名。

某天，切特有了一個主意。他做了一些調查，發現在兩千個廣告商中，有一百六十七家把95%的廣告預算都花在他的競爭對手身上。所以他把這一百六十七家幾乎花光廣告預算的公司視為他最好的買家。然後他停止了對其他家的行銷活動，將時間和精力全集中在那一百六十七個廣告商身上。他的策略包括每兩週寄送一份帶有不平整物品的直接郵件，接著他會為寄出的每份包裹打一次後續跟進電話。他一個月寄兩次包裹，一個月打兩次電話。

因為他們是最大的買家，也是最難接觸到的人。按照這個策略進行四個月之後，他始終沒有收到任何回音。（很沮喪，對吧？）不過，切特以他所謂的 PHD（Pig-Headed Discipline，頑固訓練）而聞名，他拒絕放棄。

然而，在第四個月的時候，事情發生了變化。他得到第一個大客戶：全錄公司（Xerox）。這是該公司有史以來最大的廣告買家。到第六個月，他已經拿下了其中的二十八家廣告商。有了這二十八個廣告商，切特的銷售額比前一年翻了一倍，成績從同行的第十五名上升到第一名。在接下來的三年裡，他的銷售額連續呈倍數成長。到第三年末，他已經成功徹底收服夢想百大中的一百六十七家，全數成為他們雜誌的廣告商。

切特說：「夢想百大的目標，是把你的夢想買家從『我從沒聽過這家公司』逐漸變成『我一直聽說的這家公司到底是什麼？』、『我覺得我有聽過那家公司』，一直到『是的，我聽說過那家公司』，最後變成『是的，我和那家公司有生意往來。』」切特利用「夢想百大」創造一對一的銷售機會，使公司發展茁壯。

切特也用同樣的策略成功進入好萊塢。他寫了一個名為《艾蜜莉之歌》（*Emily's Song*）的劇本，並決定試著把劇本賣給好萊塢。唯一的問題是，他在娛樂圈毫無人脈，一個人也不認識。於是他買了一期《首映》（*Premiere*）雜誌，上頭列有「好萊塢最具影響力的一百人」，這便成了他的「夢想百大」名單。他運用和上述相同的「夢想百大」步驟聯繫這些人，幾個月後，他就成功讓黎安·萊姆絲（LeAnn Rimes）讀他的劇本。後來他們一起去了華納兄弟（Warner Bros.），電影劇本就是在那裡被買下的！

夢想百大（一對多）

當你的商業模式需要少量的大客戶時，切特·霍姆斯的夢想百大「一對一」銷售策略是強大的。但**對大多數的我們來說，我們在尋找大量客戶，而不僅僅是一百個**。我剛起步的時候，賣的很多東西都不貴，所以寄包裹和打電話試圖賣 20 美元的產品不具經濟效益。這就是為什麼我第一次聽到切特的「夢想百大」概念時不覺得有任何意義，我看不出它哪裡值得適用於我的網路事業。事實上，一開始我完全否定這個概念，認為它不適用於我們這樣的公司。

然而，有一天，當我在寫《網路行銷究極攻略》，且認真考慮在寫完之後該如何銷售這本書時，我要確認出**誰**是會讀這本書的夢想客戶，以及他們會在**哪裡**聚集。我列了一個清單，寫出所有我認為夢想客戶可能聚集的地方。我列出以下項目：

- 超過 10 個他們花時間登錄的重要網站和論壇。
- 超過 15 個他們積極參與的臉書社團。
- 超過 50 個他們在臉書和 Instagram 上追蹤關注的影響者。
- 超過 30 個他們常聽的 Podcast。
- 超過 40 個他們訂閱的電子報。
- 超過 20 個他們經常瀏覽的部落格。
- 超過 20 個他們訂閱的 YouTube 頻道。

　　做出這份列表之後，我將每個項目的訂閱者、讀者，以及關注者的數量加總起來。我很興奮地發現，僅在這份小列表上，我的夢想客戶就超過三千萬名，他們全聚集在這一百八十五個社群中！

　　接下來，我試圖了解如何讓我的訊息呈現在這三千多萬人面前。我腦力激盪各種想法，就在這時靈光乍現！夢想百大！

　　不，我不能為三千多萬人做「夢想百大」的行銷活動，因為花費太昂貴了。畢竟，我打算以 7.95 美元的價格作為書籍定價，所以如果我確實得到一個顧客買單，對我來說只值 7.95 美元。但是，如果我向一百八十五個社群的領袖發起「夢想百大」行銷活動，請這些人向他們的閱聽眾推廣我的書，那會怎麼樣呢？如果我

能和他們之中的一個人建立關係，只需得到一個肯定，那可能會帶來上千名新客戶！

我就是這麼做的！我找到這一百八十五個人的聯繫方式，給他們每人寄了一本我的書，並附上一封信，詢問他們是否有興趣在我的書出版當天幫忙打書。寄出包裹的一星期內，我陸續收到回音。其中一則訊息來自夢想百大清單上的一名 Podcast 頻道主：來自 EOFire.com 的約翰·李·杜馬斯（John Lee Dumas），我聽他的節目很多年了，但從未實際見過他。他告訴我，相當喜歡我的書，並邀請我上他的 Podcast 頻道打書。我當然很快地同意了。沒過幾天，杜馬斯就來訪問我了。他問起我的書，並告訴人們他喜歡這本書的原因，然後要大家也去買一本。在那集節目播出後的一星期內，單單靠那次採訪，我們就賣出五百多本書！

不過，我並沒有就此打住。我繼續跟進我的夢想百大計畫，結果我不僅在其他部落格和 Podcast 上亮相，而且這些夢想百大也在他們的電子報中幫我宣傳。最後，在一百八十五人中，我找到超過三十人作為推廣合作夥伴。

夢想百大策略的第二部分（在密碼 #4 中會有更詳細的介紹）甚至對那些不回應或不願意推廣我的書的人也有效。像臉書這樣的廣告平台能讓你將廣告投放給有特定興趣的人。例如，東尼·羅賓斯（Tony Robbins）就在我的夢想百大名單中，雖然他沒有直接宣傳我的第一本書，但他直接推銷《專家機密》，就在他名列我的夢想百大名單十多年之後！然而，即使他沒有直接推薦《網路行銷究極攻略》，我仍然希望向他（當時）的三百二十萬名閱聽眾宣傳，

因為他們也是我的夢想客戶。在臉書上，我有辦法只向他的閱聽眾投放廣告，因此得以對這群人出售數千本我的書！

我的書在很短的時間內賣出超過十萬本，從外部看來，我們的宣傳活動可能很龐大，但實際上，我們只是集中精力向一百八十五位夢想客戶推銷。

不久之前，我參加一場在波多黎各舉辦的出謀畫策研討會（Mastermind event），我有機會與《紐約時報》第一名暢銷書《女孩洗把臉》（*Girl, Wash Your Face*）的作者瑞秋‧霍利斯（Rachel Hollis）見面。當時，她正要出版新書《女孩，別再道歉了！》（*Girl, Stop Apologizing*）。而正在寫這本書的我，很好奇她的書是如何賣出一百多萬冊。於是，我向她請教暢銷的祕訣，她如此告訴我：

我們會先自問這個問題：「我的女性讀者已經身處哪些社群聚落？她們屬於哪些網絡行銷公司？她們關注哪些臉書社團、Instagram 頻道及標籤？」在我們確定這些資訊之後，則試圖找出這些女性讀者的社群領導者是誰。我們需要和誰成為朋友？對於那些粉絲超過二十萬的人，我們會直接傳訊給她們，表明來歷並詢問對方是否可以聊天。我們就是這樣開始傳訊給每個人，目標是找到這些社群，然後想出滲入她們的最佳方法。

夢想百大！她雖不這麼稱呼，但這正是她所做的，使她迅速成為有史以來最暢銷的作家之一！現在，我知道你們有些人或許在想：「羅素，這可能對你和瑞秋賣書有用，但我賣的東西和你們不

一樣，所以夢想百大對我無效。」事實上，這些概念適用所有企業，而人們卻認為只適用於除了自己以外的所有企業時，我總覺得好笑。就這樣。接下來讓我分享更多例子。

最近，我在聽一個 Podcast 頻道《Foundr》。他們採訪營養食品公司 Quest Nutrition 的創始人湯姆‧比利尤（Tom Bilyeu），他和幾個朋友一起創業，很快就發展成為一家價值 10 億美元的公司。在那次訪談中，有人問他是如何發展 Quest Nutrition，湯姆回答：

我們有一個非常不同的方法，這讓很多人感到興奮。不僅僅是關於產品本身，人們也對我們對待他們的方式感到滿意。我們採取老派做法，研究了數百名健康和健身領域的影響者，然後寄給他們手寫信件和免費樣品。這個作法是為了展示對他人試圖實現目標的理解，而 Quest 希望幫助他們與其閱聽眾建立聯繫。

當人們建立一個社群時，他們有一種真正服務社群的感覺。我們會寄給他們免費產品，然後說：「如果你喜歡它，就告訴大家，如果你討厭它，也告訴大家。」我們不會試圖引導人們，一定要給出很好的評論與推薦。有些人確實不喜歡我們的產品，也如實表示，但絕大多數人都喜歡，並且很感激我們能理解他們是誰，以及他們想要做什麼，所以這些人願意幫我們宣傳。[6]

湯姆沒有意識到，但這又是夢想百大的概念！這個策略幾乎是所有成功的公司（通常沒有意識到）都會用來作為流量策略的主力。大多數人聽到《流量密碼》這樣的書名標題時，都會認定我只

是在展示如何製作、投放臉書或 YouTube 廣告。雖然這些都是很棒的工具，但它們只是格局更大的策略之中的表面小戰術。

你所要理解的核心策略是，你的夢想客戶已經聚集在你的夢想百大。如果你聚焦在找出他們並向其行銷，你的夢想客戶就會比你做的其他任何事情都更快進入你的漏斗。

每個平台都有不同的夢想百大

幾年前，我決定將我的 Podcast 節目從《在車子裡行銷》（*Marketing in Your Car*）更名為《行銷機密輕鬆談》（*Marketing Secrets*）。當我們確實這麼做的時候，我將它設定為一個新的 Podcast，並邀請我所有的老聽眾重新訂閱並加入新節目。我成功讓許多忠實聽眾都轉到新的 Podcast，接著我天馬行空想出其他使節目茁壯發展的方法。我一開始是利用自己現有的流量。我寄出電子郵件給我的群組，要求他們訂閱；在臉書 Messenger 列表傳訊，以及在臉書、Instagram 和其他任何我能發聲的地方貼文。這個方法確實吸引了大量的聽眾，因為我所有的忠實粉絲都來了。

我對節目迅速的增長感到非常開心，並認為最初的聽眾人數邊增將是我們所需要的一切，能作為節目增長的催化劑。但不幸的是，事實並非如此發展。這個節目很快就停滯了，接著開始萎縮。我完全被嚇壞了，懷疑自己開一個新節目是否為錯誤的選擇。

我和團隊裡的幾個人坐在辦公室裡，針對如何壯大 Podcast，以及我應該做些什麼來讓人們宣傳我的新節目，進行數小時的腦力

激盪。突然間我有了頓悟，它在我的腦海中是如此簡單，但當我向團隊脫口而出時，聽起來卻很愚蠢。

「聽 Podcast 的人……嗯，他們聽 Podcast！」我說。

「是啊……嗯……我不太確定你想說什麼耶，羅素。」我的團隊回應道。

我苦笑，然後對夥伴說，「試想，我們企圖讓喜歡 Instagram 的人轉移陣地，跑到 Apple 這個平台來聽我們的節目。雖然我們最忠實的粉絲來了，但大多數粉絲卻沒有。為什麼？因為在 Instagram 上的人喜歡在 Instagram 觀看內容。我們的部落格也是如此：我們的死忠粉絲會從臉書和其他地方跑來閱讀我們的部落格，但最常來我們部落格的讀者，會是那些習慣閱讀部落格的人。喜歡看 YouTube 影片的人，會喜歡在 YouTube 上看影片；聽 Podcast 的人也習慣聽 Podcast。」

「我們可以花大量的時間和金錢來說服其他平台上的人們轉向 Podcast，或者我們也可以把同樣的時間和金錢聚焦在已經習慣聽 Podcast 的人身上。如果他們找到一個自己喜歡的新節目，這些人就會每天都聽！」

這是一個巨大的頓悟時刻，促成了我們的策略，亦即藉由我們的夢想聽眾正在聽的其他 Podcast 節目，創建一個專屬 Podcast 的夢想百大名單。這也促使我們為之前提到的每個平台，創造各自的夢想百大清單。

你看，在這個巨大頓悟出現之前，我們只有一個大的集體夢想百大名單，來自所有平台的人。我們沒有尊重此一事實，亦即人們

喜歡以自己喜歡的方式消費媒體，雖然我們有可能將人們從一個平台轉移到另一個平台，但如果你只是將那些已經在自己喜歡的平台上的人，從別的頻道轉移到你身邊，阻力就會小得多。

那麼實體企業呢？

關於這一點，你們之中的一些人可能會想：「但是羅素，我不是在網路上賣書或產品。我是一家在地的實體企業主，想要在網路上找到當地的潛在客戶，所以這對我來說行不通。」我想對所有的實體企業主說，請別擔心，這個策略仍然有效，但可能需要你從不同的角度來看待它。當你建立自己的夢想百大清單時，你需要找出你的當地影響者，而不是在你的利基領域中找出全國性的影響者或領導者。

比方說，假設我在當地開了一家果汁吧，我會自問：「誰是我的夢想客戶？他們現在在哪裡聚集？」我的夢想客戶會是那些想要變得更健康的人。為了找到這些夢想客戶，我會列出一張包含本地健身房、健康食品店、脊椎按摩師、私人教練、營養師等相關名單，然後從這張列表開始構建我的夢想百大。

在本書中，我們將提供更多關於這些概念如何在實體企業中發揮作用的案例，但是我想在你們認為這些概念不適合自己之前，先在這裡快速說明一下。

創建屬於自己的夢想百大清單

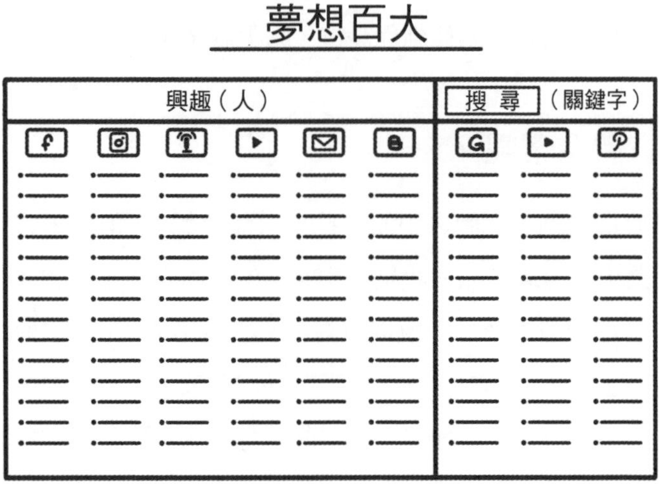

夢想百大

圖表 2.2　假如你需要列印夢想百大工作表，供練習之用，可上網至 TrafficSecrets.com/resources 下載。

下一步就是建立你的夢想百大清單。從現在開始，我們所做的一切，從付費廣告到免費流量再到合資公司，都將建立在「夢想百大」的核心基礎之上。但不知為何，儘管我已經談論這個概念很多年了，而且似乎很容易為人們所理解，但很少有人真正坐下來，好好把這件事做好。

如果你今天以 10 萬美元的顧問費聘雇我，我和你一起做的第一件事，就是花三到四個小時來構建這份清單。這正是它有多重要的原因，所以請不要跳過這一步！是的，它看似簡單，但卻是所有一切的基礎！

在我的朋友達納・德瑞克斯（Dana Derricks）所著的《夢想百大》（*The Dream 100*）一書中，我寫了前言，其中說道：

身為歷史上發展最快、非創投支持的軟體公司首席執行長和聯合創始人，在不到三年的時間內將公司發展到九位數規模，似乎很難將如何走到今天這一步的成因，縮小為單單一件事……但它確實全拜一件事之賜。那就是夢想百大。夢想百大是我們整間公司的基礎。

在 ClickFunnels，我們不只是利用夢想百大來提高流量……我們所有事情都倚靠夢想百大。我們如何選擇想要進入的市場？我們利用夢想百大來研究不同的市場和利基，然後縮小範圍，找到最適合自己的。我們如何決定自己的藍海策略？我們運用夢想百大尋找紅海，並在市場上開拓我們的一席之地。我們如何決定報價並想清楚要賣什麼？我們使用夢想百大，以模擬市場中有效的報價，這消除了「盲目猜測」的頭痛和麻煩。

我們所做的一切都來自於精準掌握夢想百大，特別是知道如何補足而非競爭。這就是你如何建立你的基礎。從這裡開始，你就得到流量（再一次，利用夢想百大）……剩下的都是歷史了……夢想百大是所有流量（無論是臉書廣告或整合行銷）的導向與來源。所有一切都會回到夢想百大。如果有一個領域需要你為自己的企業盡可能投入時間和金錢，那麼從一開始，這個領域就是夢想百大。[7]

你看，夢想百大是流量的關鍵基礎，也是你整個企業的關鍵基

礎，因為它幫助你釐清如何報價，以及講述你的故事。我在《網路行銷究極攻略》和《專家機密》中已詳細說明這部分，但我想在此讓你們記住，這一關鍵步驟有多重要。

夢想客戶聚集的兩種核心類型

構建夢想百大清單時，有一些重要事項需要你記住。在密碼 #1 中，我們談到你的夢想客戶會經由以下兩種方式找到你：他們會透過搜尋找到你，或是當他們與自己感興趣的東西互動時，你從中打斷他們。如果我企圖找出我的夢想客戶在哪裡聚集時，也會做出與上述相同的兩種區分。

基於興趣而聚集的會眾

第一種類型的會眾是基於興趣集結。在大多數社交網絡中，當有人加入後，該網絡系統首先要做的，就是找出你感興趣的東西。據說，臉書在每個用戶使用其平台時，會自動追蹤超過五萬兩千個數據點，這對用戶來說非常惱人，但對廣告商而言卻很棒。[8] 最重要的是，廣告商有機會挑選人們關注的興趣，例如：

- 你在關注哪些人（影響者、名流、思想領袖、作家等）？
- 你關注哪些公司？
- 你關注哪些電影、書籍和品牌？

在夢想百大的工作單上，我為每一種主要的社交平台都列了一個欄位。在你閱讀這本書的當下，可能有新的平台變得超級流行，或者這些平台其中有一些可能已經消失，所以你應該根據需求調整欄目。最重要的是，要列出你的「夢想百大」已經在關注的所有人、公司、活動和興趣。

從你最喜歡的社交平台開始，試著寫下二十到一百個關於該平台的夢想百大清單。接著在 Podcast、部落格、電子郵件通訊，以及其他重要的社群中做同樣的事情。雖然我們稱之為「夢想百大」，但我喜歡將名單盡可能加長，而且每年都會重新創建整理手上的清單兩到三次，因為我會刪除那些沒有為公司帶來正確客戶的名字，也會添加新的名字。

當你在「夢想百大」的興趣欄中填入盡可能多的名字後，接著轉向基於搜尋而聚集的會眾。

基於搜尋而聚集的會眾

當人們連上 Google 或其他搜尋平台時，他們會輸入關鍵字，尋找諸如以下資訊：

如何減重

愛達荷州波夕市緊急水電工

最好的淨水器

只要他們輸入一個短語，就會進入也在找尋同樣事物的人群之

中。在我創造第一個產品（如何製作馬鈴薯槍）之前，我第一個搜尋的就是，目前有多少人也在搜尋這個話題。

potato gun（馬鈴薯槍）

spud guns（土豆槍）

potato launchers（馬鈴薯砲）

potato gun plans（馬鈴薯槍計畫）

當時，每月有超過一萬八千人搜尋這些短語。當然，那是好一段時間以前的事了，所以這個數字現在可能已經大幅增加。就我而言，這群人在尋找我能解決的問題。

這種類型的會眾被稱為「基於搜尋而聚集的會眾」，而這些搜尋會在 Google、Yahoo 或任何其他搜尋平台上產生。在撰寫本文時，流行的搜尋平台有：可提問任何話題的 Quora.com；可供搜尋圖片的網站 Pinterest.com，以及幾乎能讓人搜尋任何東西的 YouTube.com。（稍後，我將說明 YouTube 及一些其他搜尋平台如何能同時充當基於搜尋和基於興趣的集合。）

練習

請創立屬於你的夢想百大清單，寫下你認為人們目前正主動搜尋的短語。我們有許多方法可用來完善計畫，以及善加利用這些會眾，無論是購買廣告，或是進行搜尋引擎最佳化，亦或是找到夢想

百大的個人頁面，請他們為你宣傳，鼓勵人們進入你的漏斗，但是現在，只需要根據你最好的猜測建立一張列表。稍後我們將介紹一些神奇的軟體工具，以幫助你識別自己可能從未想過的短語，我們也將探索如何找出有多少人在搜尋每句短語。單就這個練習，我想請你先寫下你認為自己或夢想客戶每天會搜尋的短語。

我要從哪裡開始？

我發現大多數人都能很快掌握「夢想百大」的概念，但當他們試圖要真正找到一百個人時，卻會陷入困境。通常他們有辦法想出十幾個名字，但也僅止於此，很難想到更多。

到了最後，流量成了數字遊戲。我想要找到一百個（或更多）人，因為即使有一百個人，最後也可能只會有五到十個人願意讓我們免費出現在他們的閱聽眾面前。在那之後，我們可能只會在廣告網絡上成功被鎖定的受眾中找到大約十個用戶，所以你必須廣泛撒網。

創建一個更大清單的最簡單方法，便是回到《專家機密》中的機密 #3，亦即探索三個主要市場或渴望。我將在此快速帶你瀏覽一遍，以供你看到它如何與夢想百大有所關連。

它從三個主要市場或渴望開始：健康、財富，以及人際關係。

這三大市場中的每一個，都有無限數量的次級市場。例如：

• 財富 → 金融、投資、房地產、銷售、行銷

- 健康 → 營養、肌力訓練、減重
- 人際關係 → 婚姻諮詢、約會建議、愛情

在每個次級市場之下，都有利基。比方說，假如我的市場是財富，次級市場會是行銷，而我所要創造的利基是「銷售漏斗」。

- 財富 → 行銷 → 銷售漏斗

行銷次級市場中的其他利基可以經由電子商務、亞馬遜、直運（dropshipping）、搜尋引擎最佳化、點擊付費式廣告（PPC, pay per click）、臉書廣告或網路課程進行行銷。老實說，我的次級市場中的其他利基會包含任何人使用網路進行市場行銷或開啟新業務的任何方式。

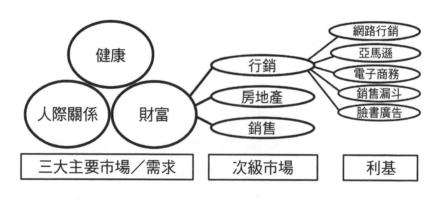

圖表 2.3　在三大主要市場／需求之下，是次級市場和利基。

由於考慮到這一點，因此創建自己的夢想百大時，我並不只是在尋找其他也在販售「銷售漏斗」之類東西的人。我確實會將這些人、公司和關鍵字添加到我的清單中，但我真正要尋找的，是在我的次級市場中的其他所有人、公司和關鍵字。它們是我最火紅的流量，也是我首先關注的地方。

　　我的目標是，向夢想百大的追隨者提供我帶來的新機會。我通常能輕易地根據這個清單，來構建夢想百大。但如果你還在奮力想要找出你次級市場中的所有利基，那就問問自己這個問題：「**人們在（請填入你的次級市場）試圖使用什麼其他方法來達到（填入他們想要的結果）？**」為了進一步說明這一點，請容我舉出一些實例。

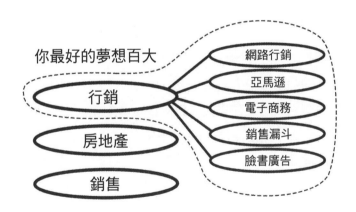

圖表 2.4　想要找到你最好的夢想百大，請查看你的利基以外的地方，並細看你的次級市場內最火紅的流量。

- 在**財富主要市場**中的<u>房地產次級市場</u>，我會自問：「人們在房地產次級市場中還會試圖使用哪些其他方法來賺錢？」這些問題的答案包括：炒房、短售和翻新轉手。
- 在**健康主要市場**中的<u>減肥次級市場</u>，我會自問：「人們在減重次級市場中還會試圖使用什麼其他方法練出六塊腹肌？」這些問題的答案包括：生酮飲食、純素飲食、肉食主義和健身。
- 在**人際關係主要市場**中的<u>育兒次級市場</u>，我會自問：「在育兒次級市場中，人們還會試圖使用哪些其他方法來與孩子建立更好的關係？」這些問題的答案包括：在家自學、嬰兒手語、課後體育活動，以及戲劇表演。

這些答案，每一個都是次級市場中的利基，涵蓋數十個你可以聚焦的影響者、公司和關鍵字！你的次級市場會是你在創建夢想百大清單時一開始該集中火力之處，因為這是最火紅流量的來源。

填完夢想百大的工作單後，你便會發現「鉤子、故事、報價」架構，而你將會不斷反覆使用此一架構，以利把夢想百大中的人群吸引到你的漏斗中。

鉤子、故事、報價，
以及魅力人物

HOOK, STORY, OFFER, AND THE ATTRACTIVE
CHARACTER

圖表 3.1　每一則好的市場行銷都有一個鉤子（賣點）、故事，以及報價。

　　晚上 9 點 27 分，潔西卡最小的孩子才剛睡著。這是漫長的一天，早在太陽升起之前就已開始，而現在終於結束。潔西卡整個人累癱了，現在是屬於她自己的寶貴時間，不用再被孩子們牽著走

了。接著很快地，她就得開始她的夜間例行工作：打掃房子，卸妝，準備睡覺，最後睡上幾個小時，然後再醒來，一切重新開始。

終於可以倒在沙發上了，她把手伸進口袋，慢慢掏出手機；「今天其他人都發生什麼事？」她想知道。於是她打開臉書，瀏覽朋友和家人的生活動態，希望在得知自己並非唯一忙碌之人的情況下，能找到一些安慰。

不久，她開始感到無聊。就在她準備關掉應用程式時，她看到螢幕上閃過一個影像。她幾乎要錯過了，但她慢慢地把手指移回到手機上，把圖片放在螢幕中間。

是的，她覺得自己並沒看錯。圖片上是一個和她年齡相仿的女人，穿著運動服與灰色短褲。不過，吸引她目光的不是短褲，而是短褲中間的暗灰色斑點。她有點困惑，同時看了看圖片上面的文字敘述：

讓我告訴你一件某次我在健身時尿褲子的事……當時我正在為美元健身俱樂部拍攝影片，我從來沒有這麼尷尬過。

潔西卡是對的！照片上是一個成年女人，尿在自己的褲子上！她笑了一秒鐘，但隨後笑聲轉成不安，因為她意識到自己完全了解這個女人的感受。那年稍早，她也經歷過同樣的事情，她的孩子們想讓媽媽和他們一起在彈跳床上跳。她想當個好媽媽，但跳了幾下就不得不離開，因為她尿褲子了。她很快就想出一個自己不能再跳下去的理由，向孩子們道歉後，她趕緊跑進屋換衣服。她知道對孩

子們說的話不是真的，而這令身為媽媽的她更感內疚。同時這也讓潔西卡想起其他一些她知道自己會喜歡做、但因為同樣的原因被禁止的活動。

看了這張圖片幾秒鐘後，潔西卡決定一探究竟，為何這個女人會在臉書上發布這張照片，告訴別人她尿褲子了。她點擊圖片，立即被帶到一個頁面，上面有同一名女性的影片。

潔西卡點開影片，開始聽故事。這位女士的名字叫娜塔莉・霍德森（Natalie Hodson），她是健身部落客，也是個媽媽，有兩個很棒的孩子，孩子出生時都重達四千五百公克。娜塔莉講述了自己在為部落格拍攝健身影片時不小心尿褲子的尷尬經驗。然後她遇到一位專門幫助女性解決這類問題的醫生，並提及這位醫生如何幫助她的過程，而在困擾獲得解決後，她也想與其他女性分享這個經驗。

娜塔莉提到她和醫生協力製作一個線上課程，提供任何人都可以在家做的簡單運動，以增強腹肌、核心肌群和骨盆底肌。娜塔莉也和這位醫生共同製作一本電子書，內含飲食和營養小祕訣、練習和動作，以及具體的訓練計畫。他們想為所有在生產後受意外漏尿所苦、但無法親自找醫生看診的媽媽們提供這個服務。更好的是，你甚至不用離開舒適的家就能得到與求診相同的建議。只需要花費47美元，就可以得到電子書及其提到的所有好處。

潔西卡興奮地從沙發上跳起來，穿過房間跑去找她的信用卡。輸入信用卡號碼後，幾分鐘之內，她得到了電子書，就此永遠解決她的問題。

儘管潔西卡的故事是虛構的，但這類經歷確實每天都會發生在

女性身上，她們在咳嗽、打噴嚏，甚至在彈跳床上跳的時候不小心漏尿，而尷尬不已。在過去的三年內，已有超過十二萬名女性購買娜塔莉的電子書。這讓娜塔莉・霍德森成了一個家喻戶曉的名字，賦予她改變世界各地無數女性生活的能力，並在這個過程中變得非常富有。

娜塔莉吸引超過十二萬人購買她的書《腹肌，核心肌群，骨盆底肌》（*Abs, Core, and Pelvic Floor*），她所使用的架構稱為「鉤子、故事、報價」。鉤子是潔西卡在瀏覽動態時看到的圖片和標題。它像鉤子般勾住了她，並讓她停留了夠長的時間，足以引起她的注意。接著再讓潔西卡點擊一個連結，娜塔莉可以在此講述自己的故事，與潔西卡建立關係，並解釋她可能提供的服務的感知價值。最後，娜塔莉向潔西卡提出一個難以抗拒的報價，幫助潔西卡擺脫痛苦，走向快樂。這個「鉤子、故事、報價」架構，是你在大多數網路廣告和漏斗中反覆看到的模式。

關鍵架構：鉤子、故事、報價

這個「鉤子、故事、報價」架構是我經常談論的內容。它是我們進行網路銷售的核心基礎。它能為我們提供診斷，檢視設置的每個漏斗中哪些東西不管用。如果有個廣告沒有效，那一定是因為鉤子、故事或報價出了問題。如果某個漏斗無法進行轉換，那也一定是因為鉤子、故事或報價出了差錯。這就是我要教你們掌握的最簡單（也是最重要）的架構。

在《網路行銷究極攻略》和《專家機密》中，我花了好幾個章節討論「鉤子、故事、報價」，並在其中詳細解釋如何提供誘人的報價，以及我們用於故事銷售的架構。在這一章中，我將討論與流量和廣告相關的故事和報價，不過《專家機密》才是掌握這些概念的權威指南。那麼，現在就讓我們進入「鉤子、故事、報價」架構。

鉤子：吸引注意力

現在我們已經確切知道夢想客戶聚集在哪裡，接下來我們的工作就是向他們丟出鉤子，看看是否能抓住他們的注意力。在下一個章節中，我們會討論更多關於如何執行的方法，但現在，我想先讓你們理解**什麼是鉤子**。

鉤子是足以吸引別人注意力的事物，這樣你就有機會述說自己的故事。你每天都能看到成千上萬的鉤子。每一封電子郵件的信件主題都是一個鉤子，試圖抓住你片刻的注意力，好讓你點進郵件閱讀。你在臉書動態上看到的每一個貼文、圖片和影片都是吸引你參與的鉤子，這樣他們就可以向你述說故事，然後提供報價給你。Instagram 上的每張圖片、YouTube 上的縮圖，以及部落格上的標題全是為了吸引你的注意力而設計的。我們隨處可見鉤子的存在，但很難確定它們到底是什麼。它們是語句嗎？是的，它們可以是語句。它們是圖片嗎？是的，它們可以是圖片。它們是影片的背景嗎？或者是為了讓別人停止滑動螢幕，你在頭三秒鐘內做的蠢事？答案都是肯定的。任何能夠吸引別人注意的事物都是一個鉤子，你

愈擅長創造鉤子並將其投向你的夢想百大人群中，你就會獲得愈多關注。

我總是想像我的終端客戶獨自一人坐在馬桶上、躺在床上，或坐在沙發上的情景，他們拿著手機，正在瀏覽臉書或 Instagram 上的動態。我可以拋出哪些鉤子，好讓他們停止滑手機，花足夠長的時間聽完我的故事？下次當你在瀏覽吸引你注意力的鉤子時，請多多留意。你為什麼停下來？你為什麼點擊播放？鉤子對你說了什麼，並讓你有什麼感覺？回答這些問題，將有助於你更善於發想出鉤子。

故事：建立關係

在鉤子吸引了人們的注意力之後，你便有些微機會藉由故事與他們建立關係。你要告訴他們的故事，需具備兩個核心目標。

- 這個故事將會增加你即將提出報價的價值。藉由講述正確的故事（或《專家機密》中提到的「頓悟橋」〔epiphany bridge〕故事），你便能夠呈現出自己所銷售內容的感知價值，且這個故事能營造出人們當下購買的欲望。

- 這個故事將與你這個魅力人物的性格和品牌建立連結。即使今天他們沒買東西，一旦他們和你產生連結，就會成為你的追隨者，然後是你的顧客，最後成為你的死忠粉絲。你的故事將幫助他們與你的品牌建立關係。

你的個性（也就是在《網路行銷究極攻略》中提到的「魅力人物的性格」）對於流量宣傳活動的成功至關重要。任何人都可以發布一則廣告並讓人們購買一次，但如果你願意分享自己的故事，與你的閱聽眾建立聯繫，並真正給予服務，而不是單純銀貨兩訖，他們便會不斷地向你購買東西。這群人將成為你的支持者，與他們的朋友分享你的訊息和廣告。

報價：提供難以抗拒的好處

鉤子能夠吸引客戶的注意力，故事能夠創造欲望，而每則訊息、貼文、電子郵件和影片的最後一步便是提供內容。報價並不總是意味著請求人們購買很棒的東西，雖然這是我最喜歡的一種報價。報價可以小至諸如告訴人們，「如果喜歡這篇文章，歡迎在我的影片底下留言、訂閱我的 Podcast，或加入我的清單。」你就會給他們一個特別的東西作為交換。你提供的條件越好，別人就越有可能去做你真正想讓他們做的事情。

如果人們沒有按照你的意願行事（加入你的清單、點擊你的廣告，或者購買你的東西），最簡單的解決方法就是提高出價。比方說，假如我告訴你，如果你去倒垃圾，我將給你 1 美元，你可能會拒絕，因為這種努力對你來說超過 1 美元。但如果我把報價提高到 10 美元，你可能就會同意。要是我把出價提高到 1,000 美元，則幾乎所有人都不會拒絕這種好康。

你的廣告也是如此。如果你吸引一些人上鉤，對他們說了一個故事，並提供報價，但他們仍然不願意購買，那麼很可能這個報價

對他們來說還不夠好。你可能需要講一個更好的故事，來增加這份報價的感知價值，或者你可能需要提出一個更好的報價。無論是增加更多好處，或是提升他們將得到的報酬，讓這份報價變得更可口誘人，總之只要能讓這個報價令人無法抗拒就行。

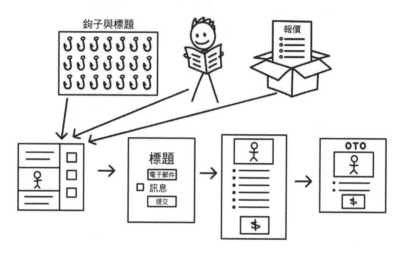

圖表 3.2　關於你的漏斗，每一頁都需要有一個鉤子、一個故事，以及一個報價。

是的，每則廣告都有一個鉤子（讓人們停止繼續往下滑的圖片、影片或標題），一個故事（你在吸引人們注意後所展示的東西），以及一個報價（通常是他們點擊廣告後會得到什麼）。如果你能向顧客很好地展示你將帶給他們什麼好處，你就能成功運用本書所教的策略。

如果你的任何一項流量宣傳活動不奏效，那一定是鉤子、故事

或報價出了差錯。如果你的登陸頁（landing page）的**轉換率**不高，那也只會是鉤子、故事或報價的問題。如果網路研討會的出席率、推銷成交率、追加銷售率 ❶，或是電子郵件開啟率不見起色，十之八九絕對是鉤子、故事或報價的問題。如果你想解決所有這些問題，請設法創造更好的鉤子，述說更好的故事，提供更好的報價。

---

❶ 追加銷售（upsell），也稱向上銷售。為了鼓勵顧客買更多，而提升原本想購買的商品等級，或是除了原本的購買品項，再追加相關配件或服務。

努力打入賺流量，
花錢進場買流量

WORK YOUR WAY IN, BUY YOUR WAY IN

　　時間回到我們打算向世界「正式」推出 ClickFunnels.com 的幾週前，過去的十二個月裡，我的合夥創始人陶德・狄克森幾乎把醒著的每一刻都花在辛苦編寫數萬行程式。我則是花光所賺的每一分錢，努力維持我們的小公司能正常營運，以便繼續養活我們的家人。與此同時，也在等待我們新公司的成立會改變世界。差不多是開始的時候了。

　　還有一個月的時間，陶德和另一位合夥創始人迪倫・瓊斯飛到波夕，在我們上線前努力完成最後百分之十的程式。有了紅牛的加持，加上迫切渴望看到自己的作品誕生，他們每天晚上都寫程式寫到凌晨三、四點，然後回到酒店小睡一會，接著在早上九點之前回

到辦公室。這些日子我永遠不會忘記。

身為一個完全不懂程式的「非技術性」合夥創始人，我無法在這些黑客松 ❶ 上提供幫助，但我知道自己的角色。購物車上線當天開通時，我需要有一群人排隊等待並請求註冊免費試用。因此在陶德和迪倫奮力編寫程式的時候，我努力地開發夢想百大，針對每個平台，逐一研究並找到那些已經擁有我夢想客戶的人，把他們添加到我的清單中，並向這些人發送訊息、好好自我介紹。我的夢想百大清單逐漸變成夢想兩百大，然後是夢想五百大。等到 ClickFunnels 已準備好上線時，我已經有夢想七三六大了。我記得在上線的前一天，我看著這份清單，心想這些人已經聚集了我的夢想客戶，且已與他們建立關係。接下來，我只需要想辦法讓我的訊息出現在這些閱聽眾面前。

回首過去，現在距離那一刻也才五年時光，看到我們在短短時間內取得如此大的進展，實在令人驚嘆。今早就在我撰寫本章的時候，我們已有十萬零六百四十八位使用 ClickFunnels 的每月活躍付費用戶。這些會員中的大多數，也就是我的夢想客戶，來自七百三十六名我認為是我的夢想百大之追隨者。

現在，如果你先前跳過密碼 #2 的練習，請在此停下來，回去做該項練習。這是讓漏斗充滿流量的關鍵。請記住，如果你花 10 萬美元聘請我為一日顧問，這就會是我要你做的第一件事。如果你需要幫忙，就假裝匯給我 10 萬美元，然後開始行動吧。我之所以

---

❶ 黑客松（hack-a-thons），亦即程式設計馬拉松。

如此強調這一點，是因為我見過一些完成此一至關重要步驟的公司，年收高達八至九位數美元。

步驟一：口渴前先挖好井

現在你已經找到了自己的夢想百大，而他們也擁有你的夢想客戶。下一個你應該自問的問題，會跟我問過自己的一樣：「我如何將訊息呈現在他們的閱聽眾面前？」

夢想百大的第一個關鍵是，你需要在口渴之前挖好你的井。哈維・麥凱（Harvey Mackay）在他的社交書籍《臨渴掘井：人際網大贏家》（*Dig Your Well Before You're Thirsty*）中解釋道，如果你想與有價值的人建立業務關係，你必須在準備好交易之前就開始著手。[9]

創業者開始創建他們的夢想百大清單時，最常犯的錯誤是，等到產品準備好了才開始與這些人建立關係。一旦我確定某人是我夢想百大的一部分，就會馬上開始挖掘我的井。我會經由以下幾種方式來達成。

首先，我會訂閱夢想百大發布的所有訊息。如果他們出現在你的夢想百大清單上，這些人可能會在不同的平台上（至少一個）發布圖文或影音訊息。我會聽他們的 Podcast，閱讀其部落格，在 Instagram 上觀看限時動態，並訂閱他們的電子報，因為如此一來，在不久的將來，我可能就有機會真正和他們交談。我過去曾遇過一些人，他們不知為何通過了我層層的防衛，得到了我寶貴的幾分鐘時間，而我在幾秒鐘內就已了解，他們並不知道我是誰，只關

心他們自以為我能為他們做的事。這些談話對我們雙方來說從未有任何成果。為了避免這種情況發生，請事先預做準備，如此一來，當你有機會遇到夢想百大人選時，就能準備好與他們對話。你可以和他們聊聊生活上的問題、發布的內容，或是他們關心的話題。

我也會關注我的夢想百大正在發布哪些內容，因為將來我可能會為同一群人製作廣告。如果我知道夢想百大中的某個成員對他的追隨者說過哪些話，我就可以在我的文宣中運用相同的語言模式。

通常，當我要人們訂閱所有東西時，他們會有點抓狂，因為他們不想加入超過一百個人的電子郵件清單，訂閱超過一百個Podcast，或者在 Instagram 上關注超過一百位影響者。畢竟，這需要每天花上好幾個小時才能做到，不是嗎？但事實上並不需要。

關於電子報，我會設立一個新的電子郵件地址，專為我的夢想百大宣傳活動所用。我會使用這個新的電子郵件地址加入每個人的名單。並且設立一個過濾器，將每個人的郵件同步放入一個文件夾，好讓我的收件匣保持清爽。如此一來，每當我要打電話或傳訊息給特定某人時，只需登陸該電子郵件帳戶，點擊他們的文件夾，快速查看最近十幾封電子郵件，以了解他們正在發布哪些內容。

同時，我使用社交軟體（YouTube、Instagram、臉書等）也只有兩個目的：製作和發布內容，以及窺探我的夢想百大。我並非為了「社交」而使用社交軟體，因為這是毀掉你生活最快的方式。好吧，並不盡然如此，但說真的，從現在起，你不應該把自己視為社群媒體的「消費者」，而是它的「生產者」。你應該專注在製作內容，以及密切關注你的夢想百大在這些平台上做了些什麼。我自己

每天會花大約十五分鐘快速瀏覽每個應用程式，以掌握市場脈動，然後關掉手機，回頭繼續生產。

訂閱夢想百大發布的內容後，我會試圖購買一些他們的產品。這讓我能夠看到他們的漏斗以及在後台銷售的內容，並清楚知道他們在做什麼。我們稱此過程為「漏斗駭客」（funnel hacking），你可以經由其他人的銷售過程來了解這個市場的運作情況，同時也能夠成為客戶名單之一，看看他們會向客戶發送什麼類型的東西。當你的身分是顧客，就可以告訴他們，你對其產品著迷的原因，再沒有比告訴對方你是一名快樂的顧客更能建立彼此融洽關係的了。

我要做的第三、也是最後一件事，就是想辦法為我的夢想百大服務。請注意，此刻我並沒有要他們為我做任何事，我是在口渴之前先挖好井。要幫助夢想百大，在購買產品、收聽了 Podcast 節目，或是拜訪部落格之後，我所能做的其中一件最好的事情，就是公開在社交平台上討論。我可能會在臉書個人頁面或 Instagram 貼文，談論我聽到一個很棒的 Podcast 節目或我購買的某件產品，告訴大家應該要去購買，並在貼文中標記我的夢想百大。我發現這是我所做最容易引起別人注意、且為他們提供價值的事情之一，而它可以是任何事，無論是送禮物給他們，或是製作可讓他們用來行銷的影片或圖片。

這個過程可能看似費工（的確如此），但卻是你整個公司的基礎。不僅是獲得流量的基礎，也是確定你在市場生態系統中位置的最佳方式。你能提供這個市場什麼不一樣的價值？在你的夢想百大之中，有哪些問題是別人無能為力，而你是唯一有資格去解決的？

看看你的夢想百大承諾了什麼，並試圖向你的夢想客戶銷售？他們拋出什麼鉤子？提供什麼報價？以及找出你的市場存有什麼信仰，這將成為你所能做的最好的市場調查，用以發現市場有什麼缺口，還有你需要創造哪些報價。

正如先前所提的，在我們推出 ClickFunnels 時，我就打造好大量的夢想百大清單。我的首要目標是，在口渴之前先挖好井，這是在你「努力打入」（work your way in）之前的關鍵步驟。我將從以下四個非常具戰略意義的階段開始執行：

階段 1（第 1 天至第 14 天）

我會藉由訂閱和聆聽夢想百大發布的內容，開啟關注他們的過程。每天進行兩次，每次為期十五分鐘狂刷社群媒體，看看我的每一名夢想百大在做什麼，接著我會尋找與自己產生共鳴的事物。然後迅速在他們發布的內容底下留言評論，分享我認為特別之處，並尋找我可以為他們服務的方法。

階段 2（第 15 天至第 30 天）

接下來我會藉由寫電子郵件或發私訊的方式，聯繫我的夢想百大，並展開對話。我的目標是，在這段時間內**絕不**向他們推銷任何東西。

目前，在所有的社交平台上，我每天少說會收到超過一千則訊息，其中有些巨大的警訊阻止我回覆訊息給他人，但也有出現幾盞綠燈，給我真正做出回應的機會。

- **警訊 A：不要發送模板訊息。**我已經看過不知多少次那種複製／貼上的電子郵件，同一天大量發送給其他五百個「有影響力的人」，而這些訊息不會得到任何回覆。請為每個人撰寫一則量身訂製的訊息內容，否則什麼都不要發送。

- **警訊 B：先別急著說你的故事。**總有一天，你的夢想百大會關心你的故事，但還不是在這第一則訊息的時候。你若先說自己的故事，就會變成是他們為你服務，但你此時尚未建立互惠關係。先服務他們，否則他們之後不會有機會為你服務。

假裝你想和夢想百大約會，因為某程度而言，你確實是。如果你能善待他們，一段良好的關係對你來說就能值上數百萬美元。現在你已經知道這些警訊，接下來讓我們看看一些會讓我想要做出回應的綠燈。

- **綠燈 A：這不是我第一次見到這個人了。**夢想百大中的大多數人會花時間發表他們相信的事物，如果你認為他們沒有讀過那些別人針對他們發表的內容所做出的評論，那你就錯了。請確保他們看到你積極參與在他們創建內容的有意義討論，如此一來，他們一看到你出現在收件匣或私訊時，就會認出你。在這個階段，你是將你自己（而不是你的產品）賣給夢想百大。如果他們不喜歡你，自然也就不想對你的產品多做了解。

- **綠燈 B：有人對我說，我有多棒**。我知道這聽起來很膚淺，但拜託，我們這麼做是有原因的。當人們給我直接且公開的讚賞，我自己會覺得很不好意思，但我很愛在評論或訊息中讀到人們給予的稱讚，而且我會記得那些讓我知道我的所作所為如何影響他們的人。
- **綠燈 C：他們有做功課**。他們知道我是誰，也了解我在乎什麼，因此當我們談話時，他們會問我一些對我重要的事情。當人們問我關於我的妻子、孩子、摔角或我真正感興趣的事情時，我對他們會有不同的看法，而且我會記得他們是誰。
- **綠燈 D：他們現在不要求任何事情**。請千萬忍住、別做任何要求。相信我。如果你太早要求，答案永遠是否定的。時機總有一天會出現，但不是現在。

階段 3（第 31 天至第 60 天）

讓你的夢想百大成為你的粉絲。我從不要求沒有體驗過的人為我推銷某樣東西。當我們推出 ClickFunnels 時，我贈送夢想百大免費帳號，沒有任何附加條件，這樣他們就可以使用這個產品。當我出版書籍時，也贈送了一些免費的書。至於課程，我則是提供免費登入。你最好的推銷商永遠是你最忠實的粉絲。

在我和夢想百大中的每一個人接觸，並開始「口渴前先挖好井」的流程之後，現在有兩種方法可以讓我的訊息呈現在夢想百大的閱聽眾面前。首先，我可以藉由獲得我過去賺得的流量，得以努

力打入夢想客戶的圈子。第二，我可以經由獲得我能控制的流量來「花錢進場」（buy my way in）。讓我分別解釋兩種策略是如何運作的。

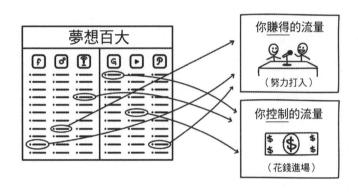

圖表 4.1　你可以透過努力打入，以及（或）花錢進場的方式，獲得夢想百大的流量。

步驟二：努力打入（你賺得的流量）

　　請回想一下近期你最期待看的一部大片。通常來說，電影公司最早會從電影預告片發布到網路上而起。此後，他們會開始在所有其他電影首映前播放預告片。有了這些行銷活動，我認為大多數消費者都會察覺到這些訊息。但是，通常在預告片釋出的一週後，推動大家在首映之夜觀看新電影的祕密行銷策略就此展開。好萊塢知道，如果上映當天電影院人潮不多，電影的銷量就會受到影響，因此他們使出絕招。

　　好萊塢的祕密策略是什麼？就像你一樣，他們努力打入夢想百

大。策略大略如下：

你有沒有注意到，一部新的電影或電視劇首映、音樂專輯或新書發表的前一週，通常會發生什麼事？主要演員、歌手或作家都在哪裡出現？他們出現在電視上！他們拋出鉤子，抓住人們的好奇心，用說故事來創造欲望，並提出建議，讓人們在首演之夜出門前來觀賞！就是這樣！他們有自己的夢想百大，並努力打入以賺得流量。

東尼・羅賓斯最近一次新書發表後，我有機會與他交談，他說在他新書發表的那一週，他在電視、廣播，以及網路上做了超過兩百六十個採訪。雖然那一週對他而言想必很緊湊，但這個策略免費且有成效地幫他賣了數百萬本書，因為他很努力打入夢想客戶的圈子，也就是在聚集了其夢想客戶的各大節目上台宣傳。

現在，雖然好萊塢很容易能上每日脫口秀節目進行宣傳，但對於像我們這樣的小企業家來說，往往很難。好消息是，你可以利用

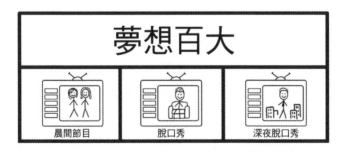

圖表 4.2　為了在好萊塢推出一部電影，演員們會在各種電視節目中出現，大肆宣傳他們的電影。

你的夢想百大，其威力（效果）就如同參加大型全國聯合節目一樣（有時甚至更有力量）。這些節目有很多觀眾，但卻完全沒有目標性。如果能好好運用你的夢想百大，就可以將你的訪談呈現給可能購買你的產品或服務的準確目標市場。

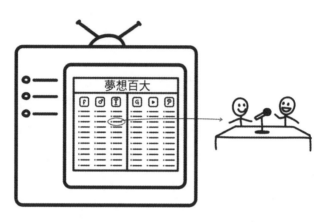

圖表 4.3　你可以藉由參加夢想百大的節目，努力打入夢想客戶的圈子。

出版《網路行銷究極攻略》時，我知道自己將在付費廣告上投入大量資金（亦即花錢獲得夢想百大），但我也希望能夠獲得盡可能多的免費初始流量。一開始，我寄給夢想百大中的每個人一本預售書，包括幾十名播客主、部落客、握有豐沛電子郵件名單的人，以及一些有影響力的魅力領袖。我想讓他們讀讀這本書，如果他們喜歡的話，希望他們能向粉絲宣傳。幾天過後，我郵寄給這群人一封認證信函（我大可以只寄電子郵件就好，但我希望能確保自己得

到這些人的注意力），告訴他們，如果他們喜歡這本書，我很樂意邀請他們在發行日幫忙推廣這本書，甚至願意為他們每賣出一本書支付 20 美元！

幾乎在一瞬間，我陸續從夢想百大清單上的人那裡得到回應，他們現在已經讀了我的書，而且有意願在發行日當天幫我宣傳這本書！正如我在密碼 #2 所提到，最早做出回應的人之一是來自《火力全開的企業家》（*Entrepreneur on Fire*）Podcast 節目的約翰・李・杜馬斯！他表示自己很喜歡這本書，相當樂意針對這本書與我做一次訪談，並在發行日當天上線。我們在新書出版前幾週錄製一場採訪，而在新書發行之日，他的 Podcast 錄製也進行了直播。單憑那次採訪，我的新書就賣了五百多本！而這個結果僅僅來自夢想百大其中之一！最後我們找到更多人在不同的平台上幫忙宣傳這本書。上市第一週，我們就賣出好幾萬本，至今仍是暢銷書。

我們出版《專家機密》時，我想將同樣的策略提升到另一個層次。在得到夢想百大清單之後，我一為這本書設計好封面，立刻寄給他們一本內含三百頁空白頁的筆記本。我雖然還沒有開始動筆，但我想讓他們知道我在寫另一本書。隨著出版日期的逼近，我再寄給他們一本內含該書前四章內文（為了讓他有所期待）的書；有了第一份未經編輯的草稿後，我又給他們寄去一份。他們有機會看到我創作這本書的過程，正因為如此，他們其中許多人對這本書的成功有著既得利益。

我們在出版前一個月決定進行一次「虛擬簽書會」，就像好萊塢的大人物在發行新電影時所做的那樣。我詢問夢想百大中的每一

個人，是否願意在他們的平台上採訪我，但我們增加了一個轉折。我問他們是否可將負責我的臉書廣告的人，添加到他們的帳戶中作為臨時用戶，這樣我就可以用我的信用卡，花自己的錢透過他們的廣告帳戶購買廣告，廣告則指向他們平台上的採訪。以下是如何運作的其中一例：

大約十年前，東尼·羅賓斯是我夢想百大清單上的首批人物之一。長話短說，我有機會在他的「激發無限潛能」（Unleash the Power Within）活動中見到本人。之後，我有幸為他辦在斐濟的「商業大師大學」（Business Mastery）活動發言，並為他的《新金錢大師》（*New Money Mastery*）DVD計畫接受採訪。是的，我已經挖了十多年的井。無論什麼時候，只要他要求，我都盡力為他服務。《專家機密》完成後，我決定向東尼要點東西。我詢問他是否願意在他的臉書專頁上針對我的新書進行採訪。

這一步非常重要。我不想在**我的專頁**上訪問他，因為那樣只有我的粉絲會看到。但如果在**他的專頁**上接受採訪，那麼他所有（當時）的三百二十萬名粉絲都會看到我！他同意了，而在我們開始採訪的那一刻，觀看現場直播人數就超過了一千五百人。訪談結束後我問東尼，我能否以他的名義自掏腰包為那支影片買廣告，而且除了支付廣告的費用，我還會從他賣出的每本書中付給他20美元的傭金。我試圖讓他覺得，這看似是個巨大的贏面，於是他爽快答應：「好！」新書出版當週，東尼的粉絲觀看這段訪談超過兩百八十萬次！自那以後，該影片的總點擊量達到三百一十萬次。而這樣的結果僅僅來自夢想百大的其中之一。

圖表 4.4　拜在東尼的臉書專頁上接受採訪之賜，我得以在他的眾多閱聽眾面前亮相。這段影片觀看次數已超過三百一十萬次！

　　最後，我盡力在所有可能的平台上進行了無數次訪談，在發行日當週，我們總計賣出超過七萬一千兩百四十八本《專家機密》！（《紐約時報》暢銷書在發行第一週的平均銷量只有一萬冊左右。）這就是我們如何「努力打入」夢想百大的閱聽眾。

　　並非所有的宣傳活動都是採訪的形式，儘管我認為這是說明此一概念最簡單的方式。我的夢想百大中的許多人都有一份電子郵件清單，他們藉由發送電子報的方式，向清單上的民眾推薦購買我的書。有些人在自己的部落格上撰寫評論，而另一些人則是在個人的Instagram貼文中談論這本書。每個人都以不同的方式發布到自己的平台上，所以我的做法是，讓他們做自己覺得最舒服的事情。我

將永遠感謝這些人把我帶到他們的閱聽眾面前：我的夢想客戶！

現在，這個概念不僅僅是一個發行策略。它可以而且應該延續成為你業務的一部分。直到今日，我仍然每個月都要與那些擁有自己平台並希望我成為其嘉賓的人執行多次採訪。我建議一開始試著每週至少要做兩次採訪。這看起來或許很多，但這正是你用連續不斷的潛在客戶來填充漏斗的方法。通常在採訪結束時，主持人會問我最近正在做什麼，或者我希望人們去哪裡獲得更多資訊，這時我都會將他們引導至我們當時關注的漏斗。有時我會告訴他們如何免費得到我的一本書，而其他時候我則會告訴他們免費試用 ClickFunnels、下載免費報告，或是訂閱我的 Podcast 頻道。

這可以而且應該是你流量策略始終如一的部分。這種免費自然、賺得的流量通常比任何形式的付費流量轉換率都高。雖然這很難衡量，但你最死忠、最好的買家，通常都來自夢想百大的推薦。

我們稱之為「賺得」流量，因為你通常不是用金錢來支付，而是用你的時間來換取。當人們剛開始起步，沒有廣告預算時，我總是建議從賺取流量開始。我的頭八年生意完全是靠賺來的流量所推動。我努力打入我的夢想百大，抓住每個機會出現在他們的閱聽眾面前，同時藉由夢想百大的推薦，把流量引到我的漏斗裡。

至於那些一開始就有大筆預算，認為可以跳過這部分的人，要是我，我會很小心。我發現付費流量會讓你起步更快，不過，一旦你停掉廣告，流量也會跟著停止。另一方面，若是你持續不斷地專注在賺得流量，你的流量便會達到某種程度的高點，即使你想關閉也無法。

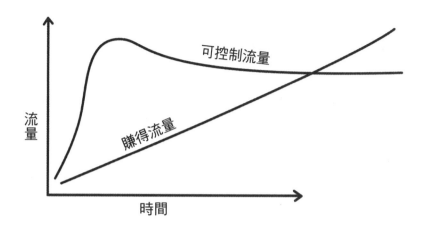

圖表 4.5　雖然可控制（付費）流量一般會攀升很快，但通常會逐漸消失。賺得流量一開始會比付費流量產生的流量要慢，但通常會隨著時間的推移將有所增長。

　　我將在本書第二部分更深入探討我們所利用的每個平台，並將展示如何賺得流量的更多細節。但現在，我只想讓你理解賺得流量背後的基本概念，以及它是如何運作的。

　　現在，讓我介紹另一種流量：你控制的流量。

步驟三：花錢進場（你控制的流量）

　　在一個完美的世界裡，夢想百大中的每個人都會對你的要求說「好！」，而且每天都會在所有平台上向他們的閱聽眾為你宣傳。你將獲得無限的免費流量，你永遠不需要花錢在廣告上冒險，生意將變得非常容易。不幸的是，事實並非如此。一般來說，假如我聯

繫名單上的一百個人，通常會得到三十個人同意幫忙，然而最後只有十個人會真正宣傳。有時候是因為他們太忙或拜託他們的時間點不對，而其他時候則是他們可能有一個競爭產品。老實說，有時他們可能只是把你視為競爭對手，或者他們單純是徹頭徹尾地討厭你，這也沒關係。僅僅因為你不能讓他們免費幫你宣傳，並不意味著你不能透過付費流量去吸引他們的閱聽眾。是的，你甚至可以吸引到那些討厭你的人所擁有的閱聽眾。

然而，在我十五年前開始起步、試圖出售馬鈴薯槍 DVD 和其他產品時，這並不是一個選項。你必須靠自己努力打入，假如控制流量的人說不行，你就別無選擇了。但現在多虧了臉書和幾乎所有的社交平台，你通常可以聚焦你夢想百大的粉絲，並直接把廣告送到他們面前。是的，這意味著在東尼進行現場採訪並在他的頁面上

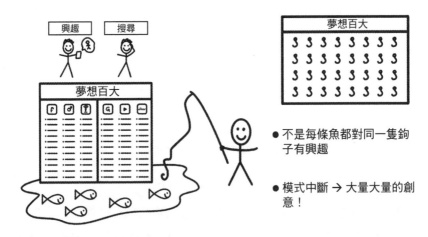

圖表 4.6　當你與夢想百大建立關係時，你仍然可以藉由花錢購買來獲得流量。

推廣《專家機密》之前，我已花了十年時間在臉書上購買廣告，而這些廣告只出現在他的粉絲面前。

現在，當我在挖井、和人們建立關係的同時，我也在花錢進場、設法出現在他們的閱聽眾面前。我這麼做有幾個原因。

第一，這樣更快有成效。付費廣告能給你即時的反饋。我可以打開一個廣告，幾分鐘之內就能讓人們湧進我的漏斗。

第二，此舉能讓我測試不同的鉤子，看看我夢想百大的每一位閱聽眾都在點擊哪些內容。在我採訪東尼之前，我們對他的閱聽眾以廣告的形式測試了幾十個標題、圖片和想法，看看哪些內容獲得最多的點擊和互動。然後，當我有機會接受東尼的訪談時，我已經知道他的粉絲真正想聽到的是哪些內容，而我可以據此為基礎來構思我的訊息。

第三，我的夢想百大之中，有百分之九十的人可能永遠不會主動推薦我，但我還是想在他們的閱聽眾面前出現，這是唯一的辦法。雖不像代言背書那樣有力，但這是次優選擇。

第四，付費廣告是快速擴大公司規模的途徑。對於我所創造的每一個漏斗，我的首要目標便是創造一個「收支平衡」的漏斗，亦即我們每投入 1 美元到付費廣告中，便能夠獲得 1 美元的回報。你看，這就是我在《網路行銷究極攻略》中分享的一個大祕密，ClickFunnels 的上線便能證明這一點。

在我們推出 ClickFunnels 一年之後，第一家大型風險投資公司主動上門接洽，想提供資金給我們。他們已投資波夕的另一家軟體新創公司，希望在投資組合中再增加一家超高速成長的公司。於

是，我和該公司的其中一位合夥人共進午餐，想了解一下他們的想法。當我們開動後，他開始問我一些問題，這些問題我在觀賞《創智贏家》（*Shark Tank*）時已經看過很多次了。

「你要花多少錢才能得到一名顧客？」

我笑了，雖然大概知道他不會理解我的回答，不過我還是說了：「嗯，我們花了大約 250 美元獲得一個免費的 ClickFunnels 試用版，但我們把那些廣告關掉了。」

「等等……什麼？這是一個很棒的「每行動成本」（CPA, cost per acquisition）！有了這些數據，如果我們給你 1,000 萬美元，就可以幫助你增加另外四萬名會員。這不僅會讓你的公司變得更有價值，而且我們還能在之後進行另一輪融資！」

我有點結巴，然後解釋說：「實際上我們把它們關掉了，因為我是自掏腰包買廣告。我沒有餘裕賒欠 1,000 萬美元的債來吸引四萬名會員。我帶來的每一個客戶都需要從第一天開始就獲利。」

然後我向他展示《網路行銷究極攻略》這本書的漏斗，並解釋道，雖然我平均花費 23 美元的廣告成本去銷售一本書，但實際上我們從每個購買這本書的人身上平均賺到了 37 美元。

「等等……那並不合理。你怎麼能藉由賣一本免費的書賺 37 美元呢？你只收取 7.95 美元的運費和手續費啊。」

我笑著說：「這就是漏斗的大祕密。顧客每本書付我 7.95 美元，但在他們買了書之後，我們會追加銷售各種課程。」我繼續進一步解釋這些概念，就像我現在為你們所做的一樣。由於我們可能會迷失在數字中，所以我盡可能簡單地將其分解為客戶所經歷的四

個步驟。請務必參考圖表 4.7，並多次閱讀此圖，直到你掌握「購物車平均值」（average cart value，簡稱 ACV）的運作原理。

- **產品**：我們從每一位購書者身上立即賺取 7.95 美元。
  - 購物車總額：7.95 美元
  - 我花費 23 美元在廣告上，以獲取一名客戶，而這卻帶來負值：–15.05 美元

- **訂單追加項目**：在訂購表單中，我們第一次對有聲書進行追加銷售，有 20.8％的買家在他們的訂單中加購 37 美元的產品。
  - 每位買家帶來的新資金：$37 x 20.8％ = $7.70
  - 購物車平均總值：$7.95 + $7.70 = $15.65
  - 我花費 23 美元在廣告上所帶來的負值：-$7.35

- **OTO #1**：在買方下單後，會立刻看到兩個特別追加銷售項目的第一項，這也被稱為「一次性優惠」（one-time offers，簡稱 OTOs）。我們的第一個 OTO 是 97 美元的線上數位課程，幫助顧客貫徹實施即將在書中學習的內容。第一個 OTO 通過一鍵追加銷售獲得了 9.92％的訂單轉換率，這讓他們無需重新輸入信用卡資料就能將其添加到訂單中。
  - 每位買家帶來的新資金：$97 x 9.92％ = $9.62
  - 購物車平均總值：$15.65 + $9.62 = $25.27
  - 我花了 23 美元買廣告，最後終於賺錢：$2.27

- **OTO #2：**接著，我們以 297 美元的價格，提供第二個 OTO，銷售「如何讓流量進入漏斗」的課程。第二個 OTO 通過一鍵追加銷售獲得了 4.19％的訂單轉換率。
  - 每位買家帶來的新資金：$297 x 4.19％ = $12.44
  - 購物車平均總值：$25.27 + $12.44 = $37.71
  - 我花了 23 美元以吸引每一個顧客上門，但是購物車平均銷售額是 37.71 美元，我們為每一位進入漏斗的新買家創造 14.71 美元的淨利潤。

我繼續說道：「所以，當你計算並加總所有的訂單時，我們平

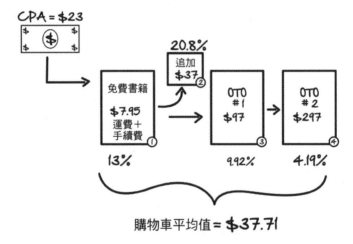

* OTO：一次性優惠（one-time offers）。

圖表 4.7　當我們在漏斗為客戶創造多重購買機會時，通常就會在前端實現收支平衡或賺取少量利潤。此舉能讓我們無限制地擴展。

均每售出一本書的總銷售額是 37.71 美元！我們稱這個數字為「購物車平均值」。在客戶買了書之後，我們還會透過電子郵件、再行銷（retargeting）、Messenger，以及其他後續跟進工具，在接下來的九十天裡向他們介紹 ClickFunnels。因為在客戶看到我們的軟體之前，我們就已經透過漏斗獲得客戶並從中獲利。換言之，我們先獲得客戶，並在介紹核心產品之前就取得利潤。這就是為什麼我們得以在沒有外部資金的情況下，發展得如此之快的原因。」

他在那裡坐了一會兒，接著說道：「如果你說的是真的，這將永遠改變我們所知道的商業。」

我笑著對他說：「這就是我被召喚來要帶給這個世界的訊息。」

若想快速擴大公司規模，只有兩種方法。第一種是獲取外部資金，然後用這些資金收購其他公司或付費獲得客戶。然而，這種方式不僅懶惰且低效，我並不推薦。我將這個策略比擬作服用類固醇贏得健美比賽。是的，你贏了，但你是靠作弊贏的。

擴大業務規模更好、更聰明、更有效的方法，是創建一個可盈利的漏斗，然後在付費廣告中投入盡可能多的資金。當你擁有一個

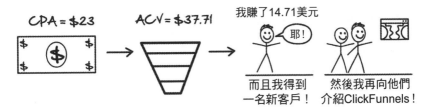

圖表 4.8　藉由創造吸引人的前端報價，我們始有能力免費獲得客戶（有時還能獲利），接著才向他們介紹 ClickFunnels。

至少能夠實現收支平衡的漏斗，即使你沒有廣告預算，也能隨心所欲地花錢獲取客戶，卻不會花你任何成本。

我記得我們是在經營 ClickFunnels 時有了這樣的認知。我們從每天花費 100 美元變成每天花費數千美元，而且我們的前端，也就是我們將流量帶往的收支平衡的漏斗，使每一位新進來的客戶都能帶來收益。更好的是，這些客戶中有很大一部分以每月 97 美元的價格加入 ClickFunnels，這意味著我們不再需要廣告預算。只要我們密切關注廣告，並確保在至少能收支平衡的地方購買廣告，我們就能夠快速成長。很快地，我們每天花費超過 2 萬 5,000 美元，並以前所未有的速度成長。

你可能還在自問：「可控制流量和賺得流量哪個更好？是靠自己努力打入還是花錢進場更好？」答案是：**「兩者對於公司的長期成功都是不可或缺的。」**如果你只關注付費廣告，就只能任由那些允許你購買廣告的網絡擺布。如果 Google 或臉書改變遊戲規則，你可能會在一夕之間失去公司命脈。而如果你只依靠賺得流量，那麼也只能仰賴他人將你的訊息傳達給市場。

雖然混合這兩種類型的流量，乃是為你的公司建立堅實基礎的關鍵，但還有另一種類型的流量比賺得和可控制的流量更重要。如果我只能擁有一種流量，我永遠會選擇第三種（也就是最後一種）流量：自有流量。

最棒的流量是自有流量

TRAFFIC THAT YOU OWN

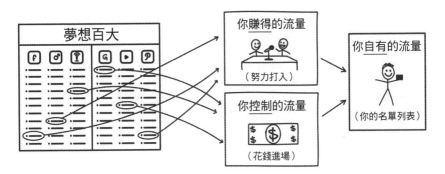

圖表 5.1 雖然賺得的流量和控制的流量是好的，但你的自有流量才是最棒的流量類型。

「這些數字不可能是正確的……是吧？」我心想。然後又再計算一遍。

「如果我的名單上有一萬人，而我賣的是 50 美元的產品……如果他們之中只有百分之一的人向我買了一件產品……」我低聲嘟囔著。「一萬人中的百分之一是一百人，再乘以 50 美元。」然後我突然想到：「我會賺 5,000 美元，對吧？」

「不，這不可能是對的。可能嗎？」今年到目前為止，我還沒賺到那麼多錢，更不用說寄出去的電子郵件一封回音都沒收到。「等等，假如我的名單上有十萬人，而且賣同樣的產品呢？如果我發出電子郵件的這群人之中，有百分之一真的買了我的產品，那就會是 5 萬美元！」

「假如有百分之二的人買了，數字又會是如何呢？10 萬美元？哇！這比大多數人一年賺的錢都多。我一定是算錯這些數字了。」但即使再度計算這些數字後，我還是得出相同的結果。

接著，一個新的想法飛入我的腦海，我興奮到手都在顫抖。這些在我腦海中的話再也按捺不住，我開始大聲說出來：「等等。這只是一次宣傳活動的結果。假如我每個月做一次呢？或者每週一次……甚至每天一次？這有可能嗎？」

突然我意識到自己還在教室，儘管下課鈴十五分鐘前已經響了。老師早已離開課堂，大多數的孩子除了幾個不打算出城的人以外，都在談論週末的計畫。幸運的是，沒有人近到能聽見我在自言自語些什麼。我覺得自己被判了某種非法的罪名，某種內幕交易，無論我如何計算，只要我專注於這件事，我就會贏。

我看了看還在教室內的幾個人，直到沒有人注意到我在那裡之後，我勉強笑了笑，又開始繼續寫。在一疊紙的背面塗塗畫畫著數

字時，我又再次經歷那種美好的感覺。你知道我在說什麼嗎？就是那種當你發現某件事好得令人難以置信，但無論你怎麼看，你都無法反駁它的感覺？

我偶然發現了一把能為我改變一切的鑰匙。當我正試圖弄清楚如何玩線上行銷的遊戲時，我在網路論壇看到一則簡短的評論回覆，討論關於人們是否能在網路上賺錢，或者這一切只是一個大騙局。

我希望有機會知道這位作者是誰，如此就能向他表達感激之意，感謝他的洞察力。雖然我再也找不到原始貼文，但它大致如下：

我經常聽到持懷疑態度的人問這個問題，我總是微笑，因為我知道他們不明白槓桿作用是如何運作的。他們已經習慣每天工作八小時，並獲得相應的報酬。如果他們想要每年賺 10 萬美元，他們就必須每年至少工作五十週，每週工作四十個小時，每小時至少賺 50 美元。當他們聽說「大師」一個週末在網路上賺 10 萬美元時，這對他們來說沒有任何意義，並認為這是一場騙局。但實際上這道理很簡單。

當有人花時間建立一張內含一萬個、十萬個或一百萬個以上的粉絲名單列表時，他們可以銷售一種產品，發送電子郵件給這份列表上的所有人。他們只需要這些人當中的一小部分人去購買產品，就能賺 10 萬美元；但是對於那些領取時薪的人來說，則需要花上一年的時間才能賺到同樣多的錢。

最近，我發了一封電子郵件給我的三萬兩千名訂戶，讓他們有機會以 37 美元的價格購買我的電子書。在這群人當中，只有兩百三十二人決定購買（僅占 0.7%），但這讓我迅速賺了 8,584 美元。那些持懷疑態度的人需要花一百七十一個小時（每小時 50 美元）才能賺到和我一樣多的錢，而我只花了不到十五分鐘的時間撰寫電子郵件並發送給郵件清單上的每個人。

我的心都快跳出來了。我需要一張清單，而且現在就要。我上 Google 開始尋找方法。接下來的幾天裡，我學會關於群發電子郵件的所有祕訣。我購買了軟體，安裝好電腦（以往都是直接從電腦發送群發電子郵件的），接下來我所需要的就是一個電子郵件地址列表來使用軟體，然後我就會變得富有。

但是人們要從哪裡得到這些列表呢？我不明白這部分的難題，所以我回去找老朋友 Google 尋找答案。經過幾次搜尋，我找到了「蜜罐」❶，有個網站可以賣給我一張內含超過一百萬個「寄出後保證不會被當成垃圾郵件的郵件地址」的 CD。我不知道他們是怎麼拿到的，但他們保證這些郵件地址不會把我的信當成垃圾郵件，所以我買單了。我把錢寄給他們，然後耐心等待 CD 送達。

一切似乎都很容易。每一步驟都按部就班地進行！為什麼不是每個人都這麼做？我錯過了什麼嗎？

我等了又等，等著有辦法來檢驗我的理論，但日復一日，過了

---

❶ 蜜罐（honey pot），電腦術語，專為吸引並誘騙試圖非法入侵他人電腦系統的人所設計。

幾週，什麼也沒有出現。我寄電子郵件給那家公司，詢問他們什麼時候才能拿到這張 CD，但沒有得到任何回音。我是不是中了圈套？我的郵件清單在哪裡？

然後就發生了！在學校度過漫長的一天，又練習很久的摔角之後，我很晚才回到家，整個人精疲力竭、疲憊不堪。我的妻子克洛蒂（Collette）當時在做兩份工作，以維持她的學生運動員生活，她也很累。我走進門，吻了她一下。而就在我坐在沙發上休息幾分鐘後，準備寫作業之前，我看到了它！廚房料理台上放著一個硬紙板信封，大小剛好能放一張 CD ！

當我跑過去，撕開它，手裡握有能保證財富自由的 CD 的那一刻，我所有的疲勞全消失了，興奮感湧進我的身體！一百萬個名字和電子郵件地址，他們想給我錢，買一些我打算賣他們的酷東西！我很快就開始把幾週前寫下的東西一股腦全說出來，試圖向克洛蒂解釋，這張薄薄的光碟對我們的意義何在。

「這上頭有一百萬人的電子郵件地址！如果我們發出一封電子郵件，販賣一件 50 美元的產品，而且只要百分之一的人買了⋯⋯」我拿出一張紙，又算了一遍。「一百萬人的百分之一是一萬人！一萬人乘以 50 美元就是 50 萬美元──50 萬美元耶！」

「什麼？」克洛蒂問道。

「我知道，50 萬美元看起來好像很多，所以我們假設它只是這個數字的百分之十。這也有 5 萬美元！幾乎是我們去年從一封郵件中賺到的兩倍！我們以後真的可以每週都發郵件！」

然後我投下一個震撼彈。「克洛蒂，你應該明天就去辭職！我

們這個方法絕對不會失敗。哪怕只是百分之一的一小部分，我們也都會發財的！」

我的妻子可能試圖對她的丈夫說理，但我不記得她說了多少，因為我忙著跑向電腦。我拔掉電話線，把它插到牆上的數據機上，然後開始寫電子郵件。我寫了篇文章，描述一個很棒但我還沒有開發的產品，並在郵件末尾附上會連到我個人 PayPal 帳戶的「立即購買」連結。接著加載完成所有的電子郵件地址，現在我所要做的就是點擊發送。

我在那兒坐了幾分鐘，想像即將發生的事情。我在腦子裡做了最後一次計算，然後深吸一口氣，微笑著，點擊發送。

發送了 100 萬封電郵中的 0 封……
發送了 100 萬封電郵中的 1 封……
發送了 100 萬封電郵中的 5 封、9 封、21 封！

這可比我預期的要慢很多，但我知道 50 萬美元很快就會進入我的 PayPal 帳戶，我想再多等一段時間也無所謂。之後，我們就上床睡覺了，我像平安夜的孩子一樣躺在床上，夢想著早上醒來我的帳戶裡會出現大筆財富。

第二天早上，我被妻子叫醒。一開始，我還有點昏沉，但看到她準備上班，這提醒了我，她今天應該要離職的事情。也就是說，我們醒來時就要開始變得有錢！我需要檢查銷售額！於是我跑到電腦前，喚醒了顯示器。

發送了 100 萬封電郵中的 6,423 封。

什麼?! 到目前為止,只發出了六千封電子郵件。這完全違背了我的計算。不是一天內發送一百萬封電郵,而是要花幾週時間才能發送完整的一百萬封電郵。當我在腦海中重寫商業計畫時,克洛蒂告訴我,她需要使用電話,而對於那些不記得撥號連線數據機的人來說,這意味著我必須暫停電子郵件的發送,爬到桌子底下,拔掉數據機的插頭,然後重新接通電話。

幾秒鐘後,電話響了。我從桌子底下爬了出來,接電話時差點撞到頭。

「你好。」我低聲說道。

「你這個 #@% #^$@ 到底在幹什麼?」另一條線上的陌生人驚叫道,「在過去六小時內,我們已收到三十多起關於來自你的 IP 位址的垃圾郵件投訴,我們將關閉你的 IP。」

等等……什麼?「先生,您不明白。我發電郵的對象都是寄出後保證不會被當成垃圾郵件的郵件地址。收件人希望我寄信給他們。我購買這份電郵列表的對象是……」

「孩子,這就是垃圾郵件的定義!」他大聲說。

我的心一沉。我依稀記得他說到律師和罰款的事,但老實說,我只想掛掉電話躲起來。

經歷了看似綿綿無絕期的痛苦之後,我掛斷電話時喉嚨哽咽。

「那是誰?」克洛蒂問道。

「沒什麼。」但接著我脫口而出:「答應我,你今天不會提離

職，至少現在還不要。」克洛蒂笑了，拿起電話，轉身去打電話。

我很沮喪。我以為我破解了密碼。其他人都在發電郵給他們的名單列表，那麼為什麼我會遭遇麻煩呢？我抓起背包，打算勉力回大學校園，但當我走出前門時，整個人突然呆住。我沒有去上課，而是溜回電腦室，只是想看看昨天夜裡是否發生了什麼事。我登錄PayPal 帳戶，腦海中縈繞著一個問題：「收到郵件的六千四百二十三個人之中，到底有沒有人下單？」

我等待畫面載入……載入……載入……然後我看到了帳戶總覽。以前每次我登錄 PayPal，餘額總是顯示一個很大的 0 美元，但這次不是！這一次的數字不同了！七次銷售帶來了我所見過最美好的 70 美元！

成功了！不過我還是有點困惑。我知道自己的做法是完全錯誤的，而且可能還是非法的。但我知道，必須要有一個正確的方法來建立名單列表，不會讓我被貼上垃圾郵件製造者的標籤。

就這樣，我開始了下一步旅程。帶著我現在擁有、新發現的希望，我搜尋了各種握有豐沛名單且合法的人，這樣我就可以看到他們在做什麼。我申請加入大量的列表，並觀察整個過程。這些名單領袖做了什麼讓我也跟著報名參加？他們寄了什麼電郵？為什麼有些電郵會讓我想買東西，而有些則否呢？

然後，發生了一件我從未經歷過的事。全發生在同一天，我收到幾十封來自這些名單領袖的電子郵件，談論關於一個被他們稱為「網絡行銷教父」的人，以及他將如何退休。我點開這些郵件，看到一個很長的頁面，上面講述馬克‧喬那（Mark Joyner）的故事，

他是網路行銷的早期先驅之一，已經賺了數百萬美元。他正在出售他所有的知識產權，以及一門課程，教授大家如何在短時間內把自己的公司建造得如此之大。在這個課程中，他將透露自己是如何建立數百萬人的電子郵件列表，以及打造出世界上訪問量最大網站的祕訣。

我知道我必須購買這項產品，無論付出什麼代價。我以前從未有過這種感覺。他講述自己的故事及提出報價的方式實在令人無法抗拒。只要 1,000 美元，我就能獲取這個人創造的所有東西。那個網頁我看了好幾個星期，直到他的宣傳活動快結束，而他即將永遠取消這個報價。在他要關閉此頁面的前一天晚上，我躺在床上，心裡知道那 1,000 美元投資的另一面，是幫助我建立名單列表的關鍵。我那天一夜無眠，一分鐘都沒睡。

太陽開始升起，我聽到妻子在身邊醒來，我必須聽聽她的想法，但我很害怕。過去十八個月裡，我嘗試過的所有網路創業全數失敗。就在幾個月前，我告訴她可以辭職了，但幾個小時後，我們的網路就被切斷了。是的，十八個月內進行了二十三次「測試」，都是為了在網路上賺錢，但都失敗了。我們的名下沒有錢，我沒有工作，克洛蒂每小時工資只賺 9.5 美元。而現在我還要請她同意，拿出我們沒有的 1,000 美元，投注在一個希望和夢想上。

我算過了。她要工作一百零五個小時才能賺到這些錢，而這還不包括扣稅。我們需要那筆錢來買食物、房租和所有一切，但當她睜開眼睛，聽到我要求她做出一些我做不到的犧牲時，她微笑著問我：「你覺得這次會成功嗎？」

寫這段文字時，我熱淚盈眶。我總是說，你只能在你的配偶或其他重要的人允許你成功的情況下才能成功。當克洛蒂看著我的那一剎那，我知道她相信我，儘管我沒有成功的紀錄，我很感激她的信任。我告訴她，我覺得那門課是關鍵，如果我能想出如何建立一份列表，那麼我們就自由了，而馬克·喬那就是那位要教我們怎麼做的人。

　　她親了我一下，說她相信我，然後我立刻跳下床，跑到電腦前，拿出我們唯一的信用卡，輸入數字。幾秒鐘之內就完成交易了。一週後，我上了這門課。當時我的假設和馬克·喬那教給我的是一樣的：名單列表是關鍵。這是一個大祕密。它是任何公司唯一的真正資產。

商業的唯一真正祕密：建立名單列表

　　觀察那些大型的網路收購時，看看這些公司實際上在收購什麼是很有趣的。2005 年 9 月，eBay 以 26 億美元的價格收購了Skype。[10]當時，eBay 是最大的網路商店之一，他們的開發團隊可以說是全世界最好的。對於 eBay 來說，複製 Skype 並做出更好的產品並不困難。然而，eBay 想要的是 Skype 所擁有的，亦即來自兩百二十五個國家和地區的五千四百萬名用戶，且以每天十五萬名新用戶的速度成長。eBay 買的就是這份名單。

　　最近，臉書以 10 億美元收購了 Instagram（及其三千萬用戶）。[11]顯然，臉書進行收購的原因有很多，包括收購他們的開發團隊及提

高市場擴張速度，但最主要的原因之一是獲得 Instagram 的會員名單。

我們也在較小的創業型公司中看到這種情況。你的名單是你現在和未來在網路成功的關鍵。**這是最好的流量類型：你的自有流量**。在我撰寫此文的當下，我的電子郵件列表上有一百六十萬名企業家，我的 Messenger 列表上有數十萬人，我的社交列表上有超過一百萬人追蹤，在像素列表（pixeled list）上則有數千萬人。

事實上，我唯一的目標就是把我控制的流量和我賺得的流量轉化為自己的流量。這就是我從馬克・喬那身上學到的。我在買廣告時，當然是想賣產品，但更重要的是，我想先把這些人列在名單上。因為我購買廣告，頂多只能讓他們點擊一次。一旦他們被加進我的名單列表，我就可以不花成本地寄電郵給他們，而不僅僅是讓他們點擊一次廣告。同理，我的賺得流量也是如此。我想將這些人引導到能獲取他們資訊的漏斗裡，讓他們出現在我的名單上。這樣我就能一遍又一遍地追蹤這些人的情況。

這就是為什麼密碼 #4 中的收支平衡漏斗概念如此重要。我控制和賺得的所有流量都會被推送到一個前端漏斗，要求訪客提供電子郵件地址，訂閱 Messenger 列表，或者兩者都要。如此一來，就可以將我所控制或賺得的流量轉為自有流量，以便我能一次又一次地免費向他們推銷。

不同的漏斗類型在《網路行銷究極攻略》中都有詳細的介紹，但現在，我想向你展示我們如何使用這些前端漏斗，將點擊轉換為你的自有流量。在我控制的流量和我賺得的流量中，我都有某種類

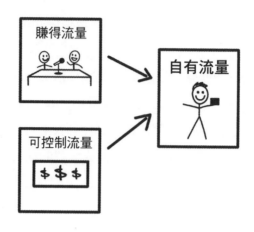

圖表 5.2　有了自己的流量，我可以隨時追蹤潛在客戶和客戶的情況。

型的行動呼籲（CTA），將客戶推向前端、收支平衡的漏斗。例如，在 Podcast 採訪的最後，我可能會使用三個不同的行動呼籲，好讓人們進入我的漏斗：

　　如果我使用潛在客戶漏斗：「我很樂意免費贈送一本我的電子新書給所有的聽眾，《行銷祕密黑書》（*Marketing Secrets Blackbook*），你可以在其中學到九十九個行銷祕密，這將改變你的事業……以及改變你的人生。你可以在以下網址下載免費版本：MarketingSecrets. com/blackbook。」

　　有了潛在客戶漏斗，你就能免費提供客戶一些東西，以交換他們的電子郵件地址。我們稱這個免費提供的東西為「名單磁鐵」（lead magnet），因為如果你為你的夢想客戶創造出令人興奮的東

西，它就會像磁鐵一樣吸引那些潛在客戶。在這種類型的漏斗裡，你不會販售任何東西，然而一旦客戶進入你的名單，後續漏斗（follow-up funnel）就是你即將獲得利潤的地方。

如果我使用免費圖書漏斗：「我剛剛完成新書《專家機密》，如果你能支付運費，我很樂意免費贈送一本。只要登錄 Expert-Secrets.com，告訴我要把書送到哪裡給你就可以了！」

有了圖書漏斗，我們提供潛在客戶一筆很划算的交易，讓他們

圖表 5.3　我的潛在客戶漏斗在一本免費的電子書中提供 99 個行銷祕密。

只需要支付運費，就能拿到我的書。我把書寄給他們，之後的追加銷售將能彌補我的廣告成本，希望能藉此獲得一點利潤。但更重要的是，我創造了一個客戶，能將其添加到我的名單上。

圖表 5.4　我的圖書漏斗會贈送一本免費的書《專家機密》（只需運費 7.95 美元）。

如果我使用網路研討會漏斗：「我有一個新的網路課程即將開始，到時我會介紹大家一個幾乎無人知曉的新祕密漏斗策略，一旦你理解這個策略，你的生意可說是就能在一夜之間從『新創』變成『百萬美元俱樂部』（Two Comma Club）的贏家。你可以在Secret-FunnelStrategy.com網站註冊這個免費網路課程。」

　　有了網路研討會漏斗，我便能邀請他們參加網路課程。當他們註冊時，也同時加入我的名單。之後網路課程結束，我會提出一個特別優惠，其帶來的收入不僅能打平我的廣告支出費用，理想的話還能讓我從中獲利。（附註：關於這個漏斗的打造，以及如何做這

圖表 5.5　我的網路研討會漏斗在一小時的簡報中會免費贈送一個「祕密漏斗策略」。

樣的簡報,《專家機密》都有詳細介紹。)

你看出這是如何運作了嗎?我透過自己的努力進入一個平台,之後我的提案和報價將客戶推向我的前端、收支平衡的漏斗。每個漏斗都是以這種方式創建的,即每一步驟都有其價值。

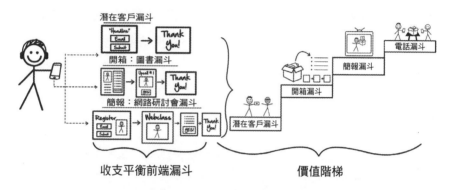

圖表 5.6　對於所有的前端漏斗,我的目標是收支平衡,這樣我就可以將客戶提升到價值階梯上,從而獲得利潤。

關於我控制的流量,我所引導潛在客戶的過程也是類似的。然而,我並不是透過參加別人的節目、讓別人發電子報為我宣傳,或者在其他人的部落格上發表我的客座文章吸引他們的閱聽眾來賺得流量,我是透過付費流量,創造並購買廣告。

了解名單列表的價值

有人說,在最低水平上,名單上的每個名字平均每月應該能為

你帶來 1 美元，而在我剛起步時，這確實是真的。當我的名單上有五百個人時，我每個月能賺 500 美元。隨著我逐漸成長，這些數字有好一段時間都是正確的：

- 1,000 人在我的名單上：每賺 1,000 美元。
- 1 萬人在我的名單上：每月賺 1 萬美元。
- 10 萬人在我的名單上：每月賺 10 萬美元。

隨著我越來越懂得經營我與名單上客戶的關係，這些數字急劇上升。然而，考慮到最壞的情況，你的數字應該至少要遵循這些指標的趨勢。例如，如果你想要每年賺 10 萬美元，請確保你的名單上至少要有 1 萬人（1 萬人 × 每月 1 美元 ×12 個月 = 12 萬美元）。如果你想每年賺 100 萬美元，那就致力於讓 10 萬人進入你的名單（10 萬人 × 每月 1 美元 ×12 個月 = 120 萬美元）。

我想再次指出，這些數字在每個市場都會有所變化。大多數本地企業可能只有內含五百人至一千人的名單，但由於他們有能力與名單客戶建立更好的關係，所以可以做到從每位客戶身上獲得每月 50 至 100 美元的收入，而某些類型的名單列表（諸如再行銷或社交列表），你可能僅從每個名字中賺得 0.5 美元。我建議要設定一個基準，每個名字每月 1 美元，然後設法努力超越這數字。

補充說明一下，如果你考慮像房地產這類傳統投資，我看到人們總是花 25 萬美元買房去租給別人，希望能帶來每月 500 美元的正現金流。然後，他們需要耗費三十年的時間還清貸款（也就是收

支平衡），同時還要處理壞掉的廁所、找房客等更多問題。

　　創建名單列表則是一種完全不同的投資模式。我可能需要在臉書上支付 1 至 5 美元，就能獲得一名潛在客戶。在這個例子中，我們採最多的數字。如果我為獲得每名潛在客戶而支付 5 美元，只需要花費 5,000 美元，我就能夠創造一千名潛在客戶。如果每個名字平均每月帶來 1 美元，五個月之後我就能收支平衡，之後我就會有每月 1,000 美元的正現金流。

　　在我的公司裡，創建名單列表也幫了我不少忙。有時不幸地會發生一些事情，需要我盡快籌措大量資金，否則就會失去一切。照常理而言，假如我想在一個週末籌到 25 萬或 50 萬美元，那是不可能的。然而，正因為我手上有一個名單列表，在這種時候，我可以寫幾封電子郵件，發送給列表上的人，並在幾天內產生所需的收入。有兩回，我的名單就成功幫助我在市場變化和生意失敗時，避免了原本必然發生的破產。那時我創建新的報價，發送給列表上的人，因而有辦法快速扭轉情勢、重回正軌。

　　你可能會想：「現在我已經添加一些人到名單列表中，此舉如何幫助我的公司成長？」答案很簡單。現在，既然你已經在公司內部創造出最有價值的東西，那麼接下來就可以將這些訂閱者引導到「後續漏斗」。

後續漏斗：獲得利潤的地方

FOLLOW-UP FUNNELS

我的導師兼好友大衛‧福萊（David Frey）曾寫道：「銷售主管協會（Association of Sales Executives）進行的一項研究顯示，有80％的銷售發生在第五次商業接觸之後。如果你是一名小型企業主，而你只做一到兩次後續追蹤，請做好失去所有生意的準備。不對你的潛在客戶進行後續跟進動作，就如同不先把浴缸塞子塞好，卻想注滿水一樣！」[12]

有人說：「財富都藏在後續跟進行動中。」我相信這是真的。我們跟進的方式，乃是利用我們現在的自有流量，並藉由後續漏斗推動潛在客戶。

去年，我從我們最成功的四個前端漏斗中提取數據，以此證明推動人們走向收支平衡漏斗並使用後續漏斗的威力。請容我提供一個發生在三十天內的詳細銷售情形。（複習：購物車平均值

〔ACV〕，亦即把每個人在前端漏斗的全部訂單加總，包含所有追加銷售，平均後所得到的平均銷售額。）

漏斗 1：免費圖書《網路行銷究極攻略》＋ 運費

- 產生的潛在客戶人數：5,410 人
- 售出圖書本數：2,395 本
- 購物車平均值：30.81 美元
- 銷售總額：7 萬 3,789.95 美元
- 廣告支出：6 萬 9,026.31 美元
- 利潤：4,763.64 美元

漏斗 2：《108 招拆分測試》圖書

- 產生的潛在客戶人數：2,013 人
- 售出圖書本數：1,357 本
- 購物車平均值：12.38 美元
- 銷售總額：1 萬 6,799.66 美元
- 廣告支出：1 萬 3,813.57 美元
- 利潤：2,986.09 美元

漏斗 3：免費「完美網路研討會祕密」＋ 運費

- 產生的潛在客戶人數：1,605 人
- 售出產品數：760 個
- 購物車平均值：34.38 美元

- 銷售總額：2 萬 6,128.80 美元
- 廣告支出：2 萬 2,359.94 美元
- 利潤：3,768.86 美元

漏斗 4：免費音檔《在車子裡行銷》+ MP3 播放器 + 運費

- 產生的潛在客戶人數：5,177 人
- 售出 MP3 播放器數量：1,765 個
- 購物車平均值：14.79 美元
- 銷售總額：2 萬 6,104.35 美元
- 廣告支出：2 萬 3,205.25 美元
- 利潤：2,899.10 美元

全面檢視三十天內的這四個「收支平衡」漏斗時，整體數據如下所示：

- 前端收益：14 萬 2,822.76 美元
- 前端廣告支出：12 萬 8,405.07 美元
- 利潤總額：1 萬 4,417.69 美元

所以雖然我們的公司看起來每年的銷售總額是 150 萬美元，但實際上每個月的收入只有 1 萬美元多一點。從外部來看，這似乎是一家失敗的企業，如果我們不理解流量、漏斗和價值階梯背後的策略，情況就會是這樣。不過，若是你真正理解這些核心原則，數據

看起來就會有所不同。以下是我們查看這些數據的方法：

- 添加到名單列表的新潛在客戶數（自有流量）：1 萬 4,205 人
- 收購這 14,205 人，我會得到多少報酬：1 萬 4,417.69 美元

沒錯。我不僅得到免費的潛在客戶，事實上，我從每個月加入我名單的人身上都獲得超過 1 美元的報酬。在我們將這些潛在客戶接到後續漏斗後，每位潛在客戶加入後的三十天內，我們在漏斗中前端每賺得 1 美元，便能夠獲得 16.49 美元的銷售額。

是的，最後這一萬四千兩百零五人在三十天內總共在我們的後續漏斗花費 23 萬 4,240.45 美元，而這些錢對我們來說都是純利，因為我不需要向臉書的祖克柏或 Google 的賴利和謝爾蓋支付任何費用。我並沒有試圖控制或賺得流量；這純粹是我自己的流量。一旦有人出現在我的名單列表，我就可以在任何時候無償向他們發送

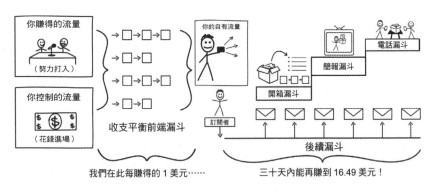

圖表 6.1　經由後續漏斗，我們能夠在三十天內將利潤從每位客戶 1 美元追加到 16.49 美元。

後續訊息，因為我現在**擁有**這些流量！

在後續漏斗中，我發送了附帶免費影片的電子郵件給這一萬四千兩百零五人，以便與他們建立關係。幾天後，我邀請這些人來參加我的網路研討會，我將在此分享 ClickFunnels 成長為一家公司的過程。儘管不是所有人都想參加網路課程，但有一千一百二十九人有意願觀看並註冊。在網路課程結束時，我們以 2,997 美元的價格出售一款產品，共五十七人購買（總收益為 17 萬 829 美元）。在這個月剩下的時間裡，有些人註冊 ClickFunnels 試用版，有些人購買其他書籍，還有一些人購買了課程和顧問指導。在頭三十天內，我們的利潤增長了超過十六倍。繼續追蹤接下來的六十天、九十天、三百六十天甚至更長時間，你會發現每個潛在客戶對你來說可以且都應該價值數千美元，如果你能做到收支平衡（甚至小賺），就應該每天都這麼做。

有創投支持的公司在帶來客戶之前，可能會有為期六到十二個月甚至更長時間負債。沒錯，有時他們甚至一年以上都無法收支平衡，但這些人有本錢這樣做的原因是，他們燒的是別人的錢。

利用付費廣告，快速壯大名單列表的祕密

在理想的情況下，我們在前端漏斗就實現收支平衡，但有時我們可能需要花幾天或幾週的時間運用後續漏斗才能做到收支平衡。很多時候，人們會在前端漏斗損失一些錢，無法立即做到收支平衡，也正因如此，他們會感到害怕然後放棄。不過，如果他們能更

仔細觀察自己的數據，就會發現只要再幾天時間就能收支平衡了，他們仍然可以繼續向這些漏斗投放廣告，即使一開始是賠錢，最後也能獲利。我來仔細說明一下為什麼這方法可行。

讓我們假設，你決定為一個不會立即出售任何東西的潛在客戶漏斗購買臉書廣告。你只要提供一份關於某種名單磁鐵的免費報告，目的是產生可以接到你後續漏斗的潛在客戶。在這個例子中，我們假設你要產生一名潛在客戶得花費 3 美元。

就目前來說，這個漏斗似乎沒什麼用，對吧？如果沒有後續漏斗，情況就會是如此。所以，只要有人加入我的名單，我就會與他們建立關係。我可能會寄給他們幾封電子郵件，確保他們能夠下載我免費提供的名單磁鐵，甚至可能會發送一段影片或一篇文章，幫助這些人從我提供的東西中獲得更多價值。到那個時候，我仍然會

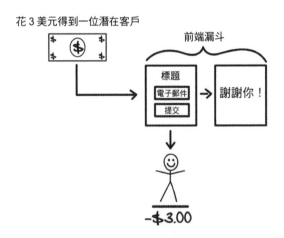

圖表 6.2　如果我們只有一個前端漏斗，我們每獲得一名潛在客戶都會賠錢。

為每位潛在客戶支付 3 美元，但我會與他們建立關係，這意味著他們日後更有可能打開我寄的電子郵件並向我購買東西。

好玩的部分就從這裡開始。在我後續漏斗的下一組郵件，將側重於引導潛在客戶到價值階梯的下一個漏斗。在這個例子中，我們假設是一個免費圖書漏斗。我會寄三封電子郵件，提供他們機會免費得到一本我的書，只需自行支付運費。那些得到免費贈書的人將被帶領通過銷售漏斗，而我應該會從每位買家身上獲得一些利潤。在這個例子中，平均而言，我將從每一位經歷這個第二步驟的潛在客戶身上賺取 1 美元。在這個後續漏斗的第六天，我將仍然虧損 1.5 美元。

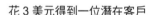
花 3 美元得到一位潛在客戶

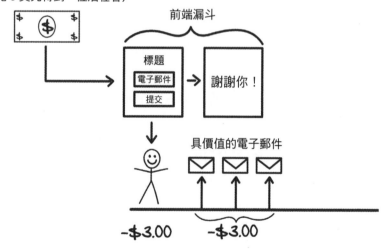

圖表 6.3　有了後續漏斗，就能夠繼續與潛在客戶進行對話。

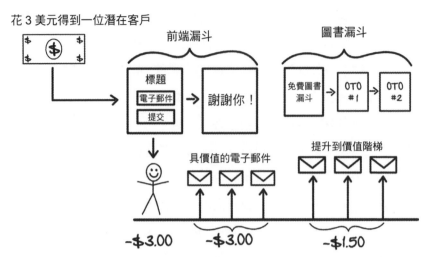

圖表 6.4　當我們為潛在客戶提供機會，提升到價值階梯並購買我們的書時，便能開始收回一些廣告支出成本。

　　後續漏斗的下一步，便是將他們移到更高價格的漏斗中。我們稱之為「堆疊漏斗」（funnel stacking）。在這個例子中，我要邀請他們參與的下一件事，就是我的網路課程。我可能會再發幾封電子郵件，邀請他們註冊參加網路研討會。在他們完成網路研討會之後，我會提出一個更高價格的產品，到時每一個潛在客戶平均帶來的收入，將超過我為獲得每位潛在客戶所花費的 3 美元。到那時候，我就會收支平衡，開始獲利。這意味著為潛在客戶付費後大約一個星期內，我將開始有盈餘！這些顧客以後從我這裡買任何東西，帶給我的都是**純利**。

　　你看出這是怎麼回事了嗎？有時收支平衡發生在最初的前端漏斗中，但有時則是發生在後續漏斗內。一旦我知道能在後續漏斗的

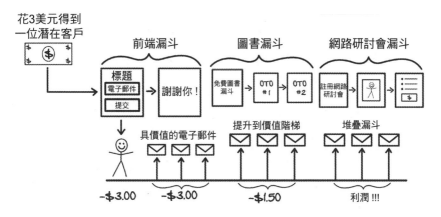

圖表 6.5　在後續漏斗中連續堆疊多個漏斗後，就會獲得利潤。

哪一天實現收支平衡，我便會回頭花錢去獲得用戶，因為我知道我的投資將在既定的時間點上獲得回報。

　　我第一次開始網路創業之旅時，曾聽邁克・利特曼（Mike Litman）說：「外行人才會專注在首次銷售。」[13]當時我並沒有真正理解這句話的意義，直到我開始使用後續漏斗，才意識到我可以花比我原先認知更多的錢去獲得客戶。丹・甘迺迪曾經說過：「最終，花最多錢來獲取客戶的企業才會贏。」[14]有了良好的漏斗和強大的後續漏斗，你就可以提高獲取客戶的花費。

多面向的後續漏斗

　　到目前為止，我們只討論後續漏斗中的電子郵件。在一個完美的世界裡，每個收到電郵的人都會閱讀並點擊信裡面的連結。但不幸的是，如今人們的注意力持續時間從 90 年代的二十分鐘縮短到

今天的七秒！很多你寄發電郵的對象實際上永遠都不會打開郵件。有統計顯示，多達 87%的電郵未曾被打開過！你每次寄發任何內容，都是在爭取收件人的關注。

隨著注意力之戰愈演愈烈，我們創造出許多令人驚嘆的工具，可以將之安插到我們的後續漏斗中，以確保人們確實看到我們的訊息。我希望這份工具列表能持續增加，但我將與你分享我認為目前最強大的工具。

再行銷

這是第一個，也是我最喜歡安插到後續漏斗的工具之一：再行銷廣告。我們將在密碼 #9 中深入探討我們的再行銷策略，但現在，我希望你們能先了解這是什麼，以及它是如何運作的。你是否曾去過某個網站之後，在接下來的幾週內，你都感覺到有人在網路上跟蹤你？無論你去到哪裡，你都能看到他們的橫幅廣告跟著你轉？這就是再行銷，這是推動某人通過你的後續漏斗，並將他們提升到你的價值階梯上最有力方式之一。

Messenger

臉書在 2011 年創造出 Messenger，對很多人來說，Messenger 已經取代電子郵件，成為大家最喜歡的溝通工具。你可以將 Messenger 訂閱框添加到你的漏斗中，並讓那些加入你的電子郵件列表的人也加入你的 Messenger 列表。這讓你能夠透過不同的平台與人聯繫，而不光只是電子郵件。它是一個非常強大的工具，比電

子郵件擁有更高的點閱率。然而，由於人們對 Messenger 收件匣的親密性，我發現不同於電子郵件，我可以每天發送電子郵件，而不會讓人感到心煩；但我可能在 Messenger 上只能一週發送一到兩則訊消息，才不至於流失訂戶。因此我們有策略地將 Messenger 訊息放置在後續漏斗中，以創造每週一或兩次的對話，目標是引導人們回到漏斗中，或將他們提升到下一個漏斗。

簡訊

我們通常不會在傳統的登錄頁上獲取某人的電話號碼，因為每個新頁面通常都會降低轉換率，不過當人們向我購買東西或註冊網路研討會時，我會嘗試獲取他們的電話號碼。我們可以使用簡訊推播的方式，來確保客戶不會錯過他們已經註冊的網路研討會，讓他們掌握訂單狀態，並幫助他們進入我們價值階梯的下一步。

人們總會開發出新的通訊工具，但這些工具的目標都是相同的：與你的訂閱者建立關係，並把他們提升到你的價值階梯。

現在你已知道後續漏斗是如何運作了，我想花點時間談談後續漏斗的心理學和排序。

三大成交關鍵：情感，邏輯，恐懼

正如你所看到的，我們有很多工具可用來說服別人向我們購買東西。但是在每則訊息，每則宣傳文案裡應該包括什麼呢？我們發

現，能為你帶來最大優勢的訊息，必須包括以下元素：

- 情感
- 邏輯
- 恐懼（緊迫性及稀缺性）

情感（推銷用語）　　　邏輯（再行銷）　　　恐懼（緊迫性／稀缺性）

圖表 6.6　當你和某人臨近成交階段，請確保你的訊息中包含了情感、邏輯和恐懼。

　　讓別人採取行動的最有效方法就是挑起情感。常言道，人們都是衝動購物，然後試圖從邏輯上為自己的購買辯護。假如你讀過《專家機密》，你會發現整本書的重點是故事銷售，它告訴你如何藉由說故事來打破錯誤的信念，讓人們進入一種願意改變和願意購買的情緒狀態。這是在訪客的心中挑起情感並促使他們採取行動的最有效方法。這也是為什麼我們大多數的廣告都把情感故事放在最顯要位置。任何銷售信函的開頭、在網路研討會裡的故事、後續漏斗中的第一封電子郵件，以及再行銷系列活動中的第一個廣告，永遠會帶出人們的情感。這也會是你的大多數生意成交的地方。

　　例如，以這個非常基本的「免費圖書」模組的銷售頁面為例，

就像你在購買這本書之前可能看到的其他頁面。頁面頂端有一個訴諸情感的標題，搭配一支講述故事的影片讓人對產品產生情感上的興趣，然後是一份讓人採取行動的訂購單。我的銷售額中有 50% 是來自那些只看頂部區塊而從不繼續往下把內容看完的買家。他們是我的情感買家。

接下來 30％ 的買家則有點難以說服。他們是分析型買家。他們可能在情感上已有所感受，但還需要能夠在邏輯上說服自己，讓自己相信購買是正確的選擇。他們經常擔心如果買了，別人會怎麼

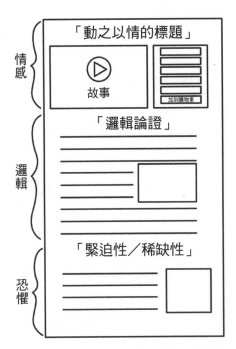

圖表 6.7　我們打造的每一個銷售頁面都有相同的風格，因為該風格以創造銷售所需的順序來擬定情感、邏輯和恐懼訊息。

想，因為他們害怕如果產品不適合自己，他們的地位就會下降。因此，在這一頁承接頂端的下方區塊，我則會將產品訊息轉而訴諸於理性層面的說服。我會解釋為什麼這是一筆好交易，並將其與他們可能進行的其他投資進行比較。我還會讓他們知道，如果買了無效，我保證可以退款，這樣這些顧客就不用承擔地位降低的風險。最後，我會嘗試盡可能多多使用風險逆轉（risk reversal）。

而最後 20％的買家，他們的動機不是出於情感或邏輯，而是「錯失恐懼」（FOMO）。唯一能讓他們採取行動的方法，是讓這些人害怕你即將奪走這個機會。緊迫性來自於提供為什麼他們需要現在購買的所有理由，而稀缺性則來自於為什麼它很快就會消失的各種原因。關於這最後一組人，幾乎所有著重在緊迫性及稀缺性的銷售簡報、信件和再行銷系列宣傳活動，都能讓我順利成交。

我已介紹「情感→邏輯→恐懼」的過程如何在登陸頁發揮作用，但它也適用於每個後續漏斗以及再行銷系列活動。

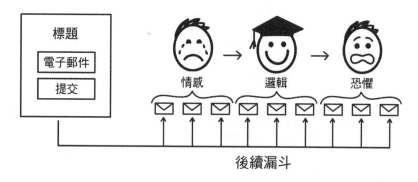

圖表 6.8　我們將情感、邏輯和恐懼訊息交織在後續漏斗中，以幫助說服閱聽眾購買產品。

有人加入後續漏斗時，我的第一組訊息會集中在情感打動，亦即我會講述其他人使用過該產品，並分享其潛在好處的故事。接著幾天之後，我會把所有的訊息轉換成邏輯說服，然後最後一組訊息則是改為恐懼層面的刺激。

如果我在後續漏斗階段只發送三封郵件，那麼我會將這三元素逐一分配到這三封郵件中。如果我寄送五封郵件，我可能會把頭三天花在情感的打動，一天花在邏輯說服，最後一天則花在緊迫性和稀缺性的恐懼。確保你完成每一次交易，遠比訊息的數量還重要，因為每一次交易都會帶來不同的買家族群。

當我在後續漏斗中轉向下一個漏斗時，我會再次以情感故事銷售開始，並讓人們沉浸在價值階梯的下一個漏斗中。這個過程適用於你發布的所有類型的訊息。當你的目標是推動人們通過一個過程或漏斗時，你所發送的每種類型訊息都應該從情感開始，再轉向邏輯，並以恐懼（緊迫性和稀缺性）作結。

維繫客戶的兩種交流：後續漏斗與推播

在《網路行銷究極攻略》中，曾談到我與加入我的名單列表的客人之間有兩種交流方式：肥皂劇模式（Soap Opera Sequences，簡稱 SOS）和每日《歡樂單身派對》電子郵件（Daily Seinfeld Emails）。我發現很多人對這些類型的交流運作，以及它們如何與後續漏斗連結在一起感到困惑，所以我想花一分鐘來說明，這些概念是怎麼結合在一起的。

當有人第一次加入我的名單時，我會帶他們經歷一個名為「肥皂劇模式」的過程。我們之所以如此命名，是因為這些電子郵件並非各自獨立的訊息，而是我們會使用多封電子郵件來講述一個故事，每封郵件都會吸引你去閱讀下一封郵件，就像一部好的肥皂劇會利用故事情節，誘使你看完一集又一集。在這些電郵中，我們會告訴讀者一個有助於建立彼此關係及融洽氣氛的故事。如此一來，他們就更有可能繼續閱讀我們的電子郵件、點擊連結，以及購買我們的產品。

　　第二種交流方式是「每日《歡樂單身派對》電子郵件」，這比較像是《歡樂單身派對》影集。每封郵件都是一個獨立的訊息，有

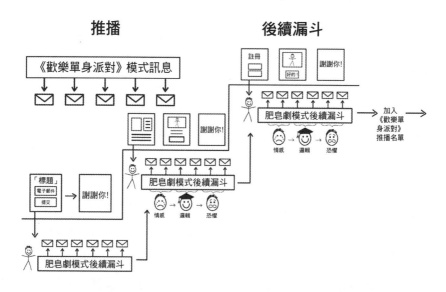

圖表 6.9　當潛在客戶在你所有漏斗中經歷完整的肥皂劇模式之後，你就可以寄送你的每日《歡樂單身派對》電子郵件給他們。

吸引人的鉤子，講述一個故事，然後再回到你的核心報價。我們每天向名單列表發送推播，就是希望這些人回到我們的漏斗中，使用的就是第二種交流方式。有些人認為這兩種觀點是相反的，而另一些人則是好奇它們如何融入後續漏斗框架。事實上，這兩者在你的價值階梯中共同發揮作用。

當有人第一次加入名單列表時，我們會將之安插到後續漏斗。很快地，他們就會被放置在肥皂劇模式中，我們會在此階段向他們講述故事（提供情感上的成交關鍵），並引導這些人通過我們的後續漏斗。第一組郵件主要聚焦在建立融洽關係。讀者通常會對你的故事感興趣（你在自己的業務中具備魅力人物的特質），是因為你是最有可能與他們溝通的人。

然後，我們會轉移到接下來要主打的第一個漏斗。從即將介紹給這群顧客的新產品／漏斗背後的故事，開啟「第二季」的肥皂劇模式（SOS）。換言之，把SOS焦點從我們身上（魅力人物）轉移到想安排第一個介紹的產品。SOS會透過情感、邏輯和恐懼的順序移動，引導人們進入且通過第一個漏斗。當這個過程結束，我們便來到了「第三季」的SOS，並開始介紹新產品／漏斗的新故事。

在顧客經歷了價值階梯內的所有肥皂劇模式，且完成了我們的後續漏斗之後，每日《歡樂單身派對》電子郵件才會出現。在一個完美的世界裡，我們會有持續四十年的後續漏斗，但現實是，大多數良好的後續漏斗，其有效時間是三十至六十天。在那之後，那些透過價值階梯提升到下一步的人就會慢慢從核心名單往下降，然後被轉移到每日推播名單上。我們會根據這份名單，發送每日以故事

為本的電子郵件（《歡樂單身派對》模組），以引導人們回到我們的新前端報價，鼓勵他們重新註冊參加網路研討會、推廣部落格文章、Podcast 片段，以及合作聯盟的報價。這是在人們退出後續漏斗後端之後，我們設法將其重新放入的桶子。

下一個章節將告訴你如何滲透你的夢想百大，建立自己的配銷網路（屬於你自己的節目），並找到你的聲音。

滲透你的夢想百大

INFILTRATING THE DREAM 100

1989 到 1994 年間，有一個深夜節目叫做《奧森尼歐‧豪爾脫口秀》（*The Arsenio Hall Show*）。我的父母沒在看這節目，所以我也從來沒機會在家觀賞。但我記得，朋友的父母每天晚上都準時收看，我最好的朋友經常會告訴我每日的演出內容。某個夏夜，我在朋友家過夜，我們熬夜到很晚才睡，我終於第一次有機會看到著名的奧森尼歐‧豪爾（Arsenio Hall）表演，他出場的同時，會一邊揮舞拳頭轉圈圈叫著「汪！汪！汪！」。我們之後有好幾年，只要是觸地得分或打出本壘打，都會在操場上模仿這個動作。他的創意變成了我們的妙招，我們每次這麼做時都覺得自己很酷。

多年來，我有機會看過他的幾次表演。我還記得自己對他在節目的活力，以及他所帶來那些令人驚嘆的嘉賓感到驚訝。1992 年 6 月，比爾‧柯林頓（Bill Clinton）競選總統時，他邀請柯林頓上節

目。柯林頓用薩克斯風吹奏了《傷心旅館》（*Heartbreak Hotel*），許多人認為這是他政治生涯中最重要的時刻，因為這有助於他在少數族裔和年輕選民中建立聲望。[15]

短短兩年後，這個節目就停播了，對大多數人來說，我們再也沒有聽到過奧森尼歐的名字。直到 2012 年，他在《誰是接班人明星賽》（*Celebrity Apprentice*）節目中以選手身分出現了。我看了那一季的節目，試圖從川普（Donald Trump）和其他參賽者身上學習做生意的經驗，幫助我發展公司。每一集都給了我一些靈感，但幫助我最多的是第七集。[16]

它的內容非常簡單，我想幾乎每個人都錯過了它。但出於某種原因，這集內容引起我的注意，且在我腦海中縈繞了近十年。讓我為你解說一下背景。節目中，兩支比賽隊伍的任務是為慈善機構募款，所有參賽者必須打電話給他們的富有朋友請求捐款。佩恩·吉列特（Penn Jillette）成功讓藍人樂團（Blue Man Group）在紐約街頭表演並捐款。所有參賽的名人都各有辦法籌到一些錢，除了奧森尼歐·豪爾。

我看著奧森尼歐打開他的名人通訊錄，打了好幾個小時的電話。每個電話都轉到語音信箱。他得到傑·雷諾（Jay Leno）的承諾，但是支票在比賽截止期限後才出現，因此不算進計分。在董事會會議室前的最後一幕中，奧森尼歐沮喪的隊友們試圖釐清，為什麼他沒有募集到任何資金。

被打敗的奧森尼歐解釋，過去他有自己的節目時，每個人都會接他的電話。然而，如今他沒有自己的脫口秀節目了，那些所謂的

朋友轉眼間全都避不見面。

這就是最大的收穫！當你有自己的節目時，每個人都會接你的電話。之前我們討論過很多關於夢想百大的內容，以及你如何努力打入或者花錢進場。在這兩種情況下，如果你有自己的節目或平台，你就會有更多的影響力。奧森尼歐手上有個脫口秀節目主持時，他打電話給任何人（甚至是未來的美國總統），大家都會接，因為他們知道，奧森尼歐能提供一個他們無法獲得的平台。

你的平台是你提供夢想百大的真正價值所在。它比金錢、禮物或任何東西都有價值。夢想百大想要曝光，而你的平台可以為他們提供這一點。

儘管我自認是個蠻酷的人，但我敢肯定，假如不是我的電子郵件列表、社交列表、Podcast 聽眾有超過兩百萬名企業家，我很難讓東尼‧羅賓斯或夢想百大中的任何人回覆我電話、電子郵件，或是產生興趣與我合作。這些人都不需要更多朋友。然而，他們確實需要進入我的平台，而這讓我有能力進入這個領域，建立友誼，以及開始夥伴關係。這就是你努力打入的關鍵。

最近，我聽蓋瑞‧范納洽（Gary Vaynerchuk）在一場數位行銷活動上發言，有人問他行銷和關注度的未來在哪裡。他的回答令人印象非常深刻：

> 我想這（拿著他的手機）是 1965 年的電視……還有電視，它們其實就是收音機，對吧？我研究的唯一一件事就是歷史，因為歷史喜歡重複。所以，如果你去看看那些耽溺在廣播而沒有轉移到電

視的啤酒品牌，就會發現他們這麼做，只因為他們就是這樣成功的。反之，像沒人聽說過的美樂啤酒（Miller Lite）這樣的產品只是轉移到電視，因而抓住機會成為一個品牌。

如果你看看 1965 年的電視，我認為這就好比是現在的手機，而 YouTube、Instagram、臉書和 Snapchat 就是電視台 ABC、NBC 和 CBS……我想，我的角色就像是影集《外科醫生》（*M*A*S*H**）和《歡樂時光》（*Happy Days*）。這就是系統。因此，你需要為個人事業做的，就是找出你可以成為人際網絡明星的管道。[17]

這番敘述很有說服力，但更有說服力的是，今天你不需要說服電視台你應該有自己的節目。相反地，你只需要點擊幾個按鈕，就可以快速在所有主要應用程式上擁有自己的節目。

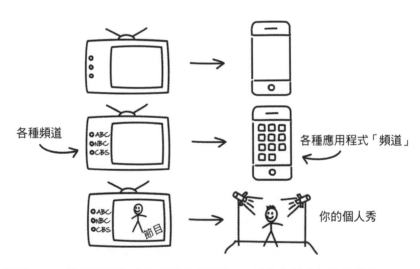

圖表 7.1　找到能讓你成為明星的「頻道」，然後在其中打造你的節目。

現在，人們手機上的 ABC、NBC 和 CBS 是：

- 臉書（脫口秀）
- Podcast（廣播）
- YouTube（情境喜劇）
- Instagram（電視實境秀）
- 部落格（報紙）

日後將會出現更多的應用程式與頻道，但目前，人們大多數注意力都集中在這些應用程式上，而每個應用程式都能讓你免費創造自己的節目。

但是，擁有自己的節目就等於擁有自己的名單列表嗎？我會

圖表 7.2　所有舊有的通訊方式，都有現代版的應用。

說，答案是「不完全如此」。有了自己的名單列表，你就擁有流量；但所謂有自己的節目，你只是租賃一個空間，試圖在別人的人脈上吸引目光。這就是奧森尼歐的問題所在。當福斯傳媒（Fox）收掉他的節目時，一切都結束了。如果臉書因為某些原因不喜歡你的節目（大家都知道他們會這麼做），他們可以在毫不知會你的情況下取消你的節目或帳號。Podcast、Instagram 和 YouTube 也是如此。

現在，想像一下，如果奧森尼歐‧豪爾能理解我們在密碼 #4 中學到的原則，並且在他的每一集節目中告訴觀眾前往他的漏斗，選擇免費獲得他最喜歡的一百個笑話。在這種情況下，他可以充分運用電視台的錢建立一個屬於自己的數百萬訂戶名單，即使節目被取消，他仍然有一個平台，因為他還是有自己的名單。如此他就可以換一個新頻道，開一個 Podcast 或部落格，寄電子郵件給他的粉絲，引導他的粉絲收看新節目。在你擁有自己的流量之前，你會一直被網路突然發生的變化所左右。因此，即使你已經開始自己的節目了，請記住，目標仍然是把你賺得的流量變成自己的流量。

你的主要配銷通路：電子郵件

你的節目成功關鍵，在於你能讓多少人真正消費你所創造的東西。你可以仰賴每個平台免費推銷自己，但我不喜歡將其作為行銷計畫的一部分。有時候我們會製作出一集病毒式傳播的劇集，然後免費獲得數百萬的點擊量，但這不是我們能指望的。相反地，我們

需要問自己：「在我的新節目上線後，要如何才能讓人們盡快觀看並消費它？」最好的方法便是利用你已經建立的名單列表。

我們投入所有的努力，試圖將我們控制的以及賺得的流量轉化為自己的流量（自己的名單列表），因為只要有了自己的名單列表，便能控制自己的命運。我有朋友過去完全依賴臉書或 YouTube 的演算法來推銷他們的影片。像這樣的情況，很多人都擁有驚人的觸及率，他們發布的每一部影片都有數千萬的瀏覽量。但不幸的是，每個平台的演算法都會發生變化（它們總是如此），而上述的許多人現在連獲得幾百次瀏覽都很困難。基於這個原因，我總是將免費的病毒式傳播視為我盡力推廣影片時額外得到的好處，推廣我所發行的每一集才是我該專注的首要目標。

除了電子郵件，你還可以繼續建立其他列表和配銷通路，例如臉書上的 Messeger 列表和 Instagram 上的粉絲名單，這樣你就可以「向上滑」（swipe-up）了。每個平台都有自己的列表版本，但電子郵件是唯一屬於你自己擁有的名單。其他平台的列表都是你租來的，隨時都有可能流失。

圖表 7.3　直郵廣告的現代版應用是電子郵件。

你的主要節目通路：寫作、影片或錄音

下一個你可能會自問的邏輯問題是：「我應該在哪種通路製作自己的節目？」我的回答是：「一切取決於你。」首先，你不應該試圖在每個通路都製作一個節目，這樣做有損於你的成長能力。就目前而言，關鍵是專注在一個通路上。後面在密碼 #15，我將告訴你如何利用你的主要節目在所有通路獲得銷售，但現在，你只需要關注兩個通路：你的主要配銷通路（電子郵件），以及你的主要節目通路。

你應該選擇哪個通路來發展你的主要節目，這取決於你自己、你的個性，以及你的才能。對於那些喜歡寫作的人，我會建議專注在建立一個部落格。

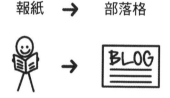

圖表 7.4　報紙的現代版應用是部落格。

如果你討厭寫作，但喜歡自己在影片中的感覺，那麼我建議你選一個影片平台上打造自己的頻道（每個通路都有不同的策略，我們將在下一章節深入討論）。

對於那些善於在廣播發揮或在鏡頭前可能有點緊張的人，那麼

情境喜劇 →YouTube　　　脫口秀 → 臉書

電視實境秀 →Instagram

圖表 7.5　情境喜劇、脫口秀和電視實境秀的現代版應用分別是 YouTube、臉書和 Instagram。

我建議你從自己的 Podcast 節目開始。

　　如果你還不確定自己想在哪個平台上製作個人節目，我建議你看看自己最常逛哪個平台。一般來說，假如你喜歡 YouTube，且花大量時間觀看影片，你就會在這個平台製作出最成功的視頻，因為你了解它。如果你經常聽 Podcast，那可能就是你最好的開始。同樣地，如果你讀了許多部落格，或許可以考慮從這裡下手。

廣播　　→　　Podcast

圖表 7.6　廣播的現代版應用是 Podcast。

由於我們在前面已花了很多時間討論你的「主要銷售」通路（電子郵件），因此我將在本章其餘篇幅討論你的「主秀」（Master Show）。記住，現在你**只能**在一個通路上製作一個節目。在這個階段，請不要嘗試建立多項節目。在密碼 #15 中，我將向你展示如何利用這一主要通路進入所有的次要通路，但現在還不是時候。現階段請將你所有的注意力都集中在讓你的第一個節目成功。

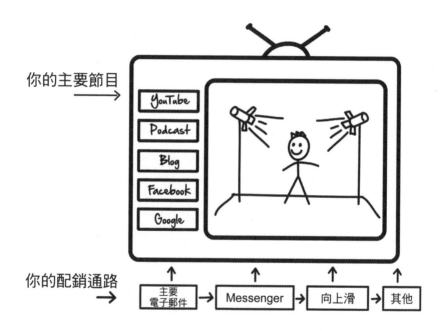

圖表 7.7　一旦你有了自己的主要節目，就可以使用你的電子郵件和 Messenger 等配銷通路，「向上滑」通知你的觀眾有新的劇集。

開始你的節目（找到自己的聲音）

2013 年 3 月 26 日，我發布了《在車子裡行銷》第一集，後來節目更名為《行銷機密輕鬆談》。看來這天和其他天一樣，都是發布的好時機，除了以下這個事實：就在發布前幾個月，我幾乎讓我的公司破產，解雇了大約一百多名員工，還發現我欠美國國稅局 25 萬美元（如果我不盡快支付，可能面臨更多罰款甚至坐牢）；銀行帳戶不僅見底，還有成堆的信用卡債務。現在回想起來，這似乎是發布 Podcast、跟大家分享「行銷機密輕鬆談」的最糟糕時機，但我確實這麼做了。

我知道如果決定要做自己的節目，我必須始終如一，否則不會成功。在我可以發布的所有類型節目中（錄音、影片或文字），我知道必須保持簡單，否則我無法堅持下去。當我考慮到如何把它納入我的日常作息時，我意識到，每天出門到辦公室都需要十分鐘的通勤時間。我想我可以在開車上班的路上，用手機錄製每一集的節目。在這些節目中，我會分享自己的想法，談論如何行銷我的生意，以及每天學到的經驗教訓。這就是頻道最初的名字：在車子裡行銷。

最初幾集並不理想。事實上，幾年後，我的朋友史蒂芬·拉森告訴我：「四十五集或四十六集之前都不是很好，但大約在那時候，你似乎找到了自己的聲音，此後節目開始漸入佳境。」對我來說（對你也是如此），好消息是在你的第一集裡，也就是在你最糟糕的時候，還沒有人收聽！如果我沒有拍前四十五集，我永遠也不

會拍到第四十六集，然後嶄露頭角。這就是為什麼現在就開始發行你的節目如此重要，即便你還不擅長。在你經營節目的過程中，你會找到自己的聲音。我很慶幸自己在剛起步時並不知道如何查看下載數據，檢視是否有人在收聽我的節目，因為我確信自己會因此受挫並停止做節目。請不要一開始就在意你的統計數據、下載量或數字，因為你只是在嘗試為某些偉大的內容打下基礎，而這需要時間。

在我經營 Podcast 頻道大約三年時間裡，我學會了如何查看下載數據，且發現每一集都有成千上萬的人在聽。我還發現，大多數加入我最高級別策劃小組和顧問專案的人，他們原本就有聽 Podcast 的習慣。我向顧問會員詢問這個問題時，發現他們之中大多數人進入高階課程的歷程幾乎一樣。很多人告訴我，他們先聽了幾集，然後可能某一集讓他們產生共鳴。這促使他們產生好奇，想深入收聽更多內容，於是他們回到第一集，並在一到兩週的時間內狂追每一集的內容。在這些節目中，我記錄了自己重建公司的整個旅程。我分享了各種我有幸與其共事的夥伴故事，通常在這些聽眾追完我的節目之前，他們就會報名申請要和我一起工作了。

我沒有在我的 Podcast 上賣廣告，推銷我自己或其他人的產品（這兩件事你可以做，或許也應該做，以利從你的節目中賺錢），我只是專注分享自己和客戶的故事。然而，這個 Podcast 比我以前做過的任何事情，都更能讓隨機粉絲變成死忠粉絲。但我花了三年多的時間持續發行節目，才有這樣的結果，並非一開始就有如此榮景。

接下來讓我逐步解說，如何讓你的節目成功。

步驟 1：每天發布內容，至少為期一年

你必須做出的第一個承諾，就是堅持不懈。我知道，在我決定起步開始時，如果我找不到一個對我來說更容易創造內容的平台，我就不會始終如一。哪個平台對你來說最有意義？你打算何時以何種方式發布？你是否每天早上醒來，都會在午餐前寫一篇一千字的部落格文章？每天晚上睡覺前，你願意在臉書直播分享一整天學到的經驗教訓嗎？什麼對你有效，可以幫助你堅持不懈？如果你能在一年內堅持每天發布內容，你就再也不用擔心錢的問題了。在這個過程中，你會找到自己的聲音，你的閱聽眾也會有足夠的時間找到你。

我的一個朋友，南森·貝利（Nathan Barry），最近寫了這樣一篇文章〈持續足夠長的時間以獲得關注〉（Endure Long Enough to Get Noticed）：

有多少很棒的電視劇是你在第三季或更多季數播出之後才發現？《冰與火之歌：權力遊戲》（*Game of Thrones*）播了五季之後，我才開始看。派特·福林（*Pat Flynn*）發布至少一百集 *Podcast* 之後，我才知道這個人的存在。我是在丹·卡林（*Dan Carlin*）開始製作《硬派歷史》（*Hardcore History*）數年後，才知道這個 *Podcast* 節目的存在。

這是多麼常見的經歷。每天不斷有如此多新的內容出爐，我們

不可能探索完全部。因此，我們只能等待最好的內容日漸浮出水面。如果累積觀眾的第一步是創造偉大的內容，那麼第二步就是持續足夠長的時間以獲得關注。

賽斯‧高汀（*Seth Godin*）對他的時間非常慷慨，幾乎願意受邀出現在任何相關的 *Podcast* 上──但前提是，你至少要有錄製 *Podcast* 節目一百集以上的經驗。他過濾的標準，乃是表明能夠且願意持續在檯面上活躍很長一段時間的創造者。[18]

對於那些曾看過我作品一段時間的人來說，就知道這是一個我非常堅定的舞台。你必須發布內容，否則你永遠不會成為圈內的相關人士。而如果你想保持相關性，就必須持續發表。這部分的流量飛輪才不會消失。

史蒂芬‧拉森在購買第一張「漏斗駭客大會」（Funnel Hacking Live）的門票時，就知道我可能會告訴所有人這個永恆的真理，但當他收拾行囊時，他告訴妻子：「我會按照羅素說的一切做……除了發布我自己的節目。我不會那麼做的。」

然而，在活動開始之前，我告訴每個人，從現在開始一直到明年的活動，他們能做的第一件事就是選擇一個平台，每天發布內容。我告訴他們，如果他們每天都持續這麼做，堅持一年，他們就再也不用擔心錢的問題了。接著我做了一些以前從未做過的事：我請所有的與會者向我保證，他們會在當天開始發布內容。

在場的大多數人都舉起了手，很期待要接受這個挑戰，但很少有人真心相信。然而當史蒂芬‧拉森做出承諾時，他明知自己不願

意這麼做，但最後還是決定全力以赴了。他決定開一個 Podcast 節目，就在那次活動中開始創作個人首集節目。

大約一週後，他來應徵申請 ClickFunnels 的一份工作，並成為新的漏斗建造負責人。在接下來的兩年裡，他每天都坐在我旁邊。當我在執行專案時，他近距離見證了我如何分享（發表）自己一路上學到的所有經驗教訓。不管是我在做 Podcast 節目，在臉書上貼文，或是做 Periscope 秀等等。他告訴我，他對我發表的作品數量感到震驚，所以他要模仿我做的事情。

在接下來的兩年裡，他在 ClickFunnels 工作，並不斷經營個人頻道、發表節目。持續幾個月後，他的節目開始獲得一些關注。多年經過，節目一直在成長，在他決定從受僱於人的員工一躍轉為自己當老闆時，他已擁有一大批粉絲，他們會對他發表的所有內容買單。那檔節目和他的粉絲遂成為他事業發展的跳板。由於他有很多粉絲和追隨者，所以他只需簡單地向這些人介紹他新創的報價，他就「一夕成名」了。

步驟 2：記錄旅程

當我告訴人們要開始製作自己的節目時，大多數人面臨的最大問題和恐懼是，他們不知道要做什麼內容的節目。我從蓋瑞．范納洽那裡學到的最強大的概念之一，就是他所說的「記錄，而不是創造」。接下來我將分享他部落格上的一篇文章，以深入探討這個概念：

如果你想讓人們開始聽你說話，你就得露面。我的意思是，你們當中有很多人沒有產出足夠的文章、影片或內容來建立自身的影響力。太多的「內容創造者」認為他們只有一次機會，他們必須製作出一個最棒的影片、圖像，或是在臉書上的怒罵咆哮。

　　但他們沒有意識到的是，想製作完美內容的這個欲望，實際上會削弱他們的力量。

　　事實是，如果你想在社交媒體上被看到或聽到，就必須定期發布有價值的內容。你應該每週至少做一次影片 vlog、Podcast 或其他長度足夠的錄音或影片。並每天至少要在 Instagram 和（或）Snapchat 上發布六到七次限時動態。

　　現在你可能會想：「哇，這太多了吧。我如何每天創造六到七件有意義的內容？」

　　關於內容創造，我給你一個最大的建議：「記錄。不要創造。」

　　簡單來說，「記錄」與「創造」相比，就像電視實境節目《真實世界》（The Real World）和《與卡戴珊一家同行》（The Kardashians）之於《星際大戰》（Star Wars）和《六人行》（Friends）。請不要搞混——僅僅因為你在「記錄」，並不等於你沒有創造內容。這是另一種基於實用性而非故事或幻想的創造，畢竟後者對於大多數人（包括我自己）來說實在太過艱難。

　　想想看：你可以思考每一則貼文背後的策略，把自己虛構成這個「有影響力的人」……或者也可以只做你自己。

　　如果你只是一個剛剛開始往上爬的人，那麼創造一個有影響力的人物形象似乎尤其困難。我知道，對你們有些人來說，這是很大

的壓力。你認為有些三十、四十或五十歲的人在看了你的咆哮影片後會嗤之以鼻地想：「這孩子懂什麼？」

其實，人們在為自己的個人品牌創造內容時所犯的一個最大的錯誤，就是試圖過度推銷自己，因為他們認為唯有如此才能吸引人們的注意。無論你是商業顧問、勵志演說家還是藝術家，我認為談論你的過程遠比談論你「自認為」應該給他們的實際建議更有成效。

「記錄你的旅程」與「創造你自己的形象」相比，就像是「我的直覺認為……」與「你應該……」之間的區別。明白嗎？它改變了一切。我相信，比起那些試圖自詡為「下一個大事件、大人物」的人，那些願意討論自己的歷程的人將會是贏家。

所以，當我說每天發布六到七項有意義的內容時，請拿起你的智慧型手機，打開臉書直播，開始談論對你來說最重要的事情。因為到最後，創造性（或者別人認為你的內容有多「棒」）將是主觀的。並非主觀的事實是，你需要開始把自己放在那裡經營存在感，並保持活躍。

「開始行動」是大多數人面臨的最重要部分和最大障礙。人們總是猶豫不決和制定策略，而不是實際動手做。他們寧可爭論還不存在的狀況，卻無視眼前有什麼變化。

所以，請幫我一個忙，開始記錄吧。

「好吧，我要開始了。然後呢？」你問。請持續進行五年，再來找我。[19]

人們收看你的節目，通常是因為他們在尋找某種結果。這也是為什麼他們會購買你的產品，打開你的電子郵件，以及關注你的內容。人們收聽我的 Podcast 節目，閱讀我的書，觀看我的視頻，是因為他們想找出更多方法來行銷業務。我之所以發布內容，是因為我對這個話題很著迷，而非我對該話題瞭如指掌。我一直都在不斷尋找更新、更好的方法來行銷自己的公司，只要我偶然找到方法，有了想法，讀到很酷的東西，就會分享給我的閱聽眾。正如我的朋友理查·史佛蘭（Rich Schefren）曾經告訴我的那樣，「人們之所以付出高酬給我們，就是因為我們能為他們設想。」

所以當你開始個人頻道，我要問你的第一個問題是：「你最著迷的結果是什麼？你想為了自己學習什麼，然後在你有所發現的時

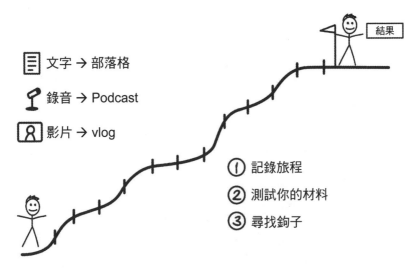

圖表 7.8　在你的節目中，你可以記錄自己的旅程，測試不同材料，並找到鉤子。

候可以實時記錄下來？」

如果你聽過我的 Podcast 節目簡介，我在裡面提到了一個將在節目中回答的大哉問：

大哉問如下：「像我們這樣不欺騙、不靠創投，僅從自己口袋掏錢的企業家，要如何行銷，好讓我們的產品和服務，以及我們相信的東西走向世界，同時仍能保持獲利？」這就是問題所在，我的節目會告訴你答案。我是羅素・布朗森，歡迎來到《行銷機密輕鬆談》。

在這個框架內，我可以談論、分享，以及採訪任何關於幫助人們銷售更多他們相信之物的事情。我是在遭遇巨大商業失敗後才開始這個節目，大多數人可能會認為這是有史以來最糟糕的時機點，更不用說還是個關於企業行銷的節目。然而，從「記錄，而非創造」的角度來看，這是開始 Podcast 的最佳時機。事實上，我希望能再早十年，也就是在我第一次上網的時候就開始這件事，因為在第一次學習的時候，我會有很多更有趣的東西分享。不管怎麼說，六年後的今天，我記錄了從商業失敗一路成長為一家年收入超過 1 億美元公司的整個過程，這是多麼酷的一件事啊！更重要的是，成千上萬的人能夠跟隨我們的旅程，學習我所學到的經驗！

步驟 3：測試你的材料

最近，我在懷俄明州（Wyoming）的某個私人俱樂部和幾位意

圖表 7.9　我在自己的 Podcast 節目中，一路實時記錄自己的旅程。

見領袖相聚，他們在網路上總共賺了數十億美元，影響了數億人。一天晚上，當我們圍坐在營火旁，丹恩・葛拉西奧希分享了他的一個觀點，改變了我對目前正在發表的材料的看法。就我印象所及，他的故事大致如下：

你知道為什麼在深夜脫口秀上看到出色的喜劇演員表演時，他講的每個笑話都很完美嗎？你會想：「這傢伙怎會這麼搞笑？」但你不知道的是，在過去的十年來，他為了成為喜劇演員，他總勤奮地三不五時寫下十個笑話，跑到最近的廉價酒吧，站在舞台上表演。在這十個笑話中，可能只有一兩個成功，而其餘的笑話觀眾一個都聽不出笑點。之後回到家，他會收好這兩個成功的笑話，然後再想八個新笑話。下週，他將找一個新的地方表演，再講十個笑話，也許他會發現新笑話中有一個成功了。現在他總共有三個笑話可以用。於是，他回到自己的公寓，再將這整個過程走一遍，一週又一週，年復一年，直到他找到十個笑話。現在，他準備好了。在他完善了材料之後，他站在舞台上，讓每個笑話在世界上最大的舞台大獲全勝。那就是我們看到他的時候。

我回顧自己的旅程，想起我的第一本書《網路行銷究極攻略》。當我寫完那本書的時候，我很害怕，不想讓別人看。但大多數人不知道的是，在那之前我費盡了十年的心力與功夫才有那本書的內容誕生。我對市場行銷感到著迷，因此瘋狂閱讀、觀看，以及聆聽所有我能得到的資料。在那之後，在自己創建的小公司裡測試這些概念和想法。身為顧問，我也在其他人的公司測試這些概念。有些想法確實有效，而有些則失敗了。

接著，我開始在小型研討會和工作坊上課。在這過程中，我會解釋一些概念，然後觀察哪些想法對人們有意義，而哪些想法令人困惑。每次活動，我都會一遍又一遍地教授這些概念，同時不斷調

整和完善這些想法和故事。我接受訪談、經營 Podcast、拍影片和寫文章，一遍又一遍地測試我的材料。從這些工作中誕生了諸如價值階梯、祕密公式、三種流量類型、漏斗駭客，以及魅力人物等架構。十多年來，我一直在反覆測試我的材料，所以當我因別人讀這本書而感到緊張時，也確信它已經準備好了。

同樣的事情也發生在《專家機密》上。我花了兩年時間在自己和別人的 Podcast 上談論這些概念。我先後在 Periscope 和臉書直播上有了一些想法。我舉辦活動、研討會，以及顧問專案，在別人及自己的事業上反覆測試這些想法，最終的產品就是那本書。

今天，當我坐在自家車副駕駛座上打字撰寫這本書的時候，我的妻子在開車，孩子們在後座玩耍。就像寫第一本書般，我對於將之公諸於眾感到緊張。然而，我知道在過去的兩年裡，我已經在所有我能接觸的平台上測試這本書的內容，它已經準備好了。

當你記錄旅程時，日更你的節目，這會給你一個開始測試材料的機會。你會發現哪些訊息能讓人們產生共鳴，哪幾集會被分享，哪些不會。你將發現哪些訊息會讓人們「浮出水面」並發表評論，而哪些消息無法產生共鳴。這就是你不斷累積存在感和發布內容的過程，這將有助於完善你的訊息、找到你的聲音，並吸引你的夢想客戶。無論你的最終目標是一本書、一個網路研討會、一個主題演講、一支爆紅短片，還是其他內容，你越常發布和測試手邊材料，你的訊息就會變得更清晰，而且將吸引更多的人。

步驟 4：介紹給你的夢想百大

當你開始個人節目時，通常你會用頭幾集來講述你的起源故事、創造這個節目的原因，以及接下來會帶給大家什麼內容。頭幾集的內容很重要，因為有人會在一週後找到你的節目，有些人是一年後，還有些則是數年後。一旦他們找到了，一旦他們被吸引，大多數人會回到第一集，狂聽（或閱讀或觀賞）來追上先前錯過的內容。即便頭幾集的年代或已久遠，卻仍然可能是許多人愛上你的內容的一個起點。

在最初幾集之後，就是時候開始利用你的節目來好好滲透你的夢想百大了。這是為你的節目獲得驚奇新內容的祕密，也讓你有能力善用你的夢想百大，作為嘉賓藉此來壯大個人頻道。

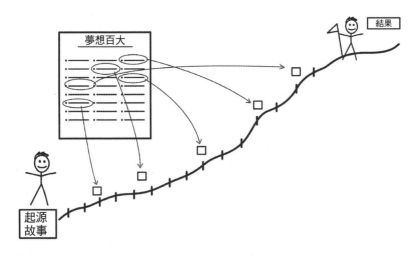

圖表 7.10　為了壯大你的節目，請與你的夢想百大聯絡，看看是否能讓你成為他們節目的客座嘉賓。

想想這在電視上會是怎麼運作。比方說《今夜秀》（The Tonight Show）想吸引很多人收看節目，他們會做哪些事？他們會盡可能找到最相關、最有趣的嘉賓上節目，對吧？但他們不會僅止於此。在節目訪談開始前的一整週，他們會在所有能接觸到的通路上宣傳他們的嘉賓。你會看到一整個星期布滿關於誰即將上節目的廣告，你會看到廣告時段的剪輯片段，呈現出訪談中最有趣或最激烈的部分。主持人懂得利用嘉賓來吸引更多觀眾。你的節目也是如此。

在你的夢想百大中，有哪些人可以講述與你的節目相關的有趣故事，並且有一群粉絲，讓你可以向他們宣傳節目？你現在有了一個平台，就好好善用這個平台讓人們上你的節目，他們也擁有自己的社群網絡，所以你可以在自己的頻道中為他們打廣告。這是一個巨大的雙贏。在一個完美的世界裡，他們會在節目上線時向所有粉絲推廣自己當嘉賓的那集（這種情況時會發生），但即使他們不推廣，你仍然可以在臉書、Instagram、YouTube 或任何他們的粉絲所在之處購買針對其觀眾的廣告。

現在，我知道你可能在想：「羅素，對於那些已經和他們的夢想百大有關係、交情的人來說，這固然很好。但我呢？我還只是剛起步的新人。我的節目幾乎沒有粉絲，他們怎麼會願意讓我採訪呢？」事實上，你問的很多人都會拒絕你，這沒關係，因為你不需要獲得所有人的應允。你只需要一個：只要一個客人，之後你就可以借助他來吸引其他人上門。

一般來說，大多數市場都有一種「自己人」俱樂部的氛圍，通常你的夢想百大會在一或多個俱樂部。要滲入並進入那個俱樂部，

你並不需要接觸所有的人；你只需要有一個很酷的孩子認為你很酷，然後你就可以加入了。

關於這一點，我最喜歡的一個例證，是電影《一吻定江山》（*Never Been Kissed*），由茱兒‧芭莉摩（Drew Barrymore）飾演喬西（Josie），以及大衛‧阿奎特（David Arquette）飾演羅伯（Rob）。[20]在這部電影中，喬西是《芝加哥太陽報》（*Chicago Sun-Times*）的文案編輯，她被選派回到高中去做臥底，報導青少年文化。她想盡辦法努力要打入酷孩子的圈子，此時，她的哥哥羅伯告訴她一個祕密：如果她能讓一個人認為她很酷，那麼她就會是圈內人了，因為學校裡的其他人不敢說半句話。接著，羅伯便身體力行這個原則，他也跟著註冊入學，並在一天之內就變成風雲人物，利用他的名氣讓喬西加入酷孩子俱樂部。

幾年前，我接到一通名叫特曼‧努森（Tellman Knudson）的人打來的電話，他當時剛開了一家公司。他知道我有一份訂閱者名單（顯然我在他的夢想百大名單上），他想問我能否在我的名單上宣傳他正在創辦的一個高峰會。那時我覺得他向我推銷的事並不是個好主意，於是拒絕了他。

我以為這將是我從他那裡聽到的最後一個消息，我猜想他的夢想百大中多數人可能也會對他說「不」。他既沒有名單，也沒有平台，他只是有個想法且有點兜售的味道。出乎意料的是，大約六個月後，我開始收到數十封電子郵件，全來自我們行業中最受尊敬的名單領袖者，他們都在宣傳特曼的新高峰會。

出於好奇，我給特曼打了通電話，問他究竟是怎麼讓這些握有

大筆名單、具有影響力的人為他推薦。

他回答：「我列了一張單子，上面寫著我希望能參與這次宣傳活動的人，然後我開始打電話給他們。第一個人回答說不行，第二位也說了同樣的話。我不停地打電話，也不斷接到拒絕。我聯繫過你，你的回答也是一樣的，但我下定決心不管付出什麼代價都要成功，所以我拿著電話一直打一直打。」

「你打給多少人之後就停了？」我問。

「四十九。」

「你打給四十九個人？」

「不是，雖然我收到四十八個拒絕，但第四十九個人終於答應了！我知道只要我獲得一個首肯，我就成功了。我問他是否認識其他感興趣的人，他給了我三個名字。於是，我給這三人都打了電話，而他們都同意了。接著，我進一步詢問願不願意再推薦我一些名字，他們也都答應了！隨著我的『同意』名單不斷增加，我開始打電話給那些先前拒絕過我的人，並向他們展示目前已經同意加入的名單。於是，我之前收到的很多『不』最終都變成了『同意』。起初我連續收到四十八個拒絕，不過接下來的三十個人都同意了。」

那次宣銷活動最終在短短幾個月的時間裡，為特曼打造一份超過十萬人的名單，這份名單在他上線的第一年為他帶來了超過 80 萬美元的銷售額。這就是滲透夢想百大的力量。

所以你現在的工作，就是看著你的夢想百大名單，然後開始邀請他們上你的節目。很多人會說「不」，但不要因此而卻步。你只

需要一個「同意」。

當你有機會在 Podcast 上採訪你的夢想百大時，你就給了對方一個他們可以感激你的平台。你在節目中採訪他們時，就能花時間建立關係（口渴前先挖好井），利用他們的忠實觀眾來推廣該集節目、壯大你的頻道曝光度，同時接觸到他們的粉絲。

重點整理

在這一章中，我已經解釋了很多概念，所以我想用更具體的方式來概括一下。

步驟 1：第一步是找出你想要的節目類型。如果你是一名作家，那麼你應該開一個部落格。如果你喜歡拍影片，你應該在影片平台上開一個 vlog。最後，如果你喜歡錄音，那麼你應該開始經營 Podcast 節目。

步驟 2：你的節目將是你記錄一切的過程，關於你如何實現與你的閱聽眾相同目標的經歷。當你記錄過程時，你將測試手上的各種材料，並關注人們有共鳴產生回應的部分。如果你致力於在一年內每天發布節目，你就有能力測試你的材料、找到你的聲音，而你的夢想客戶也才有辦法找到你。

步驟 3：你在節目中進行的採訪，將能大大發揮夢想百大所帶

來的作用。這能讓你與他們建立關係，提供他們一個平台，透過你的頻道向他們的閱聽眾推廣有這些夢想百大當嘉賓的內容，進而接觸到他們的朋友和粉絲。

步驟 4：即使這是你自己的節目，你也是在別人的人脈網絡上租用時間。重要的是，你不要忘記這一點，並且要專注於將之轉化為你的自有流量。

圖表 7.11　當你創造自己的節目時，請聚焦在將你賺得的流量和控制的流量，努力轉為自己的流量。

至此，我將結束這本書的第一部分。到目前為止，我們已經討論許多關於流量的核心原則，包括以下幾點：

- 找出你的夢想客戶是誰。
- 發現他們聚集的確切地點。
- 談到如何努力獲得這些閱聽眾（你賺得的流量），以及如何花錢獲得這些閱聽眾（你控制的流量）。
- 學會如何把你賺得的所有流量，以及你買到的所有流量，轉化成自己的流量（建立你的名單列表）。
- 討論如何將該名單列表安插到後續漏斗中，這樣你就可以讓它通過你的價值階梯。
- 準備好滲透你的夢想百大，找到你的聲音，藉由創造自己的節目來建立你的追隨者。

在接下來的內容，我們將把重點轉移到掌握從任何廣告網絡（如 Instagram、臉書、Google 和 YouTube）獲得流量的模式，以及如何理解這些平台的演算法，從而得到無限的流量和潛在客戶湧入你的漏斗。

Part Two

流量致富：
填滿你的漏斗

FILL YOUR FUNNEL

在本書的第一部分，我們聚焦在真正了解誰是你的夢想客戶，找出他們聚集的所在地，以及學會如何接近這些人，好讓他們出現在你的名單上。在第二部分，我們將更深入研究如何在以下四個廣告平台上，讓你的漏斗填滿夢想客戶：

- Instagram
- 臉書
- Google
- YouTube

我當然可以深入探究許多其他平台，包括領英（LinkedIn）、Snapchat、Pinterest、抖音（TikTok）、Twitch 等，但我只探討這四個平台，是為了向你展示一種架構和模式，以供你日後想要從任何平台上獲得流量時學習和使用。不可否認的是，在你閱讀本書的此刻，這些平台中有些可能已經不再合適，而且或許還會有很多從未聽過的平台出現。

向你展示一個平台上的策略和戰術，就相當於「給人一條魚」。而教你如何從每個平台獲得流量，則無異於「教人如何釣魚」。當你閱讀以下章節時，將學習到這些模式，並在今日四個最重要的網絡中看到它的實際應用，幫助你掌握如何讓夢想客戶填滿漏斗的架構。

「填滿你的漏斗」架構

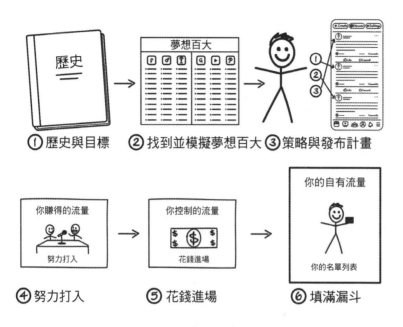

圖表 8.1　這個速寫將幫助你記住「填滿漏斗」架構中的六個步驟。

步驟 1：了解新平台的歷史和目標

　　如果你想知道平台的發展方向，你就必須知道它來自哪裡。Google 是怎麼開始的？臉書從何而來？演算法是如何改變的？更重要的是，它們為什麼會改變？背後的目的是什麼？如果你能理解他們為什麼做出改變，那麼你的思考方式就可以開始像他們一樣。你能理解他們的目標和意圖。

　　這是非常重要的，因為當你讀到這些章節的時候，演算法可能

已經改變了，所以你必須先了解歷史，如此才能看清今日的樣貌。

　　一旦你了解每個平台歷史的布局，你將很快開始看到它們的最終目標是什麼。每個平台都有一個目標，亦即盡可能為終端使用者創造最好的使用者經驗。這就是為什麼他們的用戶會一次又一次地回來。Google 希望為使用者提供最好的搜尋結果。臉書想要確保你會喜歡他們為你在動態消息中安排顯示的內容。一旦你明白他們的目標是創造最好的使用者經驗，你就可以開始自問如何與他們的目標保持一致。垃圾郵件發送者的目標，永遠是破解演算法來獲得他們想要的東西，但這頂多只能帶來短期的收益，因為一旦垃圾郵件發送者被認出，他們一直以來鑽的漏洞就會被消除。反之，如果你遵循網絡平台的意願，給予對方想要的，那麼他們就會提供你所想要的：巨大的流量。

步驟 2：找到並模擬你的夢想百大

　　下一個問題是，在這個平台上，有誰已經發現了這一點？誰已經辨識出你的夢想客戶？誰正在向他們發布內容？誰藉由平台獲得大量的瀏覽量或按讚數（或該網絡的獎勵系統）而得到獎勵？

　　當你開啟這部分的旅程時，我想帶你回到我們在第一部分提出的核心問題。

問題 1：誰是你的夢想客戶？
問題 2：他們聚集在哪裡？

問了這兩個問題之後，你就會來到下一個問題：

問題 3：在這個平台上，你的夢想百大中有哪些人已經聚集了一批你的夢想客戶？

我第一次登錄臉書或 Instagram 時，就知道我得查看有哪些已經掌握這個平台的夢想百大（我在推特和領英等其他社交網絡上也做同樣的事情）。誰擁有大量的粉絲，且與我的夢想客戶有大量的接觸？然後我會專門針對這些平台，分別建立新的夢想百大清單，並對每個夢想百大進行後續追蹤。我需要能夠確切看到這些人在做什麼，因為如果他們成功了，就意味著他們走在演算法的前端，他們在做平台想要做的事。所以如果你想真正知道平台今天想要什麼，你就必須密切注意夢想百大在做些什麼。

以下三件事可以幫助你對社交演算法進行漏斗駭客：

(1) 追蹤你的夢想百大，每天花十分鐘觀察他們在做什麼。分別寫下這些問題的答案：

他們發布什麼內容？

他們如何讓人們參與那些發布的內容？

他們在打哪些付費廣告？

(2) 在這十分鐘內，努力留言、按讚，並盡可能參與他們每天所做的事情。

(3) 留意當前有效的模式，並在你的貼文上模擬（漏斗駭客）。

這將讓你了解該平台目前的市場情況，**也讓你能夠實地看到今天的演算法在獎勵哪些行為。**

　　不過，在我們繼續深究之前，我想先談談模擬（modeling）和漏斗駭客（funnel hacking）。不幸的是，有太多的人讀到我上述內容，如果我講得不夠謹慎，他們就會開始複製別人發布的勵志引言或影片，然後跑來跟我說：「羅素，我照你說的複製內容，但一點都不管用。」

　　漏斗駭客並不是複製貼上。漏斗駭客是一種模擬，複製和模擬之間存在很大的區別。每天，我都會瀏覽超過一百個人的貼文、影片、廣告和引言，這有助於我收集靈感來創造獨特的東西。你可以尋找該平台的演算法目前所獎勵的事物類型，然後加以模擬。

　　例如，幾年前在臉書上，我注意到我在健身市場上關注的一些人，創造了現在名為「梗圖影片」（memed videos）的東西，他們會

圖表 8.2　這些梗圖影片為我們帶來大量的留言、按讚和分享。

在實際影片中添加一個標題，通常是在影片的上方或下方。這在當時算是新作法，而且沒有多少人在做。不過，出於某種原因，這種風格和布局獲得大量的瀏覽、留言和分享（也就是所有我們知道臉書會喜歡的東西）。

眼見這種新的模式中斷有效，於是我們迅速模擬或「漏斗駭客」這個概念，並開始製作我們自己的梗圖影片。我們是首批在行銷界這麼做的人之一。由於沒人看過這種影片，所以我們以該形式發布的每一部影片，都得到比我先前所見的任何東西更多的評論和參與度。但很快，其他人注意到這種模式中斷運作得非常好，並對其進行模擬。在幾個月之內，成百上千的行銷人員開始這麼做，而我的大部分臉書動態消息也漸漸被梗圖影片洗版。

當模式中斷變成常規模式，它就不再那麼有效了。請注意，我並非指不再有效；只是變得不那麼有效。所以如果你現在就開始，發現你所有的夢想百大都在做同件事情，你仍然應該仿效他們正在做的事情。它可能沒有新的模式中斷那麼有效，但由於它是目前有效的模式，因此也就是你可據以起步的地方。

在你模擬過有效的模式之後，對社交演算法進行漏斗駭客的下一階段，便是尋找並測試那些將成為下一個模式中斷的點子。例如，幾週前，我注意到我的夢想百大中有一些人，開始在 Instagram 上發布這類奇怪貼文（見下頁）。

我以前從沒見過這樣的東西，老實說，我並不喜歡。但它確實與眾不同，所以我們決定測試這種模式中斷，看看它是否適用於我們。我的第一則貼文就是以這種風格模擬的，當然，它成功了。我

圖表 8.3　我們意識到，像這樣的語錄卡會對閱聽眾造成一種模式中斷。

們現在每週會在 Instagram 上發布幾次類似圖片，而且也會持續這麼做，直到找出另一個效果更好的新模式中斷。追蹤你的夢想百大，能讓你掌握每個平台當前運行的脈動。你可以對他們正在嘗試的想法進行模擬，進而想出屬於你自己的獨特點子，然後對其一一測試，看哪一個可行。

　　由於演算法隨時在變，所以你必須與你的夢想百大建立關係並密切聯繫。他們也是持續想方設法在演算法變化前保持領先的其中一員，在不可避免的變化到來時，在你的市場中有一個測試者是非常有用的。

步驟 3：確定發布策略，並制定發布計畫

　　每個平台都有多種發布內容的方式，所以你必須理解每個平台

的策略，以及如何將其整合到你的每日發布計畫中。例如，Instagram 可以讓你撰寫類似實境真人秀的限時動態，但你也有自己的個人動態貼文牆，這更像是一個圖像畫廊。我會開始問自己的問題是：「你應該多久寫一次限動？在個人貼文牆發布什麼內容？多久發一次？」Instagram 還可以讓你做類似脫口秀的「直播」節目提供給你的粉絲，而他們也有專門收看你的「入門」內容的 IGTV。有很多的可能性，所以你需要了解每個平台上的所有發布機會，決定你想要聚焦在哪個平台，並想出一個計畫，讓你能夠輕易在自己選擇的平台上持續發布內容。

步驟 4：努力打入

我開始在每個平台上發布內容，也準備好材料要讓我的夢想客戶看到，我便開始尋找方法，努力打入夢想百大的圈子。接著，我自問：「我怎樣才能夠自然地、免費地接觸到那些已經聚集我的夢想客戶的閱聽眾，然後讓這些人加入我的名單列表，成為我的自有流量？」

步驟 5：花錢進場

當我花錢進場時，我希望盡快能刺激成長。最好的方法是購買廣告，目標對象是夢想百大的粉絲，然後讓這些人加入我的名單列表，成為我的自有流量。我在本書中曾討論如何透過花錢來吸引閱聽眾，但密碼 #9 將更深入地幫助你理解付費廣告的架構，供你掌握每個平台上的付費廣告。

步驟6：填滿你的漏斗

當你發布內容，努力打入，並花錢進場時，你的目標永遠是將所有的流量和關注轉化為你的自有流量。做法是，你推動人們到你的漏斗中，從中獲得他們的聯絡資料，向他們銷售你的前端產品，然後經由後續漏斗將他們提升到你的價值階梯上。

這六個步驟組成了「填滿你的漏斗」架構，能夠幫助你掌握每個平台，以及當前最有效的方式。我對以下每個平台的運作方式都做了簡介，然後將這個架構套用在它們身上。透過這種方式，你就能看清我的思考脈絡，然後理解我在制定發布計畫時都在尋找哪些內容，並釐清如何努力打入及花錢進場得到夢想百大的粉絲。我的目標是，讓這種模式成為你的第二天性，如此當你讀完這些內容的時候，就會知道「如何釣魚」。

免費地自然填滿漏斗
（努力打入）

FILL YOUR FUNNEL ORGANICALLY
(Working Your Way In)

我們大多數人都已忘記，但就在不久之前，我們使用網際網路的方式與現在非常不同，那時還沒有社交媒體。雖有論壇和留言板，人們可以分享他們的想法和點子，但大多數情況下，我們上網只會搜尋自己想要的東西。

隨著社交運動興起，Friendster 等網站首次出現，Myspace、臉書和推特也緊跟在後，我們這些行銷人都知道，若能善用這些平台，必能帶來賺錢的機會，只是我們不知道如何做。如果要我老實說，我們早期做的大多數嘗試，充其量就只是發布我們的漏斗連結，以及其他現在人們認為是垃圾郵件的東西。我們眼見網路上聚

集一大群人，竭盡所能想讓自己的訊息被人們看到。但我們嘗試過的大多數方法都失敗了，至少效期不長。

我對新的社交平台感到灰心，並認為它們無法帶來高流量。無可避免的，我後來有好幾年的時間都不去想這些問題。相反地，我把精力集中在免費和付費搜尋、橫幅廣告和電子郵件行銷上；我遠離社交媒體，把它們當作瘟疫一樣。

就在這個時候，推特開始變得受歡迎。它成為當時發展最快的新社交網路，每個人都加入這股潮流。由於害怕錯過下一個大趨勢，我也跟著跳了上去，開始發布推特。一開始，我覺得毫無意義，但所有酷孩子都這麼做，所以我也就只好試看看。我的粉絲增加了，接下來我做了身為一名行銷所知道的唯一一件事：我開始推銷自家產品。令我惱火的是，我不僅沒有獲得多少銷量，而且我的行銷動作也毀了我與少數追蹤我的人所建立起的關係。

然後我看到佩里‧貝爾徹也加入推特了，他是我夢想百大的成員之一。在短短幾個月的時間裡，他打造出一群超過十萬人的追隨者，並為這些粉絲建立一個網路研討會，註冊人數超過兩萬人。光是辦一個網路研討會就為他帶來超過 100 萬美元的收入！

我出於敬畏地看著他所做的一切，於是我做了任何優秀的漏斗駭客都會做的事：我試圖逆向工程他的流程。但我越深入研究他在做什麼，我就越感困惑。他沒有發布任何廣告，也沒有談論他的產品。他的每一則貼文都有成千上萬的人評論、分享，並為他塑造品牌。

過一段時間，我終於與佩里聯絡上，並詢問他是否願意為我說

明一下他的策略。我很幸運，他同意了。我們很快就通了電話，內容大致如下：

「嘿，佩里。」我說，「我一直在想辦法透過社交網路賺錢，但行不通。我在旁邊觀察你的所作所為，然而這一切似乎都很矛盾。你沒有推銷任何東西，也沒有販賣任何東西，但卻賺了很多錢。你到底是怎麼辦到的？」

佩里笑著說：「那是你的看法，羅素。猜猜看，我希望透過社交網路賺多少錢。」

「越多越好？」我猜。

我能聽到他在電話那頭咧嘴一笑，然後他回答：「零。一分錢也沒有。這就是我希望透過社交網路賺到的數目。社交網路不是為了賺錢，而是在於交朋友。這就像我們當面做生意一樣。讓我來解釋我是如何看待社交媒體，以及我們如何利用它來發展公司事業。如果你看看社交網路，會發現我們有臉書、推特、YouTube 等……我看待這些網路的心態，就像我要去參加派對一樣。所以，我在推特上貼文和回覆訊息的策略，就像我在派對上應對進退一樣。你聽得懂嗎？」

「嗯……有一點，但我仍然不確定這怎能讓我們賺錢。」我回答。

「好，當你參加派對時，你會只顧著談論自己做的事情嗎？例如，『嘿，我是佩里，我是個銷售員。你想從我這裡買些東西嗎？』不，當然不會。如果你真這麼做了，你就是派對上最白目的人，所有人都會避開你，而這就是你在社交媒體上做的事。羅素，我一直

在觀察你，這也是社交網路行銷對你沒用的原因。」

「好吧，那我們在社交網站上要談些什麼呢？身為一名內向者，我在現實生活中從來沒有真正與人社交，所以我不確定要怎麼說或者應該說什麼。」

「你可以談談生活中發生什麼事，你可以談論你的家庭，說些故事，娛樂一下他們，問他們問題，並把他們介紹給派對上其他很酷的人。基本上，你會做出現實生活中和他們在一起時會做的所有事。社交網路就是一個盛大的派對。這是第一部分。」佩里回答。

我隨手畫了一張圖，以確保頭腦中有清晰概念。我還針對佩里以及我夢想百大中的其他人是如何在每個社交網路上貼文和留言互動做記錄，這樣我就可以開始模擬與這些「派對」互動的模式。

佩里繼續說道：「這個過程的第二部分，便是我如何在每個社交平台上使用我的個人檔案。我的個人檔案就是我的房子、我的家，是我居住的地方。它包含了我大部分的想法、關於我的資訊，以及我感興趣的事物。我會把相片、影片，以及和朋友一起做的有

圖表 8.4　社交網路的目標是邀請人們回到你的家裡，然後把他們介紹到你的漏斗中。

趣事物等諸如此類的東西歸檔。當人們來到我的房子，他們會認識我這個人，並看到各種我喜歡談論的事物。」

「現在，來說說它的運作模式。當我加入社團並開始社交時，或者在動態消息中看到其他人的貼文，我就會參與對話並交朋友。隨著他們看到我不斷出現，就會想去我家看看我是怎樣的人。給他們一些諸如薯條和調味醬（免費內容）等免費的東西，讓他們來家裡做客。當這些人來我家的時候，我就會邀請他們和我一起採取行動：無論是註冊參加我的網路研討會、參加下一場活動、閱讀我的新書，或是加入我的電子報名單。這就是我如何邀請別人從我的房子到我的漏斗的祕訣。那些推銷話術在社交媒體上沒有立足之地，但在你的自家裡卻很有效。你可以藉由在自己的個人專頁上發布的貼文，引導人們進入你的漏斗。如果你在社交平台上提供價值，人們就會紛紛跑到你家，因為他們想要更多你的東西，之後這群人就會流入你的漏斗。」

這是我需要的頓悟時刻！社交不是為了銷售，而是關於交朋友。於是我改變戰術，刪除所有試圖銷售產品的貼文，開始進行服務、互動、娛樂，和我的粉絲玩得開心。後來所有的朋友、粉絲和追隨者，都是我開啟派對生活的直接副產品。

在我們討論任何特定的社交網路之前，我想先簡單介紹一下這個脈絡，因為這是我們「努力打入」的方式。如果你想在社交媒體上取得成功，無論你聚焦在哪個平台，這是你必須掌握的核心理念。那些只是給粉絲發垃圾郵件的人，永遠會認為社交媒體起不了作用。即使他們確實取得一些短期效果，也不會持續太久。另一方

面，那些在場上待得更久，和他們的追隨者共同播種的人，最終將得到源源不絕的流量湧入他們的漏斗。

成為社交媒體的生產者，而非消費者

我想給你一個簡短的警告，因為我知道有些人讀到這裡時可能已經在想：「羅素，我現在已經在社交媒體上花了太多時間了。如果我要開始派對生活，整個人生都將浪費在社交媒體上。」

我首先要說的是，是的，你目前在社交媒體上花費了**太多**的時間。我不管你是誰；你可能耗費太多時間在消費社交媒體。如果你每天花在消費社交媒體上的時間超過十分鐘，那麼你就是在浪費自己的時間。這裡的關鍵字是「消費」。

從今天起，你不再是社交媒體的消費者，而是社交媒體的生產者。這有很大的區別。消費社交媒體對於你或你被召喚去服務的閱聽眾並沒有用處。生產社交媒體內容才能真正為他們所用。

這個過程的第一步，是重新設置社交媒體。這意味著在你將用來產生流量的所有平台上，取消對幾乎所有人的好友關係和關注。這樣一來，你就不會被周圍人發布的廢話分心。從現在開始，你將把社交媒體當作一種商業工具，而不是社交工具。解除所有好友後，我建議你只關注每個平台上的夢想百大。如此，登錄任何一個平台時，你都可以快速瀏覽他們發布的內容，並獲得一些有效的想法供自己模擬。此外，你還可以藉由評論他們的貼文和傳送私訊，開始和這些人打好關係。

現在，你的社交動態消息已經清理完畢，接下來開始去尋找那些擁有最多用戶的社交派對吧。你不會參加一個只有幾十個人的派對，相反地，你會尋找市內最大的派對，在那裡你的努力才能得到最多的曝光。根據平台的不同，你將尋找可以前往的最大社團群組、Podcast、部落格、影片或是粉絲專頁，並開始派對生活。一旦你加入這些團體並為他們的閱聽眾服務時，人們自然會開始來到你的家中。

在後面章節中，我會針對每個平台提供具體的發布計畫，告訴你如何有效成為一名社交媒體的生產者，而不會消耗你的整個人生。所以，現在我才想先提出「生產者」和「消費者」的概念，供你們以這個角度來看待接下來幾章討論的一切。如此，你就可以專注在為自己的閱聽眾服務，而不會浪費寶貴的時間。

接下來，將介紹如何用付費廣告填滿你的漏斗，然後我們會進入目前最大的兩個社交網路：Instagram 和臉書。我將討論如何在這兩個平台上找到你的夢想百大、理解這兩個平台的策略、打造自己的發布計畫、擴大粉絲群，以及填滿你的漏斗。

用付費廣告填滿漏斗
（花錢進場）

FILL YOUR FUNNEL WITH PAID ADS
(Buying Your Way In)

在先前的章節中，你已得知「努力打入」的整體戰略，以及如何獲得免費自然的流量。現在，我想針對如何以付費廣告填補你的漏斗制定策略來分享。在你理解這兩個核心原則之後，我們將深入介紹每個流量平台（Instagram、臉書、Google 和 YouTube），同時告訴你如何使用這兩種策略來找到夢想客戶，並把他們帶進漏斗。

也許你會發現，正如你所見，我花了大部分的個人時間努力打入我的夢想百大，建立屬於自己的名單列表並與其進行交流，同時發布內容去培養粉絲和追隨者。事實上，在我公司成立的前十年內，我們並沒有投放任何付費廣告。我們的做法是，付費給聯盟機

構推銷我們的產品，並使用很多你們將在第三部分學到的成長駭客技巧，但從未真正為廣告付費。

　　我們能夠使用這些方法創造大量流量，但卻不能長久維持。我們進行大規模的促銷活動，帶動大量流量，創造可觀的銷售額。但在促銷結束後，流量便會慢慢乾涸，使得團隊不得不重新開始創造下一個新的促銷提議。這種流量雲霄飛車的情況持續好多年，直到有一天我決定要喊停。

　　我走進辦公室，告訴公司的小團隊，我們必須重新想出一套付費廣告的策略，如此才能擺脫流量雲霄飛車的現象，讓我們的行銷效果更加穩定。因此，我問是否有人有興趣鑽研並負責臉書和Google，一個人舉手答道：「有！」

　　他的名字是約翰・帕克斯（John Parkes）。他成立了我們公司的第一個部門，專門負責付費廣告。頭幾年，這個部門只有他一個人，而在他找到適合每個網路平台的模式之後，他建立了一個團隊，成為 ClickFunnels 發展到今日的重要支柱。

　　在你所學的策略中加入付費廣告，就像往一堆木炭上撒上打火機油一樣。你可以在任何想推銷的漏斗中更快獲得結果，同時更準確地控制長期銷量。

　　在本章中，我將花些篇幅引用約翰的話，但需要特別註記的是，我在此提供的所有內容，全來自於他在我們公司內部開創的方法。和往常一樣，我們不會聚焦在經常改變的特定戰術上，而是將重點放在能夠幫助你建立付費流量計畫的整體策略。

　　在我們規畫這一章的內容時，約翰告訴我一件事：「雖然每個

廣告網絡都有複雜和細微的差別，需要一段時間來適應，而且肯定有一些訣竅和技巧能逐步提高你的表現，但好消息是，在這些網絡上做廣告的策略是相同的。你可以透過線上教學課程學到這些平台細節，也可以聘人來幫忙，但要想成功，你（企業家）必須了解平台的策略。」

我的廣告預算是多少？

每次當我開始談論付費廣告時，人們最常問我的問題，就是他們需要多少預算來打廣告。我總是微笑著告訴他們，如果一直以來都遵循我的建議，且已創造一個收支平衡的漏斗，那麼他們在廣告上花費的每一分錢都會立即回到自己身上。如果他們擁有一個能夠實現收支平衡或盈利的漏斗，就沒有所謂的廣告預算。他們的目標是花越多會獲利的錢越好，因為他們花的每一分錢都會帶來更多錢。

讓我告訴你一個簡單的故事，來說明這是如何運作的。最近我們在 LeadFunnels.com 上線一個新的前端漏斗。這是一份售價 7 美元的報告，其中包含 37 美元的追加銷售和 100 美元的「一次性優惠」（OTO）。在漏斗上線後，我們想要進行測試，以確保它是可行的，沒有技術問題，而且確實是有利可圖的。所以我們最初的「廣告預算」是 100 美元。我們開始投資臉書廣告，大約一天之內，100 美元就花完了。

然後我們查看銷售情況，檢查是否至少賺到了 100 美元。從我們的第一次廣告支出來看，我們最終獲得 100 次點擊，銷售 7 份報

告（7 美元 × 7 = 49 美元），2 個人購買了追加銷售產品（37 美元 × 2 = 74 美元），1 個人購買了 100 美元的 OTO。總銷售額為 223 美元。減去 100 美元的廣告成本後，我們賺了 123 美元！

正如你所看到的，這個漏斗不再有廣告預算。只要它還能獲利，我們就會繼續投放廣告。如果因為某些原因，我們在測試中有所損失，便會停止廣告，重新設計漏斗，然後再花 100 美元進行測試。

任何時候，我都不喜歡把自己的錢置於風險中，所以面對每一個新的漏斗，我們都會在它上線時設置一些廣告，並給予它少量的測試預算，然後觀察會發生什麼事。失敗的漏斗會進行修改，從頭再來一次。而有效的漏斗則會擴大規模，看看我們可以投入多少可獲利的錢。

潛在機會廣告與再行銷廣告

在我們開始談論廣告之前，我需要花點時間來解釋一下「潛在機會」（prospecting）廣告和「再行銷」（retargeting）廣告之間的區別。一旦你能理解它們的差異以及這兩者如何一同運作，我們再深入討論怎麼同時使用。

約翰解釋：「潛在機會廣告是一種深入網絡的行動，尋找冷流量或不熟悉你或你的報價的人，並吸引他們足夠長的時間以攫取注意力。當我們獲得這些人的關注，並讓他們參與之後（參與，指的可以是他們觀看、按讚或評論廣告），便能將他們從『潛在機會』這個大池轉移到『再行銷』的水桶中。接著我們再以不同的方式向

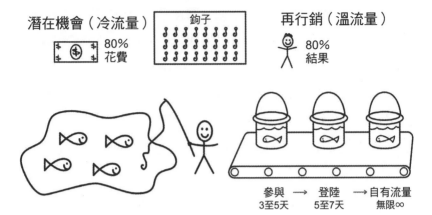

圖表 9.1　若想透過付費廣告獲得最好的結果，請不要停止投放潛在機會廣告。並且繼續你的再行銷廣告，提供捧場的熱情閱聽眾另一個購買的機會。

這些人投放廣告，努力使其熱絡起來，然後讓他們進入價值階梯。」

　　約翰繼續說：「讓我舉個例子，說明這些是如何運作的。假設你想要出售一本關於高效育兒的書。其中一個潛在機會廣告應該是，你投放到可能是（或即將成為）新手父母的新婚夫婦族群，向他們介紹從你書中擷取的概念。當人們參與這些廣告，你就能夠看到有哪些人對你所說的內容感興趣。其中一小部分人可能會立刻去買你的書，但大多數人不會馬上買。因此，你會將那些已參與但未購買的人歸為再行銷對象。一旦他們被歸類為再行銷，我們便可以為這些客戶進行熱身，測試其他鉤子，講述其他故事，並提醒我們所能提供的絕佳優惠，從而說服他們點擊並進入漏斗。」

步驟一：創造大量潛在機會廣告「鉤住」夢想客戶

我們剛開始使用付費廣告時，我們犯了一個錯誤，以為團隊需要的是創造一個偉大的廣告。如果做對廣告，就會帶來成千上萬的夢想客戶。因此，我花費大量時間去創造一個完美的鉤子，但是當我們將其投放到廣告網絡中時，大多時間都得到了失敗結果。縱有起作用的時候，但也只是暫時的。這讓我很沮喪，因為我的期望是錯的。幾個月後，我們總算完成數十個有效的廣告，然後我就把注意力轉移到其他事情上了。

有時約翰會對我感到失望，希望我拍更多照片或製作更多影片，供他作為廣告播放。我偶爾也會做一些，但大多數情況下，我只是認為付費廣告的效果不如期望的那樣好。

幾個月後，我打電話給朋友丹恩・葛拉西奧希，我們開始分享各自在網路銷售書籍和顧問專案時所得到的筆記和心得。我十幾歲的時候就知道丹恩是誰了；畢竟，我曾經在深夜的電視購物節目上，盯著他先是如何銷售「百萬引擎」產品，後來又賣出大量各種關於房地產的書籍。我可能是同齡人中唯一一個會熬夜看丹恩的節目，同時在筆記本上記錄他推銷方式的孩子。我知道自己太過入迷，但看到他那麼優秀，真是太棒了！

開始發展第一家公司時，丹恩是我夢想百大名單上的首批人物之一。我還記得我們第一次見面的尷尬時刻，我向他解釋說，在我十幾歲的時候，我經常看他的商業廣告，研究他是如何銷售的。他笑了，隨著更認識彼此，我們也互相產生了仰慕之情。因此我很感

激每次有機會集思廣益，討論當下最有效方法的時刻。

有一次，當我和丹恩通電話交談時，我開始吹噓：「我們的書現在透過付費廣告每週賣出一千兩百本……」但後來我意識到我並不知道他賣了多少書，於是開口詢問：「那你們呢？」

他回答：「我們現在每週大約賣五千冊，過去幾個月以來一直保持在這個數字。」

我心想，「哇，這比我們銷售額的四倍還多！」

持續和丹恩通電話的同時，我給約翰發了一則簡訊，看看我們是哪裡做錯了，以及他能否辨別出丹恩真的賣了那麼多嗎？幾分鐘後我收到約翰的簡訊：「五千本？！我到處都能看到他的廣告，但他們買的廣告絕不可能多過我們。問問他是怎麼賣出這麼多的。」

丹恩和我又聊了一會兒，但我還是不明白他是怎麼賣到我們四倍的銷量。準備掛上電話時，我們決定最好飛一趟和丹恩及其團隊相處一天。這樣，我就可以秀出我們正在做的一些很酷的漏斗內容，而他們也會展示手上正在做的事情的幕後過程。

幾週後，我和我的團隊搭上飛往亞利桑那州的飛機，興奮地想看看我們是否能設法洞悉讓圖書銷量翻四倍的關鍵。當雙方團隊聚集在一個會議桌上，我們向他們展示出自家最好的東西，接著對方也打開廣告帳戶，並讓我們查看。

起初，難度有如大海撈針。他們的廣告看起來和我們很相似，目標也很類似。看來我們的策略是一樣的……然後我們看到了。某些當時從外部看，幾乎忽略且不知道的東西。丹恩及其團隊投放的創意廣告比我們的四倍還多。

「你們投放了多少廣告？」我問。

「很多，他們要求我每天都做一點新廣告。」丹恩說。

「每一天嗎？」

「是的。我一整天都會隨身攜帶我的書，每當我找到一個很酷的點，就拿出手機，做一個新廣告。你瞧，這個是在我女兒壘球比賽時做的。另一個是在我家。這個是在機場，而這個則是出去吃晚餐的時候。」

我不敢相信這就是最大的祕密。更多創意。更多鉤子。更多廣告。當你在考慮潛在機會廣告時，你看到的是一個巨大的人海——所有這些人都需要你的產品或服務，但原因各異。如果你致力於只創造一個「鉤子」，它可能會持續一段時間，並吸引那些正在尋找這個「鉤子」的人，但很快這股人潮就會枯竭。你必須在創造廣告方面變得多產。口袋裡的手機將成為製作廣告、激發創意、開發鉤子的最佳機器。無論你走到哪裡，你都應該尋找機會記錄如何推銷你的報價，然後將其轉化為廣告。離開丹恩的辦公室那天，我們學到所需的金塊，足以把廣告和公司提升至新的水平。我猜，如果你正在讀這本書，可能會看過我為了銷售賣這本書和整個網路行銷機密三部曲，用手機製作的數百個創意的其中之一或多個。你可能還看過我銷售 ClickFunnels、我們的顧問課程，以及我參與的其他所有事情同樣的情況。你在潛在機會海洋中投入的創意越多，你能撈到的魚（夢想客戶）也就越多。

以潛在機會廣告為目標

完成創意（廣告）後的下一步，就是釐清展示創意的對象。約翰解釋說：

夢想百大：最好從你在該平台的夢想百大名單開始。當你在臉書和 Instagram 上投放廣告時，不妨先瞄準那些對某特定思想領袖、品牌或名人感興趣的粉絲。在臉書的廣告管理設定，很多（但可能不是所有）夢想百大追隨者都是透過這種方式定位的。至於 YouTube，你甚至可以指定希望自己的廣告顯示在夢想百大的單獨影片或他們的頻道上。

理想客戶的形象：在你目標列表上排名第二的，會是你的理想客戶形象。仔細思考他們的興趣、年齡、職業、家庭生活，以及任何你能發現到的事情。大多數廣告平台都能讓你展示廣告給明確的受眾。

多種閱聽眾的重疊部分：有些廣告網絡可以讓你透過多項標準進行分層，然後只針對重疊部分，更明確地定位閱聽眾。想像三個互有交集的圓圈，每個圓圈代表一種閱聽眾。再想像一個重疊的中心區域，這個中心區域即代表夢想客戶最有可能出現的最佳位置。舉一個例子，打廣告時，不要只設計一種單獨聚焦在東尼・羅賓斯追隨者的宣傳活動，在另一場宣傳活動只針對企業主，在第三場活

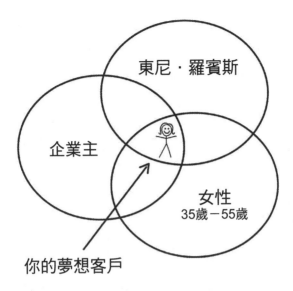

圖表 9.2　當你聚焦在重疊的人群時，這意味著要懂得將你的閱聽眾分層，而且聚焦在那些具多項共同點的人，你就可以降低廣告成本並獲得更好的結果。

動只針對三十五至五十五歲之間的女性。而是在一場宣傳活動中，同時聚焦這三種類別的閱聽眾。聰明地對待你的閱聽眾，同時為他們進行分類，真的可以幫助你降低成本，提升銷售結果。

　　演算法：最後一件事，老實說，網路平台正在努力的方向，就是讓你依賴演算法來為你做大量的跑腿工作。你看，一旦有幾百人參與你的貼文，點擊到你的漏斗，成為潛在客戶和買家，就產生了一個數據池。你便能證明到底是誰在回應你的廣告。

平台演算法可以利用這些數據，並且開始幫助你定位目標。在 Google 和 YouTube 上，這些人被稱為相似受眾（Similar Audiences），在臉書和 Instagram 上，則是稱做類似廣告受眾（Lookalike Audiences）。在這兩種情況下，你可以決定使用哪個桶子作為數據來源，演算法會深入研究這些人是誰，然後在你指定的地理範圍內匹配出最相似的人（因此更有可能關注你提供的內容）。

潛在機會廣告的 80/20 法則

投放潛在機會廣告時需要注意的一點是，這種類型的廣告是最昂貴的，但它們之所以重要，有兩個原因。首先，你可以藉由潛在機會廣告，找到真正對你的廣告做出回應的人，這樣目標受眾就會更加明確（此舉會降低你的成本）。其次是，潛在機會廣告能填補你的再行銷桶子。一旦你停止尋找潛在客戶，很快就會發現自己找不到人可以再行銷了。在你開始發布第一個潛在機會廣告之前，以下是來自約翰的忠告：

多年來，我一直在指導小企業主和企業家如何獲取付費流量。我經常遇到的一個問題是，有企業主認為利用廣告來銷售，成本太過昂貴。如果過於輕率，他們就會太早停止廣告活動。但我發現，若是他們能理解如何將 80/20 法則套用在廣告上，他們就更能知道該期待什麼。

當你剛發布第一個廣告時，面對的幾乎總是較冷的受眾，也就是一群不了解你，也不知道你能提供什麼內容的人。向這群人投放

廣告總是更加昂貴且低效，但在剛起步的時候，你別無選擇。銷售結果要隨著這些潛在機會廣告的投放才會緩慢出現，所以前期獲得潛在客戶或成功銷售的成本將會高得多（有時甚至會高到讓你一開始就賠錢）。事實上，如果你將80％的廣告預算投入到這類廣告中，卻只產生20％的結果，你也不必感到驚訝。

但如果你堅持住，這條隧道的盡頭就會有光明。你看，雖然潛在機會廣告宣傳活動的其中一個目的，是產生一些潛在客戶及帶來前期銷售，但更大的目的是填滿所有再行銷的閱聽眾（包括你的社群追隨者和名單列表）。當人們開始接觸、參與你的廣告時，他們可能會訂閱和關注你（這是你無法控制的），也可能會被添加到特定的再行銷閱聽眾中（這是你可以控制的）。拜這些新的追隨者和再行銷閱聽眾之賜，你通常可以只使用20％的預算，就能看到80％的結果。同時運用這兩種策略，你就能以理想的成本實現期望的銷售目標，並有效發展個人業務。

步驟二：利用再行銷漏斗來創造客戶

當你為了尋找夢想客戶，而投注很多錢在潛在機會廣告上，冰山一角的潛在客戶可能已經出現且購買了你的產品。然而，如果有人能給他們再多一點點的推動力，其實還有更多人可能會購買。在密碼#6中，我們曾討論藉由使用潛在客戶的電子郵件地址，通過你的後續漏斗所帶來的力量，對他們進行追蹤跟進。但那些看了你的影片或漏斗，卻不提供電子郵件地址的人呢？你如何追蹤跟進他

們所有人？答案是經由再行銷廣告。以下提供一個來自約翰的例子，用以說明這運作模式。

- 假設你在廣告上花了 2,000 美元。
- 如此一來，有 10 萬人能真正看到你的廣告。
- 該廣告表現良好，有 4% 的受眾參與其中（4,000 人）。
- 原本的 10 萬名廣告受眾中，有 2% 的人點擊廣告裡的連結並進入漏斗（也就是 2,000 次點擊）。
- 在這些人之中，有 30% 的人提供個人電子郵件地址（600 名潛在客戶）。
- 其中 10% 成為買家（共 60 位買家）。

也就是說，剩下的 3,940 位廣告受眾參與了你的廣告，卻沒有成為潛在客戶或買家。雖然你不可能吸引所有人的注意，但實際上你可以接觸**更多人**。要如何辦到？這就是再行銷的切入點。

由於你嘗試接觸更多人的努力，只帶來少量的買家，所以你需要安排恰當的、具針對性的宣傳活動，回頭去接觸那些適合你、但當初卻因為某種原因而沒有採取行動（或足夠行動）的人。為了適切做到這一點，你需要打造自定義的閱聽眾。對一個高效能的再行銷計畫而言，有三種特定的閱聽眾至關重要，每一種都是根據廣告受眾在整個客戶旅程中走了多遠而定。

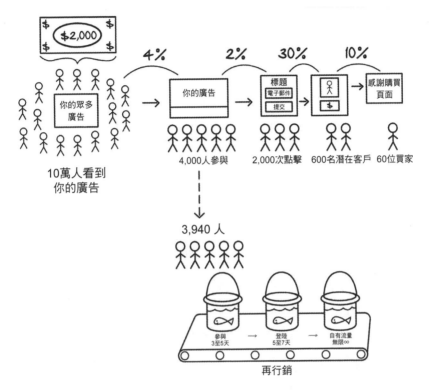

圖表 9.3　藉由再行銷，你可以接觸到那些第一次看到廣告卻沒有購買的人。

第一種閱聽眾：參與

　　你想要建立的第一種閱聽眾，是那些與你有互動的受眾。他們這週看過你的 YouTube 影片了嗎？他們最近看過你的潛在機會廣告並發表評論了嗎？這些人與你的貼文有過互動，卻從未離開這個平台接受你的商品報價。雖然他們對你做出小小的承諾，但並不認

真。這些人值得你持續投入一些廣告資金，但不需要太多或為期太久。我習慣會對這類受眾投放最多長達五天的廣告。如果他們到時還沒有瀏覽我的登陸頁，我就讓他們從第一種閱聽眾離開，回到他們原本所在的潛在機會池。也許我會在未來某個時點再次吸引他們，讓他們回到我的再行銷桶中，也或許我將永遠不會再見到他們。

第二種閱聽眾：登陸

你想要建立的第二種閱聽眾，是那些點擊並登陸銷售頁面的受眾。這些人做出更大的承諾，離開了平台，並瀏覽你的銷售漏斗。雖然他們因好奇心而相信你，並瀏覽你的頁面，但他們沒有採取任何進一步的行動，選擇加入或購買。我習慣會對這類閱聽眾播放至多長達七天的廣告，試圖讓他們回流並受到名單磁鐵的吸引而選擇購買。同樣的，如果他們在這七天內沒有選擇加入或購買，我就會讓這群人退出這類族群。

第三種閱聽眾：自有流量

你想要擁有的第三種閱聽眾類型，是那些接受名單磁鐵，以及購買產品的受眾。這些人已經做出很大的承諾，將電子郵件地址和信用卡號碼託付給你，以換取你的商品。這就是你現在的自有流量，它在很多方面都將變得極有用途且獲利豐富。這些人不僅會出現在你的後續漏斗中，也是看到你下一個報價或價值階梯上報價廣告的主要人選。

參與 → 登陸 →自有流量
3至5天　　5至7天　　無限∞

圖表 9.4　你的再行銷廣告宣傳活動中，可包含三種類型的閱聽眾：參與、登陸，以及自有流量。

　　在潛在機會廣告中我會盡可能發揮新創意，但關於再行銷宣傳活動，我只會專注於一次創造，之後永不再碰。這類似於我們在密碼 #6 中曾提及後續漏斗中的肥皂劇模式，你只要寫一次，它就會永遠持續下去。當我們運用再行銷策略時，使用先前所學到相同的三大成交關鍵：從情感打動開始，然後轉向邏輯說服，最後再以恐懼刺激（緊迫性／稀缺性）作結。這就是我們在每次再行銷活動中吸引人們採取行動的方式。

　　為了執行再行銷，你必須在銷售漏斗上放置一個像素（追蹤程式碼區塊）。這是一個簡單的複製／貼上過程，可讓網路平台查看你的受眾在客戶旅程中走了多遠。這很重要，原因有二。首先，此舉能為你提供有效和無效的反饋（也就是什麼能夠將這些潛在客戶轉化為你的自有流量，而哪些不能），供你作為調整目標或訊息的依據。它還為演算法提供反饋，以便與你一起學習和優化廣告工作。其次，像素能讓我們把受眾分成不同類別，因此我們才知道何時該在他們面前放哪一種特定的廣告。

總而言之，有效的再行銷至少要有三種閱聽眾（參與、登陸、以及自有流量），最終目標應該是廣告的目標閱聽眾類型。

- **參與→說服點擊**：告訴平台網路，你想收集過去五天內與你的貼文有過互動的所有人。針對這些閱聽眾，你希望能展示一個內含鉤子和故事的廣告，說服他們點擊。
- **登陸→說服選擇加入或購買**：告訴平台網路，你想收集過去七天內點擊過登陸頁的所有用戶。針對這些閱聽眾，你希望能展示一個內含鉤子和故事的廣告，以說服他們選擇加入或購買。
- **自有流量→說服踏出下一步**：告訴平台網路，你想收集已經轉換為潛在客戶或銷售成功的閱聽眾。針對這些閱聽眾，你可以提供另一種前端產品，或是將他們提升到價值階梯的下一個階段。

為了更能理解這一點，不妨想像成人在某種傳送帶上移動的畫面。當他們位在一個特定的傳送帶上時，會看到適合自己的廣告；你希望他們能上鉤，成為後續傳送帶上的新受眾。如果他們不上鉤，就會離開那條特定的傳送帶，然後又回到你的潛在機會池中，等待下一個吸引他們的魚鉤。

在廣告世界中，最容易實現的目標是向你的訂閱者、追隨者，以及你不斷增長的自有列表，投放廣告。雖然你發送的電郵中只有三分之一的機會被打開，但你可以一直在名單列表中對這些人投放

廣告，頻繁接觸那些最初沒有打開郵件的人，從而大大提高你從這些列表中獲得的整體轉換率。

我在這裡概述的是一個非常有效的策略，讓你無論在 Google、YouTube、Instagram、臉書，以及其他廣告平台上都能發揮作用。你可以透過許多不同的手法和訣竅來提高廣告的效果，但只要遵循上述策略，絕對能確保在正確的時間運用正確的訊息擊中正確的對象。

Instagram 流量密碼

INSTAGRAM TRAFFIC SECRETS

在過去幾年裡，我最喜歡在個人時間瀏覽的社交平台之一就是 Instagram。它的核心功能之一：Instagram 限時動態（Instagram Stories），已成為我記錄日常旅程最喜歡的方式。就我個人而言，我認為，以讓你（魅力人物）和你的閱聽眾建立關係這件事上，這是所有社交工具最強大的一種。我最初在設立帳號時學到的諸多策略，都是由我的朋友暨了不起的企業家珍娜‧庫奇（Jenna Kutcher）所傳授。承蒙珍娜應允，我將在本章中分享從她那裡學到的許多概念。我非常感謝她願意讓我向你們分享以下內容。

步驟一：了解歷史和目標

Instagram 由凱文‧斯特羅姆（Kevin Systrom）和麥克‧克瑞格

（Mike Krieger）在舊金山創立，於 2010 年 10 月 6 日上線。[21] 它的成長速度之快前所未見：第一週就有十萬名會員，頭兩個月達到一百萬名會員，第一年就累積到一千萬名會員。[22] 2019 年 6 月，它的會員數已超過十億！[23]

2012 年，臉書以 10 億美元的現金和股票收購 Instagram。[24] 雖然這個故事很吸引人，但我認為更令人興奮的故事發生在 2013 年，當時祖克柏提出以 30 億美元收購 Snapchat。[25] 在 Snapchat 的創始人拒絕後，臉書決定不再收購，而是試圖在自己的賽局中擊敗 Snapchat。在接下來的幾年內，臉書將 Snapchat 的所有核心功能都添加到 Instagram 上。接著在 2016 年 8 月，臉書給了 Snapchat 致命一擊：他們推出 Instagram 限時動態，以取代 Snapchat 的著名功能。很快地，Snapchat 的股價暴跌，用戶紛紛從 Snapchat 轉向 Instagram，幾乎在一夕之間，Instagram 成為全球第二大社交網站。

祖克柏之所以收購 Instagram、掠奪 Snapchat 的功能，是盡可能找到更多地方吸引人們的注意力，並在人們花最多時間之處（如查看自己的動態、搜尋各種事物，以及看別人的限動）投放廣告。

如果你的策略是「努力打入」，那麼你將透過以下方式贏得賽局：

- 吸引追蹤者。
- 創造能夠吸引他們參與的內容，並讓他們一再回到平台上以追尋更多內容。

當你這麼做時，就可以利用人們的注意力，來獲得免費、自然的流量進入你的漏斗中。

而若你選擇「花錢進場」，你就需要向夢想百大的追蹤者投放廣告，並將其推送到你的漏斗中。和所有其他平台一樣，我認為我們應該雙管齊下，無論努力打入或花錢進場，都同時掌握。

步驟二：在該平台上找到你的夢想百大

每個平台的第一步，正如你很快會看到的，都是先確認在你準備起步的平台上，有哪些夢想百大已經聚集你的夢想客戶。追蹤跟進夢想百大中的每一人，並制定一項計畫，每天花數分鐘瀏覽他們所有的限動、貼文和廣告。這將有助你找出這些人的成功模式。

每天，我都會花三到五分鐘瀏覽自己的夢想百大貼文，以尋找：

- 是什麼圖片「鉤住」我，讓我想閱讀它的圖說。
- 哪些圖說會讓我想採取行動。

同時，我還會：

- 在夢想百大的貼文上按讚。
- 每天至少評論十篇夢想百大的貼文（挖我的井）。

我還會花五分鐘觀看夢想百大 Instagram 限動：

- 尋找他們吸引人們參與的好點子。
- 看看他們的向上滑通知會把我推向哪裡。
- 至少找十支影片發私訊（挖我的井）。
- 尋找顯示給我的向上滑動廣告，同時對他們進行漏斗駭客（也向他們投放向上滑動廣告）。

請記住，你現在是社交媒體的生產者，而不是消費者。不要追隨那些會分散你的注意力和浪費你時間的有趣人士。只關注那些已經成功立足在你想要服務的市場的人，如此你就能對他們分享的訊息瞭若指掌。接著你會逐漸在這個生態系統中找到自己獨特的角度，然後解除不相干人士的好友關係或取消關注其他人。

步驟三：確定發布策略，並制定發布計畫

在 Instagram 上發布內容有多種方式，而該平台的每個部分都有其不同的發布和賺錢策略。為了簡要說明，我將分解 Instagram 的每個核心部分，並解釋如何使用各部分的策略。以下是我們會關注的 Instagram 核心部分。

第一個我稱之為「內容鉤子」，亦即你以某種方式製作圖像和影片來抓住你的夢想客戶，並將他們變成你的追蹤者。我們很少在這部分試圖銷售任何東西，只專注在讓人們按讚、評論和關注。我

們會在 IG 應用程式中的兩個部分運用內容鉤子：

- Instagram 個人檔案（你的照片牆）
- Instagram TV（你的長影片內容）

IG 應用程式第二部分是你的家。這是你能夠引導人們進入你的漏斗並真正銷售的地方。我將在本章中向你展示我們銷售產品背後的策略，但現在請先了解，你可以在以下兩個部分銷售你的產品和服務：

- Instagram 限時動態（你的實境秀）
- Instagram 直播（你的直播秀）

我想再一次申明的是，這些平台、平台特性及其策略隨時隨地不斷發展演化，因此請將本章內容視為基礎，同時密切關注你的夢想百大，隨時在演算法發生變化時持續進行模擬和創新。

當我告訴人們去模擬他們的夢想百大時，我最大的恐懼是，他們會認為這表示應該「抄襲」自己的夢想百大。再次強調，我們的目標並不是抄襲。相反的，抄襲是非法且不道德的。模擬乃是觀察在你身處的市場上，其他人都在做些什麼，如此你就會對於自己可以創造哪些內容有清楚的想法。想要在 Instagram 或任何平台上獲得成功，你必須做自己。你的品牌和性格是讓人們追隨你並與你互動的關鍵。你為你所服務的市場生態系統帶來的差異性，是創造個

人真正粉絲的祕訣。

珍娜・庫奇曾經說過：「品牌是企業應用於其產品上的形象和個性。」你這個魅力人物所代表的就是公司的聲音，而你在社交媒體上所做的，是創造一種形象和個性，可與人們進行交流，引導他們進入你的漏斗和報價。

建立 Instagram 的第一步，是在你的個人簡介中快速交待你的魅力人物特質。當人們在 Instagram 上發現你時，他們會做的第一

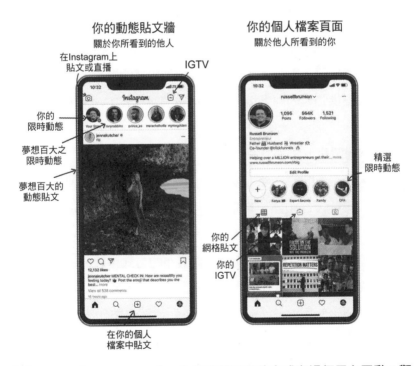

圖表 10.1　在 Instagram 上，你有兩種不同的方式與這個平台互動：觀看別人的內容或發布自己的內容。

件事就是看你的簡介。你只能用一百五十個字來形塑你的第一印象，吸引人們點擊「追蹤」按鈕。此外你還可以附上一個連結，引導人們走進你的漏斗（順勢將他們的角色從「你賺得的流量」轉換為「你的自有流量」）。關於你可以或應該在簡介中寫些什麼，很多人都有各種點子和看法，但我建議你參考自己的夢想百大簡介，看看哪些是有效的，選擇你喜歡的內容，並進行模擬以創造屬於你的獨特簡介。

Instagram 個人檔案策略（你的圖庫）

Instagram 個人檔案是你是用此平台的策略核心基礎。我先討論該平台的這第一部分，因為它是你增加粉絲的關鍵，並將為你的限時動態提供強大的向上滑、Instagram 直播、IGTV 等功能。

鉤子（你的照片）：

別人看完你的簡介後，接下來他們會看到的是你上傳的所有網格圖片和影片。每張照片都是一個鉤子，可以抓住在 Instagram 上滑動的人，將之拉進你的漏斗中。人們會受系統設定引導自動看到你個人檔案上的所有照片，而假如你發布的方式正確，他們也能夠在自己的動態消息中看到這些照片。

我剛開始使用 Instagram 時，並不知道該發布什麼樣的照片。如果你在我的個人檔案上往前滑到第一張照片，可能會因為看到我任意發布的隨機取材而哈哈大笑。這樣的結果就是，我的受眾參與度極低，因為我根本不知道自己在做什麼。

不久之後，我聽到珍娜·庫奇介紹她的「JK5 方法」（JK5 Method）架構。我從幾年前開始使用這個方法，直到今天仍是如此，因為它使我在個人檔案貼文時簡單又有趣。使用 JK5 方法，將幫助你創造超越人們與你所銷售之物的連結，而要做到這一點，需要發布的不僅僅是你的「作品」。

　　要實施 JK5 方法，首先你需要想出五個你所熱愛的主要類別。這將有助於提供你一個可識別的品牌，發布圖片時，你只需在這些類別中打轉，如此一來，你的粉絲就能更了解你這個人，而不僅僅是你賣什麼。

　　對珍娜來說，她的五個類別是婚姻、身體自愛（body positivity）、攝影、時尚和旅行。如果你瀏覽她的個人檔案，就會注意到她總是在這些類別中循環打轉。當我創建自己的分類時，思考的是我想要與世界分享、對我最重要的事情。我為我的品牌想出的五大類別是：**家庭、漏斗、信念、創業精神和個人發展。**

　　關於 JK5 方法為什麼有助於發展品牌和增加受眾，珍娜如此解釋：

　　當你採用這種方法時，不僅會締造出一個全能、全面，與人有連結的品牌，而且你也會創造有趣的動態消息，讓你有能力去銷售。在網格貼文中，沒有兩個類別是相鄰的，這為你的頁面帶來額外的視覺元素，同時也給予人們一種找到與你連結的方式，即便他們目前並不在你所銷售之物的市場上。通常，有人只會因為其中一個類別而追蹤你，之後他們就會更了解你、喜歡你、信任你，日後

成為你的付費客戶。

　　你的個人頁面「網格」所營造出的整體氛圍很重要。從本質上來說，你的網格就是用戶滑動時看到的景象，以三行排列模式的多圖像牆。我們很容易沉迷於整體的網格美學，但我喜歡 JK5 的地方在於，只要人們點擊查看你的完整檔案，他們就會對你的品牌有一個全面的了解。如果你能真正遵循五大類別進行輪替，那麼閱聽眾不僅能看到你賣的東西，還能知道他們是否能與你產生共鳴，進而成為你的粉絲。當有人登陸你的頁面時，他們有大約十秒的時間決定是否要追蹤你，所以我們希望整體網格能夠立即讓人產生共鳴！

　　在個人檔案中貼文時，絕對不要實時發布。你的貼文應該是經過深思熟慮且極具策略性。（限時動態才需要實時發布。）為了方便編排個人檔案相片，你可以使用手機的建立相簿功能。我建議你為 JK5 中的每一類別各建立一個相簿。接著回頭看看手機相片，把你過去拍過的所有照片全部移到這些相簿中。這個練習很有可能會讓你找到幾個月來最完美的圖片，你從今天就可以開始使用。

　　接下來，你用手機拍新照片時，一定要把它們添加到這些相簿中。每天你想發布新照片的時候，就能進入手機相簿，快速抓取完美的照片。除了圖片以外，Instagram 還能讓你在個人檔案中發布六十秒內的影片，所以如果你拍攝到適合自己的 JK5 類別短片時，也請記得保存在個人相簿中。

　　但是，在發布任何圖片或影片之前，我強力推薦使用珍娜的

圖表 10.2　我在貼文時只會在 JK5 類別之間輪番替換，所以我的粉絲很快就能清楚看到我所關心的內容：家庭、漏斗、信念、創業精神，以及個人發展。

「ABCDQ 測試」，再次確認該貼文是否「符合品牌」，值得放在你的個人檔案中。以下分別介紹：

- **美學（Aesthetic）**：視覺上是否適合我的品牌個性，呈現該有的樣子？

- **品牌（Brand）**：它是否與我的夢想客戶保持一致性，或是他們會參與的項目？
- **一致性（Consistent）**：它在顏色或質感方面是否一致，調性符合我的整體動態消息？
- **多樣性（Diversity）**：這和我上一篇貼文有何不同？它是否有創造出認可度，而且超越我的銷售之物？
- **品質（Quality）**：這是否達到我想帶給客戶／粉絲所期望的品質？如果這則貼文獨立存在，它適合我的品牌嗎？

故事（圖說）：

在你通過 ABCDQ 測試並準備發布圖像之後，你需要考慮一個可說是最重要的問題：「我該怎麼描述這張圖片呢？」圖片是引人上鉤，並攫取他們注意力的鉤子，但圖說才能完整講述你的故事，並試圖在你提出報價或行動呼籲之前吸引讀者參與。

1. 文章的目標。你的每篇貼文都應該要有一個目標。我要發布任何圖片與撰寫圖說時，首先要做的是，決定鉤子目的是為了激勵、教育還是娛樂：

- 激勵：激發人心感到鼓舞，並感到自己有能力去做大事。
- 教育：在某一主題能教導或教育你的追蹤者。
- 娛樂：為你的追蹤者提供娛樂。

2. 圖說的種類。決定貼文的目標後，我會試著釐清要發布的圖說類型。珍娜表示，以下是最常見的三種圖說類型及在商業中的使用方式：

- **說故事**：Instagram 上反應最好的貼文都有一個共同點：它們邀請你進入故事，讓你感覺自己也同屬於當下那個時刻，就好像你在螢幕外一同體驗一樣。我經常關注生活中發生的點滴事物或想法，並透過圖說，將之變成短篇故事。我說的不是「很久很久以前」類型的童話故事，而是能讓他人產生共鳴、感覺真實的生活經歷。

- **問問題**：擁有一群閱聽眾（不管是十人還是一千人），就等於有機會可以接觸到那些能幫助你創造出完美報價的人！當你不確定要發布什麼內容時，不妨問一個問題。人們喜歡被傾聽和分享自己觀點的感覺。我習慣每週至少問一次問題。通常是簡單的問題，例如：「你最近讀過最好的書是哪一本？」或較複雜的問題：「告訴我，你在 Instagram 上遇到什麼困難，我會試著幫你！」問題可以直接與你的報價相關，或充當另一種與你的閱聽眾產生連結的方式。此外，問題還能邀請人們與你的動態消息互動！

- **條列式重點**：透過分享一個簡短的列點整理，你可以從圖說中創造很多樂趣！例如，人們可能不了解你的三件事、關於你的事業的五件事、使用產品的三種方法，或是你讀過七本最好的書。列點是傳達容易閱讀或有趣圖說的好玩方式。除

了你所講述的傳統品牌故事之外，列點還能用意想不到的方式將你與粉絲連結起來！我們喜歡分享自己所愛之物的列表，或者寫一則「介紹」類型的貼文來分享更多關於自己的訊息。畢竟，每週都會有新用戶發現並關注我們的帳號。

3. 標籤。所以，什麼是標籤，你為什麼需要它？如果你把 Instagram 想成一個巨大的文件櫃，那麼標籤就是文件夾。當有人搜尋某個主題標籤時，Instagram 會找到所有使用同一個主題標籤的圖片，並提供你專屬於這些圖片的圖庫。比方說，假若我發布一張標有「#馬鈴薯槍」標籤的照片，只要有人搜尋這個標籤，我發布的照片就會出現在「#馬鈴薯槍」圖庫中。如果他們關注這個標籤（因為他們是馬鈴薯槍的愛好者），那麼以後我所發布任何帶有這個標籤的新照片，都可能會出現在他們的動態消息中！

你可以在每篇貼文上使用多達三十個標籤，有利於你的圖片或鉤子出現在夢想客戶的搜尋結果和動態消息中。標籤相當於搜尋引擎中的關鍵字。有時，你可以把標籤放在圖說中（我們稱之為公開標籤〔overt hashtag〕），方便你的閱聽眾察覺，但通常情況下，你的大多數標籤會放在發布圖片後的第一則留言中（我們稱之為隱蔽關鍵字〔covert keyword〕）。

有很多線上研究工具可以幫助你找出最適合貼文的主題標籤，我雖然也推薦使用這些工具，但最簡單的方法還是回到你的夢想百大。既然他們已經在為你的夢想客戶服務，那麼觀察看看他們是用什麼標籤來吸引客戶？你每天做研究的時候，不妨檢視一下他們的

圖表 10.3　為了增加觸及率，我們會在貼文中安插一些公開的關鍵字，而大部分隱蔽的關鍵字則放在第一則留言中。

標籤，同時列出對你也有用的標籤。

報價（你的行動呼籲）：

　　創造貼文的最後一步，就是你的行動呼籲。每則貼文都需要一個行動呼籲，它可以是非常小的要求，也可以是大的行動呼籲。小要求的例子包括：連續點擊、按讚、張貼表情符號，或在下方留言。更大的行動呼籲則包括：分享這篇文章、標記三個好友、點擊我個人簡介中的連結，或是註冊 ＿＿＿。

行動呼籲很重要，原因有很多。最終，此舉能幫助你讓人們從 Instagram 平台轉移到你的名單列表，但或許更重要的是，這有助於演算法知道人們是否喜歡你發布的內容。如果閱聽眾在你的貼文底下留言、按讚及參與，演算法就會認為你在創造人們想要的內容，而拉升你的貼文曝光率，以作為獎勵。人們留言時，你應該要予以回應，如此會使他們日後更有可能發表評論，這個動作也會帶給其他人額外的動機參與留言。

現在，讓我們快速回顧一下，在你的 Instagram 個人檔案貼文的基本過程：

- 遵循 JK5 方法，設定五個你感興趣的主要類別。
- 每天在你的個人檔案發布兩張照片（從你的 JK5 類別中輪替）。
- 為每篇貼文決定目標：激勵、教育或娛樂。
- 決定使用的圖說類型：說故事，問問題，或條列式重點。
- 選擇要呈現在夢想客戶面前的貼文標籤。
- 添加行動呼籲，好讓閱聽眾與你互動。

如果你需要更多如何做到這一點的例子，那就觀察你的夢想百大吧。假如他們成功了，你會在他們的貼文中看到模式，進而模擬模式並加以運用在自己的貼文中。

Instagram TV 策略（你的影片內容）

Instagram TV 最初是用來作為對抗競爭對手 YouTube 的功能。大多數人都將 Instagram 視為一款能在零碎時間滑動頁面、隨意瀏覽的應用程式，而 Instagram 想要創造一些能讓你在應用程式上停留更長時間的東西。

在我們始終如一的發布計畫中，有一部分目標是測試我們的鉤子及材料。當我在發布貼文和限動時，會好奇人們對不同主題內容產生什麼反應。他們不斷問我的問題是什麼？有哪些主題和話題會令人覺得有趣？他們看到我的生活面貌幕後，還想深入了解的部分是什麼？

在確定閱聽眾的興趣之後，我會創造一部時間較長的影片內容，來回答這些問題或闡述某些主題。這些影片成了 Instagram TV

圖表 10.4 IGTV 影集屬於較長的影片，通常用來回答一個問題或更深入探討一個主題。

上的劇集。通常情況下，任何超過六十秒的內容都會被製作成 IGTV 貼文，最長可達六十分鐘。在我們的市場中，我們發現影片的最佳長度是三至五分鐘，所以我們會用這段時間來回答一個問題或深入探討一個主題。這些影片就會成為我們的 IGTV 影集。

這些劇集呈現給你的粉絲和追蹤者的方式，正如同你在個人檔案上發布的圖片或一般影片。在人們看完前六十秒後，Instagram 會詢問他們是否願意在 IGTV 中繼續觀看剩下的影片。因此，在前六十秒吸引觀眾從頭到尾觀看完整的影片非常重要，否則你會在閱聽眾接收到完整訊息之前就失去他們。不妨觀看夢想百大的 IGTV，觀察他們製作哪些類型的影片，以及他們是如何將人們吸引到自己提供的內容。

Instagram 限時動態策略（你的實境秀）

Snapchat 剛推出時，是以其核心功能而聞名：供人上傳十秒內的短片，而且二十四小時後就會消失。我投資一年多的時間在 Snapchat 上培養粉絲，但我的故事只取得些微的成功。這個平台很難使用，幾乎不可能增加閱聽眾，且該平台提供的數據等於毫無用處。然而，早期的趨勢顯示，它將成為下一個重要的社交網絡，所以我們投入時間，試圖讓它發揮作用。

在我的 Snapchat 之旅進行了大約一年之後，我展開一場前往肯亞的慈善之旅，和一群具影響力的名人共同協力修建學校。第二天，我們完成工作、陪伴孩子們玩了一陣子，結束後回到營地查看手機。就在那一天，Instagram 推出他們新的限時動態功能。起初，

我們持保留態度。老實說，在我們花了這麼多時間經營 Snapchat 之後，並不想轉向這個新平台。儘管如此，我們還是不情願地決定測試看看這個新平台。隔天早上，我們在 Instagram 和 Snapchat 上都張貼了同樣的貼文。接著，我們仔細觀察自己的數據，比較這兩個平台中，哪一個為我們帶來了最多的關注度和參與度。

我知道這是 Instagram 的一項新功能，直覺告訴我，祖克柏會用大量的免費用戶數來賄賂我們這些早期使用者，誘使我們轉換到這個新平台。而這正是他的做法。儘管我的 Instagram 閱聽眾很少（大約是 Snapchat 閱聽眾的三成），但我每則 Instagram 限動的瀏覽量都是 Snapchat 的四倍！每晚與旅途中其他同樣具影響力的同伴分享我的統計數據時，我們發現，彼此的統計數據都差不多。在接下來的幾週裡，我在 Instagram 上發的貼文越來越多，在 Snapchat 上發的貼文越來越少，直到有一天，我停止登錄 Snapchat，最終完全刪除這款應用程式。

那麼，Instagram 限時動態到底是什麼，它如何融入你的 Instagram 策略？在 Instagram 應用程式的頂端、位於你的動態消息上方，你會發現一個區域展示出你關注的每個人（夢想百大）的「限時動態」。

如果你點擊限時動態其中一張照片，你會看到他們在過去二十四小時內發布的所有短片。每段影片只有十五秒長，而且每天可以發布任意數量的影片。由於影片會在二十四小時後消失，所以你不必像看待個人檔案中的每則貼文、圖說和行動呼籲時那樣有條理。這些限時動態更自由、不拘泥形式。

就我個人而言，我把 Instagram 限時動態視為個人實境秀，我的粉絲和追蹤者可以看到我每日行程的幕後花絮。我確實在用十五秒的短片記錄一整天的旅程。我早上醒來時，可能會在走進健身房的時候發布一則簡短貼文，快速提到我為什麼感到期待，或者我對健身有什麼擔憂。如果我正在做一些我認為可以與閱聽眾分享的新穎或有趣事情，可能會在健身期間再發另一篇貼文。在我離開健身房後，也許還會再發布一個簡短的影片，拍攝我剛起床的孩子頭上好笑的髮型，或者讓他們分享自己有趣或可怕的夢。接著我會準備好開始一天的行程，也許上車的時候發一則貼文，簡短述說我當天有什麼特別期待的事情，或是我在晨讀中學到了什麼。

明白這是怎麼回事了嗎？我帶著閱聽眾踏上一整天的旅程，分享生活精彩之處，讓他們一瞥我實際作為的幕後花絮。抵達辦公室

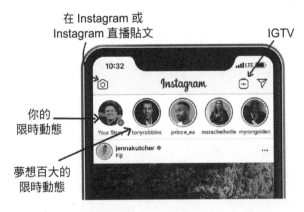

圖表 10.5　Instagram 限時動態是一段限時十五秒的短影片，只能停留在平台上二十四小時，供粉絲和追蹤者一窺你的個人生活。

後，我可能會拍攝正著手進行的計畫或工作。比方說，在過去的幾個月裡，我幾乎每天都在 Instagram 上發布限時動態，向粉絲展示撰寫這本書的過程。

我知道，每天都有成千上萬的人觀看我的這些簡短影片，我在短片中談論這本書，向他們展示我正在研發的新概念或草稿。你能想像他們當中有多少人焦急等待這本書完成的那一刻嗎？他們迫不及待趕快買到書，讓自己真正地擁有它。藉由讓粉絲參與整個寫書過程，他們會對我實際正在做的事情更加投入。他們也更有可能購買我所創造的成品。Instagram 限時動態是我見過最有效的方式，成功讓你的閱聽眾與你這個魅力人物建立關係。

另一個運用 Instagram 限動的好方法，是以一種很酷的方式推廣你正在做的事物。我可以向人們展示產品，或者我是如何設定、實踐我所提供的服務，然後我就能提供人們行動呼籲，讓他們進而採取購買行動。通常，每一天我至少會嘗試推銷一次自己感興趣的內容。Instagram 限動是我的家，在那裡我可以把人們推到我的漏斗，並實際完成銷售。

第一次獲得 Instagram 帳號，要推銷產品並不容易。通常你需要告訴粉絲，要去點擊你的個人簡介中的連結，才能讓他們進入你的漏斗。不過，當你的帳戶成長到擁有一萬名粉絲之後，就能解鎖一個非常酷的「向上滑」功能。如果你曾在 Instagram 上關注過其他人，肯定見過別人這麼做。他們會向你推銷某樣東西，並告訴你向上滑即可獲取。而當閱聽眾向上滑動畫面時，他們將被重新導向你設定的任何連結。

每一天，我都會試圖在 Instagram 限動上發布十至三十則貼文，記錄我的生活旅程。我通常會做一則限動，引導人們到我的個人檔案中，針對當天發布的任何照片留言評論。我也會做一則限動附有向上滑連結的行動呼籲，例如讓閱聽眾造訪一個漏斗，聆聽一集新的 Podcast 節目，在 YouTube 上看一部影片，或者在 Instagram 平台之外的地方與我互動。

精選限時動態：這些會出現在你的簡介之下、網格之上。你使用精選的方法與 JK5 方法習習相關，也就是選擇你的品牌聞名的五大類別，並為每個類別創立一個「精選」。當你製作出與這五個類別相關的酷炫限動後，就可以將之儲存為精選，它們會自動保存在該分類中。這是一個很棒的方法，讓人們看到過去幾個月或幾年

圖表 10.6　精選動態可以讓限時動態「存活」超過二十四小時，而且通常是根據對你來說很重要的類別所組織而成。

與你的核心類別相關的精選動態。

　　「精選」迷你網路研討會駭客：我們有一個利用精選來銷售大量產品的小技巧。大約每個月一次，我會挑出一個想推銷的產品。接著，我會在限時動態中空出一整天的時間，利用迷你網路研討會來推銷這個產品。基本上，在那一整天內，我會發布十五至五十則限動，藉由事先寫好的腳本，按部就班銷售我的產品。當然，我通常會在那天創造很優秀的銷售成績。不僅如此，我接著會把這些限動存成「精選」，日後這個精選動態就能持續每天為我帶來銷售額。讓我示範一下這個迷你網路研討會的腳本。

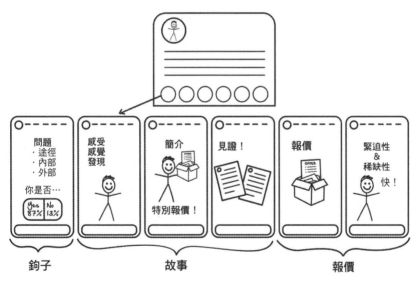

圖表 10.7　我的迷你完美網路研討會腳本依然會遵循「鉤子、故事、報價」框架。

在頭三則限動中，我會問三個確定能吸引閱聽眾的「是」或「否」的問題。對於那些讀過《專家機密》的人來說，這些問題看起來會很熟悉，因為它們與完美的網路研討會腳本同步。第一個問題是關於我要將閱聽眾放進的途徑，第二個問題收關他們的內在掙扎，第三個問題則是處理他們的外部恐懼。我會逐一拋出每道問題，接著讓追蹤者回答「是」或「否」。

接下來，我會安排幾則與上述三個問題有關的限時動態。我習慣運用以下架構：感受（Feel）、感覺（Felt）、發現（Found）。我可能會這樣說：

> 我理解你的感受……
> 我也這麼感覺……
> 這是我發現的……

然後，我會製作幾則限動，介紹一個我所創的特別報價，此方案將能解決人們在頭三則限動中回答「是」的問題。

在接下來的五到二十則限動中，我將秀出見證。我會說些話，類似：「別光聽我的說法。看看其他人是怎麼說的。」然後我會發布盡可能多與報價相關的見證圖片、投影片和影片。

提出見證之後，我會再張貼幾則限動，總結一下閱聽眾當天會收到的報價。

最後，我會以幾則限動作結，說明與這份報價相關的任何緊迫性與稀缺性。

這是我最喜歡從 Instagram 獲得持續銷售的方法之一。當人們連結到你的個人檔案並開始關注你時，他們首先關注的內容之一就是你的精選限動，所以在其中添加一些能夠推動你前端漏斗的精選限動，是將閱聽眾轉換為自有流量的強大方法。

Instagram 直播策略

最後一種在 Instagram 平台發布內容的方式是 Instagram 直播（Instagram Live）。由於 Instagram 直播和臉書直播在功能和使用上非常相似，所以我不會花太多時間在這上面。事實上，我買了第二部手機，唯一目的就是在臉書直播的同時，也能在 Instagram 上直播。這樣一來，我就可以在同一時間將相同的訊息傳送到兩個平台上。

臉書直播和 Instagram 直播的其中一個區別是，Instagram 上的所有直播只會儲存在平台上二十四小時，然後就消失了。然而，在臉書上，你的直播會被永久儲存在平台上，因此你可以持續提升和推廣直播內容。我熱切期待臉書和 Instagram 能讓人同時在兩個平台上播放同一部影片的那一天。在那之前，假如你沒有第二支手機，你在直播時可能得借朋友的手機，以便吸引更多目光關注你的 Instagram 訊息；或者要利用你的筆記型電腦做臉書直播，並拿手機做 Instagram 直播。如果你不能同時在兩個平台上直播，我建議把所有的直播精力集中在臉書，因為從長遠來看，你的訊息可以獲得更多的瀏覽量。我們將在下一章討論更多關於臉書的直播策略，但要知道，我是把該應用程式另一個功能也視為個人主頁經營的一

部份，也就是說，我可以使用這項功能販售東西給我既有的追蹤者。

你的發布計畫

Instagram 平台內的每個部分都有不同的發布策略。有很多，我知道。我剛開始關注這個平台時，我以為在上面發布內容只不過是另一份兼職工作。所以為了讓我的計畫生效，我必須制定出一個每天不到一小時就能完成的發布計畫，且對我來說簡單又有效，足以讓我堅持下去。使用這項發布計畫將有助於確保你充分利用在 Instagram 上的每一秒。你可以完全遵循我的發布計畫，也可以根據自己的流程進行調整。

圖表 10.8 使用這項發布計畫,就可以清楚看出你應該在 Instagram 的哪些部分集中精力。(見第 235 至 236 頁)

Instagram 發布計畫		
每日:大約 45 分鐘		
研究與建立人脈: 每日 10 篇貼文與 10 則訊息	5 分/日	滑動瀏覽你關注的動態消息,尋找夢想百大的鉤子、圖說和標籤。每天至少對 10 則貼文按讚和留言。
	5 分/日	觀看夢想百大的限時動態,參考他們是如何吸引追蹤者參與,以及他們的向上滑行動呼籲是什麼。針對他們的至少 10 個影片發送訊息。上滑連結他們的報價,然後對其進行漏斗駭客。
Instagram 個人檔案: 每日 2 篇貼文	20 分/日	從你的 JK5 類別中選擇兩張不同類別的照片。撰寫圖說,添加標籤,每天預定安排上傳兩篇貼文。
	5 分/日	每天回覆你貼文底下的留言。
	5 分/日	每天用你的手機拍下與五個主要類別相關的照片,並存在手機中的 JK5 資料夾。
Instagram 限動: 每日 10 至 30 則限動	5 分/日	每天上傳 10 至 30 則的 15 秒限時動態。在其中一則限動中,邀請你的追蹤者與你個人檔案中的貼文互動(例如按讚、留言等)。在另一則限動中,則提供一個向上滑的行動呼籲連結,來推銷你的產品或新發布的內容(像是 Podcast 節目、部落格文章或 YouTube 影片)。

每週：大約 40 分鐘		
Instagram TV：每週 2 支影片	5 分／週	選一個最多人問到的問題，在 3 到 5 分鐘內的短片中回答。回覆留言。
	5 分／週	選一則你的閱聽眾最感興趣的貼文，並在 3 至 5 分鐘內的影片中傳授這個概念。回覆留言。
Instagram 個人檔案：每週 2 個合作	30 分／週	藉由在貼文中公開表達致意，來與夢想百大合作。輪流替換一些合作方式，包括回答對方的問題，或是分享你們一起拍的照片。*
每月：大約 25 分鐘		
Instagram 限動：每月 1 輯精選	25 分／月	藉由為你的產品編寫一個迷你完美網路研討會劇本，並發布 15 至 50 則限動以推銷介紹，從而創造一輯「精選」產品故事。
同步你在臉書的直播		
Instagram 直播	n/a	任何時候你在臉書上直播，也請同步在 Instagram 上直播。回覆留言。

請注意：此處所顯示的時間要求因人而異。實際上可能會讓你投入更少或更多的時間。
＊ 此策略將在下一段「步驟四：努力打入」中詳細討論。

步驟四：努力打入

當你遵循發布計畫，並使用正確的標籤發布內容鉤子時，你就會開始出現在你設定的夢想客戶之動態消息中。持續發布優質內容，是成長的基本策略。

下一階段的成長，始於當你學會利用 Instagram TV 之力，挖掘你的夢想百大及其粉絲。我先前曾提及，我們會使用 IGTV 發布長

影片，回答觀眾最常拋出的提問。唯一的問題點是，看到這些影片的，只會是那些本來就在關注我們的人，或是碰巧在他們的動態消息中看到內容鉤子的人。我們思考這個問題的過程中，一直試圖要找一種能夠更快刺激漏斗成長的方法，就在這時，我們想到了！我們應該要找夢想百大進行問答合作。

讓我來解釋一下如何運作。前陣子，有位追蹤者問了我一個問題，他試圖了解為什麼他們在發展公司的過程會如此困難。我本可以製作一支影片回覆並發布，但後來我有個想法。其實還有其他比我更有資格的人可以回答這部分的問題。我私訊給史蒂芬·拉森，跟他說有人問了我一個很好的問題，我會透過影片回答，但我很希望他也能一起來回答這個問題。他同意了，並把他的回答做成影片寄給我。我也製作了一支影片，然後將我們倆的回覆做成一部IGTV 影片，貼在我的個人檔案，並在影片中標記史蒂芬。我的很多粉絲看了影片，聽到史蒂芬的回應，接著順勢便追蹤他了。接下來我給史蒂芬同樣的影片，並請他將其發布到他的 IGTV 上。他照做了，張貼貼文，並標記我，我也因此從他的帳戶上獲得大量新粉絲。這次合作幾乎在一夕之間為我的帳戶增加一千多名新粉絲。

現在，我們會嘗試盡可能與夢想百大合作。通常我們會做問題交換，也就是我問他們一個問題，他們也會回問我一個問題。然後，一起發布在各自的動態上，雙方的兩個頻道都會因而有所成長。

當你在現實生活、會議和活動中遇到夢想百大時，也可以做類似的事情。你可以和他們拍張照片，標記他們並貼在你的個人檔案

上，然後請他們也標記你，貼在他們的個人檔案。可能性是無窮無盡的，諸如此類具創意的想法，是努力打入你的夢想百大粉絲群的關鍵。

步驟五：花錢進場

為了快速增加你的 Instagram 粉絲，你需要出現在你的夢想百大頻道上。我們最喜歡的一種花錢進場方式，就是「公開表達致意」。公開表達致意就是它聽起來的那樣。基本上，你的夢想百大會在他們的個人檔案或限時動態中張貼關於你的訊息。在他們的公開表達致意中，通常會提到你的名字，讓大家去追蹤你，並且標記你。這個標籤在 Instagram 上形成一個可點擊的連結，人們可以點擊你的標籤，然後立即被帶到你的個人主頁，這就是為什麼優化你的個人檔案頁面如此重要。

比方說，我們在夢想百大名單上找到一個人（@prbossbabe），在我的作品《30 天》（*30 Days*）剛出版的時候給她寄了一本，並付錢請她公開對我表達致意。她上傳一張自己和這本書的照片，講述這本書的故事，然後標記我的帳號「公開表達致意」。這個標籤將引導她的粉絲來到我的個人檔案，了解更多資訊。她在個人檔案張貼這則貼文後，又在限時動態發布了一些向上滑連結，讓人們直接進入圖書漏斗。最終成果，這則貼文觸及到她的八十二萬八千名粉絲，收到四千九百七十八個讚，並吸引數百人開始關注我。

你可以嘗試與夢想百大清單上的人接觸，進行付費宣傳。另外

圖表 10.9　你可以付費給那些具影響力的人，請他們公開對你表達致意，並在他們的個人檔案中提到你。

也有許多機構專精在這塊宣傳行銷，你或許能考慮聘僱這種團隊，他們會執行所有的工作，幫你找到客戶，找人對你公開致意，以及讓流量湧入你的個人主頁。

步驟六：填滿你的漏斗

　　這個架構的最後一步，是利用所有曝光和參與，將這些流量轉

換為你自己的流量。第一個階段是制定你的發布計畫，推出你的內容鉤子，開始增加你的追蹤者數量，並與他們建立關係。利用你的個人主頁和 Instagram TV 來尋找閱聽者，並將他們變成訂閱者。通過與其他人合作來贏得粉絲，以及透過付費獲得公開致意宣傳來加快我們的成長。

隨著粉絲人數的增長，就可以開始善用你的 Instagram 限時動態，讓人們向上滑，將粉絲慢慢推入你的漏斗中。你也可以使用我們的「精選迷你網路研討會駭客」模式，在你的精選限動中創立自己的迷你網路研討會，這將有助於你在漏斗中預售你的產品或服務！

最後一步，是開始投放廣告尋找潛在客戶（如密碼 #9 所示），以網羅更多的夢想客戶，並將他們轉移到你的再行銷桶中，以便於把這些人帶往你的漏斗。你現在所做的一切，都是為了讓那些人進入你的價值階梯，提升他們在價值階梯的位置，如此一來，你就能給予他們更高水平的服務。

臉書流量密碼

FACEBOOK TRAFFIC SECRETS

就在 Google 試圖理解如何打造有史以來最強搜尋引擎的同時，其他企業家也亟欲尋找一個潛在的更大機會。每個人都開始使用網際網路，所以一定存在某種方法，能運用用戶親和介面（user-friendly interface），將所有人聯繫在一起。當時有一場社交網絡競賽，競賽內容是創建出能讓人產生連結的東西，數億美元投資其中，在這場社交軍備競賽中勝出的贏家將獲得巨大獎勵。

步驟一：了解歷史和目標

第一個嘗試以網站為創建基礎的社交網絡，要回溯到 1997 年，當時有家基於「六度分隔理論」（six degrees of separation）概念所創的新創公司 SixDegrees.com。[26] 人們可以建立自己的帳戶，

添加好友，並能傳訊給前三層關聯的人。他們還可以看到平台上的任何人如何與自己有所關連。這是在社交媒體上最初的嘗試之一，看起來與我們現有的社交平台有些類似。

下一波用來連結人們社交關係的工具是網路聊天室。始於1996 年的 ICQ，隨後是 AOL 即時通（AOL Messenger）、Yahoo 奇摩即時通（Yahoo Messenger）、MSN Messenger，最後是 2003 年的Skype。27

2002 年，Friendster 上線，推出「社交圈」（social circles）的概念，模擬現實世界中人與人之間的聯繫方式。這個演算法最終擊敗SixDegrees.com，後者在成立四年後即宣告倒閉。一年後，其他公司也基於同樣的「社交圈」概念陸續出現，如 LinkedIn、Hi5 和Myspace。Myspace 迅速成為最受歡迎的社交網站。對於許多像我一樣，目睹 Myspace 打敗 Friendster 和其他新興社交網站過程的人來說，我曾以為它們會永遠存在。

在接下來的幾年裡，甚至出現更多社交網站。Flickr 成為全球第一個大型照片分享社交網站，後來被 Pinterest 取代。YouTube 成為影片分享服務系統，後來被 Google 收購。推特推出時提供分享微內容（micro content）的功能，而 Tumblr 則成為微網誌網站。

在每天湧現的眾多社交新創公司中，有一家在 2004 年悄然成立，它的出現很快使所有公司相形見絀。即便像 Google 這樣的巨頭，也試圖藉由短暫發行的社交網站「Google+」予以推翻，但沒有人能夠擊敗這個社交媒體之王。當然，我所指的這個社交媒體之王，正是祖克柏創立的臉書。

臉書崛起的故事在電影和書籍中都有記載，在媒體中也有諸多討論，所以我不會在這裡花太多時間講述其歷史。祖克柏的發布策略，一開始只允許擁有哈佛大學電郵地址的人註冊帳戶。接著他逐漸放寬限制，先是讓其他大學的人也可使用，最終擴大到讓所有人都能使用這個社交網站。在撰寫本文的此時，臉書擁有二十七億名用戶，其中二十一億人每天使用 WhatsApp、Instagram 和 Messenger 等臉書核心服務！[28] 是的，世界上超過四分之一的人口每天都在使用臉書。這是有史以來最大的社交派對，除非某種類型的政府監管打破臉書的壟斷，否則它將持續成長。

　　臉書在處理用戶隱私和數據方面發生許多醜聞，對於臉書用戶來說，可能非常惱人，但對於該平台上的廣告商而言，或許是個巨大的祝福。臉書會追蹤你做的每一件事：你對什麼貼文按讚？你會對哪些事物進行評論？你與哪些類型的貼文互動？總而言之，臉書在你滾動、點擊和評論的過程中，會對每個人分析多達五萬兩千個的數據點。[29] 他們的目標是找出你喜歡什麼，並在你的動態訊息中餵食更多同質性的內容給你。你在臉書上的體驗越好，就越有可能花更多時間在上面。而你在臉書上花的時間越多，他們能賣給我們這樣的行銷人員的廣告就越多。

　　由於臉書追蹤了用戶行為的眾多面向，所以作為廣告商，我們可以根據用戶可能喜歡的內容（他們的興趣）來定位用戶。正如在密碼 #1 中所提到的，臉書是最初讓我們能夠開始使用「干擾式廣告行銷」的平台，得以聚焦在那些對我們銷售的產品感興趣的用戶。我們可以用一個大鉤子來干擾用戶，對他們說故事，然後提出

一個令人難以抗拒的報價。

時日一久，判斷哪些貼文或影片在臉書平台上獲得最多曝光率的演算法仍在不斷變化。五年前，判斷的基準在於製作一支可分享的影片。如果你知道如何讓人分享，你的影片就能在一夕之間獲得數百萬的點擊量。一旦所有人都學會了這套演算法，就會紛紛出現代理公司，保證會為你製作一支人人瘋傳的爆紅影片，因為他們知道演算法的運作規則，而且有效。

然後臉書上市了，他們需要募集更多資金，所以祖克柏「彈了個響指」，改變演算法。新的演算法不再獎勵製作驚人、可分享的內容，因為此舉並沒有讓臉書賺錢，而賺錢對於股價上漲至關重要。他需要改變演算法，如此臉書才能為投資人提供更高的回報。一夕之間，大多數「免費爆紅影片」消失了，取而代之的是一種新的演算法，要求你購買廣告來推銷自己的影片。在這些變化之下，你就得為你的影片瀏覽量付費。如果那些看到你付費影片的人喜歡它，並且有一定比例的人分享該影片，那麼臉書就會獎勵你免費觀看。當這種情況發生時，你的影片每獲得一個付費眼球，就會獲得兩到三次免費觀看。我們過去把這些影片稱為「強制病毒式傳播」影片，這成為我們製作每個影片的新標準。

在此同時，每個平台都在爭奪直播影片的第一寶位。推特收購Periscope，逐漸成為串流直播影片的頭號平台。我還記得那些日子，因為當時我幾乎每天都在 Periscope 上直播，直到臉書也推出直播功能。直到今天，我仍然較喜歡 Periscope 的應用程式，就我個人而言，我認為他們的串流媒體服務，以及與之相關的幾乎所有

東西，都比臉書直播好得多，但臉書想要成為直播影片串流平台，所以他們改變演算法。改變了之後，如果你在臉書上直播，你可以在幾秒鐘內讓成百上千的人免費觀看。臉書獎勵人們直播，迫使我們全部的人都轉向這個平台，然後在他們獲勝並擊敗所有競爭對手後，便帶走大部分的自然覆蓋（organic reach），並要求我們付費，才能讓更多觀眾觀看我們的影片。

臉書是一個不斷發展的平台，雖然我只是簡單介紹它目前的運作方式，但它還會繼續發展。好消息是，儘管臉書的功能、策略和使用者介面經常改變，但你的整體策略不會發生變化。每進入一個新平台，我總會先問自己以下三個問題：

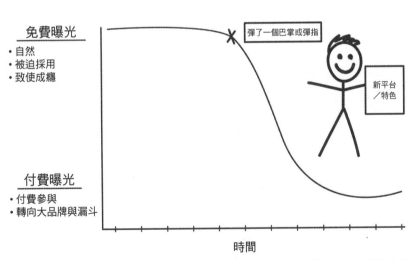

圖表 11.1　新平台剛發布時，他們會提供免費曝光的獎勵，以誘使人們使用該平台。時日一久，你的免費曝光將逐漸減少，必須購買廣告才能獲得與先前免費時期一樣的曝光強度。

- 平台的目標是什麼？
- 我可以運用什麼策略，幫助平台實現它的目標？
- 平台現在獎勵使用者的戰略是什麼？

比方說，臉書的目的是讓用戶創造內容，讓人們在臉書平台上待盡可能長的時間，如此臉書才可以向用戶顯示廣告。我們的策略是，要找出臉書目前獎勵人們發布的內容，以及臉書希望這些內容如何被推廣（免費和付費都有），然後我們再嘗試創造出臉書想要的內容類型。戰術亦即內容呈現的樣貌。戰術每天都會變，但我們可以藉由參考夢想百大，觀察不斷出現在動態消息中的內容，有哪些獲得最好的參與度，然後對這些內容進行模擬，從而大致了解目前有效內容的樣貌。

步驟二：在該平台上找到你的夢想百大

接下來，不令人意外地要提到，當你開始使用臉書，第一步就是確定在該平台上，有哪些是已聚集你夢想客戶的夢想百大。如果你還沒做這項功課，務必要好好清理你的臉書動態，取消關注所有與你的夢想百大、夢想客戶無關的東西。此舉有助於你進入下一個階段時減少雜訊。

你的夢想百大是在你的市場中已經聚集你所設定夢想客戶的人、專家、影響者和品牌，也是你的市場中社團的管理者。所有這些人或社團都有自己的社交聚會，你的目標是首先辨識出聚會的參

與者（例如：人、品牌、興趣和社團），然後利用臉書將這些人吸引到你的漏斗中。

在你的市場中可能已經有一些你熟悉的大品牌，這會是我首先著力的地方。請找到他們的粉絲專頁，「按讚」和「追蹤」這些頁面。然後到他們的個人檔案，嘗試加為好友，並追蹤。通常在你這麼做之後，臉書會推薦其他相關人士供你追蹤關注。一個接著一個，開始關注在你的市場中找到的每一位影響者。社團也是如此，你可以在鎖定的市場中搜尋社團並選擇加入，這樣臉書就會向你「推薦」更多社團。請加入那些夢想客戶已經聚集的地方。

尋找你的夢想百大並非一次性的活動，而是你每次登入臉書後的必備流程，你應該不斷尋找新的團體集會或人，只要他們開始出現在你的動態消息中，就主動與他們產生連結。如果你這麼做，臉書動態消息將成為世界上最好的市場研究工具。你會看到夢想客戶參與的每一場重要對話，你會看到每一則向你的客戶投放的廣告、他們接觸到的訊息、他們接觸的人、他們的痛苦、他們渴望獲得答案的問題，以及你可以創造更好服務他們的機會。這就是臉書動態消息的作用：掌握你的市場。

我之所以追蹤市場中所有的影響者，目的是進入一個至少有一百萬人的生態系統。比方說，假如我能追蹤二十個人，而每個人都有三萬人的追蹤者，那麼我就等同與大約六十萬人建立聯繫。這意味著我需要不斷尋找影響者、品牌或社團，直到整個群體的人數至少達到一百萬人。對於有些組織而言，尤其是本地公司，可能很難找到一百萬人，所以你可以設定一個較小的目標。不過，對於其他

目標市場較大的公司來說，一百萬這個數字則似乎太小了。請設定與你的市場規模相匹配的目標，然後追蹤你所需的影響者和品牌，以達到你的神奇數字。

步驟三：確定發布策略，並制定發布計畫

重要的是要記住，臉書是世界上最大的社交聚會。它全年無休，而且你的大多數夢想客戶都已經在那裡了。你不需要另外創造流量，只要找到現有的流量，並想出方法如何將這些人引入你的世界。雖然你可以在臉書上做很多事情（而且臉書還會繼續添加更多內容），但你一定要掌握該平台的四大區域。

- **你的個人檔案（你的家）**：當你「努力打入」時（例如，四處瀏覽和評論他人的貼文，加入社團和發布內容等等），夢想百大的好友、粉絲和追蹤者，以及那些社團的成員，將看到你的檔案照片，在點擊你的大頭貼的同時，就從此一社交聚會進入你的個人檔案。這是你的首頁，引導人們進入漏斗的好入口。

- **你的粉絲專頁（你的節目）**：我知道，英文版的臉書不再叫它「粉絲專頁」（Fan Page），只叫它「專頁」（Page），但我算是老派的，仍然稱之為「粉絲專頁」，因為它幫助我確定行銷計畫的目標。這就是你「花錢進場」之處。當你在自己的粉絲專頁上發布內容後，要付費（花錢進場）將其推廣給

夢想百大的追蹤者。

- **社團（你經常去的地方）：**你可以在此舉辦自己的社交網絡聚會，並與你的社群建立關係。
- **Messenger（你的配銷通路）：**這是你最強大的配銷通路之一，你的訊息得以快速傳遞給你最死忠的粉絲。

以下我將深入探討臉書平台這四大區域的發布策略。

你的個人檔案策略（你的家）

展開社交網絡之前，需要確保人們陸續造訪時，我們已經將自家（或個人檔案）整理妥當。你的大部分線上互動都是透過個人檔案進行。當你評論、分享、提供幫助，以及與他人交流時，他們會看到你提供多少價值，並點擊查看你的個人檔案頁面。如果你正確組織自己的頁面，它將吸引正在尋找更多關於你訊息的夢想客戶，並將之轉換成你自己的流量。臉書能讓人們「追蹤」你的個人檔案，但你必須在設置中打開。確保你開放追蹤功能，因為即使你的好友上限只有五千名，但你的追蹤者數量毫無上限。

正確組織你的個人檔案：關於客製化你的個人檔案，有三個你可以著力的地方。需注意的是，由於臉書不希望你的個人檔案屬於商用，所以這些元素都不是什麼賣點，比較像是登陸頁，人們可以從中更了解你，並據此作為加入好友或追蹤者的依據，日後持續看到你的狀態更新。

- **封面相片：**你可以設計並上傳一張代表你和品牌的封面相片。這是訪客立即看到的圖像，並讓他們知道自己在正確的地方。不要將行動呼籲放在你的封面相片上，因為這表明你試圖在個人檔案販售東西。
- **「關於」介紹區塊（你的名片）：**在個人檔案的「關於」部分，你可以簡單做一點自我介紹。
- **精選圖片：**你可以從發布的貼文中選擇一張圖片當作精選。我所選的照片上頭有我的三本著作。只要有人點擊那張圖片，就會被帶到一則貼文裡，貼文圖說內含三本書的連結。這是我從個人檔案開始填滿漏斗的第一個方法。

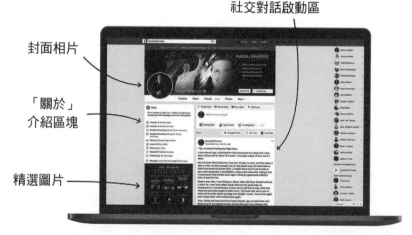

圖表 11.2　如果你的個人檔案頁面組織正確，它可以將想要更認識你的人轉換為清單列表上的客戶。

你在想些什麼？（在你「家中」的對話）：當你「努力打入」時，人們會回到你的「家」或個人檔案頁面，他們會看到你最近開始的對話，如果有個鉤子吸引他們，就會將他們拉進你的對話和漏斗。這些對話的啟動也會出現在你的好友和追蹤者的動態消息中。每則貼文都是一個吸引人的機會，告訴他們一個故事，並使其採取行動。

倘若你讀過前一章關於 Instagram 的內容，你會注意到這裡的策略與我們在 Instagram 個人檔案上發布貼文的方式非常相似。如果你還記得珍娜的 JK5 方法，挑選出五個代表自己品牌的類別。我的五大類別是家庭、漏斗、信念、創業精神和個人發展。就像我在 Instagram 上發布圖片時，會在這五個類別中輪流替換一樣，我在臉書上發布「我在想些什麼」時，也會輪流切換這些類別。若你所有貼文全跟生意業務有關，通常臉書會因為你將個人檔案挪作商用而予以關閉，所以我將發布的內容分散在這五大類別，藉以減少風險，而且還能在我「工作」之餘，與粉絲建立聯繫。

我在 Instagram 和臉書上個人檔案使用上最大的區別是，在臉書上，個人檔案是我的家，所以我可以把「引導人們進入漏斗」作為目標，藉此展開對話。一般而言，臉書會懲罰那些在狀態更新中附有連結的個人貼文（懲罰方式是不會將此貼文展示給很多人），所以我通常會在貼文說故事，然後才在留言區附上有行動呼籲的連結。下方以我最近寫的一篇遵循此一過程的貼文為例，進行說明：

我盡量每天至少更新一次個人檔案。這些更新不僅僅是一張附帶圖說的相片，通常是一則長篇故事，結構幾乎像是《歡樂單身派

對》電子郵件，內含一個鉤子，講述一則故事，並提出一個提案或報價。

每天，思索要發布什麼內容時，我都會問自己：「什麼樣的鉤子才會吸引人們想要聽這個故事？」吸引人的鉤子可以是一個亮眼的標題或一張圖片，而且應該要是能阻止人們繼續把頁面往下滑開的元素。放置鉤子之後，我就會開始說故事，或者分享當天在我腦海中出現的巨大頓悟時刻。然後在我講完這個故事後，我就得想辦法將前兩者與我想讓讀者前往的目的地連結起來。我想給他們什麼樣提案和報價？有時候，我提出的報價很簡單，就是希望他們在我的貼文上按讚、留言，或者與我分享他們的故事。有些時候，則是希望他們收聽 Podcast 節目或閱讀部落格文章。也還有一些時候，

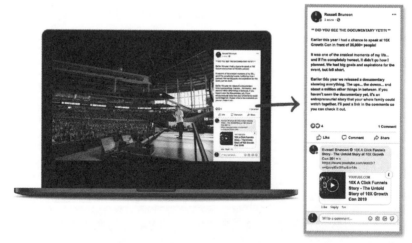

圖表 11.3　為了讓臉書向更多人展示我的貼文，我通常會在第一則留言中發布行動呼籲連結，而不是在真正的貼文中露出。

我會給個大一點的，引導閱聽眾到我的前端漏斗。

關於每天要發布什麼內容，我的靈感全來自 JK5。我會打開手機，查看設置好的相簿，在那裡面已將我的所有照片分類完成。我會在相簿中尋找當天要發布的類別，找到一張吸引人的圖片，好好講述圖片背後的故事，然後提出我的報價。你也可以在你的個人檔案中直播，透過影片講述你的故事，但我個人喜歡把直播影片保存在我的粉絲專頁（這樣我就可以付費宣傳這些影片），或者將之作為我與我的社群「打交道」的一種方式。

人們從不同通路造訪你的頁面時，首先會看到你的廣告牌（封面照片），然後了解你是什麼樣的人，接著他們會看到你的名片（關於區塊的介紹），最後他們會看到你的對話啟動區（你的貼文）。如果其中有個鉤子吸引他們，你就能開始在你的牆上與夢想客戶展開對話。只要人們評論你的貼文，一定要花點時間回覆他們的留言。這個小小舉動意義深遠，有助於與你的夢想客戶建立良好關係。

你的粉絲專頁策略（花錢進場）

臉書剛成立時，它被設計成每個人只能有五千名好友，這個限制一直延續到今天。設置此一限制有助於保持臉書的完整性，因為藉由讓人們的動態消息中充滿他們真正關心的人事物，有助於加深對該平台的沉迷，進而讓臉書成長。問題是，此舉讓企業和品牌很難真正在網路上做生意，因為潛在客戶只能有五千人。但其他社交網路平台沒有這種限制，於是導致人們大量設立帳戶來建立虛假關

注度。後來，臉書確實創造一種方式，讓人們不用真正加你為好友就可以追蹤你的個人檔案，這使得我之前分享的策略變得更加強大。

幾年後，2007 年 11 月 6 日，臉書推出「粉絲專頁」，個人或品牌可以在該頁面上擁有追蹤者或粉絲。[30]粉絲的數量毫無上限。添加粉絲專頁之後，讓臉書能夠更密切看到人們感興趣的東西，這為我們非常喜歡的臉書廣告平台鋪好道路。

幾乎我認識每個想從臉書增加流量的人，他們問我的第一個問題都是：「我需要同時有個人檔案和粉絲專頁嗎？還是我可以只使用一個就好？」我的答案總是兩者都需要。兩者各有不同的作用，缺一不可。你的個人檔案是你獲得免費、賺得流量的途徑（努力打入），而你的粉絲專頁則是你獲得付費流量的途徑（花錢進場）。

你應該視粉絲專頁為你的網站。曾擔任 ClickFunnels 行銷副總裁的茱莉・斯托安（Julie Stoian）如此表示：

把你的臉書粉專當成網站的臉書版本。我非常小心對待粉專。我只把最精心策劃和最好的內容放在這個頁面上。這是任何看到你付費廣告的人的第一印象。他們會點擊廣告主的宣傳頁面，亦即你的粉絲專頁。我把這個頁面當成我在 YouTube 上的個人首頁，當人們來到這裡，他們就會看到這個品牌，然後（希望）就此開始與所有張貼其上的影片、圖片互動。我會如此測試某項內容是否應該出現在我的粉專上：該內容是否好到我願意花至少 10 至 20 美元去宣傳？假如你不願意為這些內容付廣告費，那就不要發布在你的粉

絲專頁上。

現在，在我把你嚇到不敢再張貼內容到粉絲專頁之前，我想談談我們發布的內容類型。關鍵是，要發布你認為能夠獲得粉絲高參與度的內容。如果你的用戶參與度較低，那麼你在粉專上發布的所有內容，其能見度都會下降。但如果你發布的某則貼文獲得高參與度，那麼所有貼文的能見度都會上升。我通常會利用我的個人檔案或 Instagram 動態消息，開始測試材料和圖片，並找到人們有所共鳴的鉤子和故事，然後在粉絲專頁上將之變成我可以花錢推廣的加長版內容。

我們會在臉書粉絲專頁上發布四種內容。接下來讓我為你個別介紹每一種主題及如何使用的策略。

有價值的長影片： 這些影片有著很好的鉤子和故事，但**沒有報價**。我身為行銷的直接反應是討厭這些影片，但品牌行銷人員卻很喜歡。不知為何，當你有行動呼籲時，人們就不太會分享你的影片。避免在影片中夾帶行動呼籲，假如人們喜歡影片，他們會按讚、留言和分享，這就是你從這些內容獲取酬勞的方式。這種增加的互動性將推動你在粉絲專頁所做的任何事情。在蓋瑞‧范納洽的《一擊奏效的社群行銷術》（*Jab, Jab, Jab, Right Hook*）書中[31]，他提及在你提出大要求（正確的鉤子）之前，必須先提供好內容並建立關係的策略。正因如此，我們會嘗試為每位推動行動呼籲的人做三到四支內容影片。

有價值的直播影片：這些影片除了不是預錄的，其餘幾乎與「有價值的長影片」一樣。我們在平台上直播，並實時傳遞訊息。臉書目前更喜歡直播影片而不是預先製作好的影片，所以我們經常進行直播。還有一些功能強大的軟體工具，可以讓你把製作好的影片通過他們的服務串流播放，讓你的影片像直播一樣發布。我將其中一些資源整理如下：TrafficSecrets.com/resources。

完美網路研討會直播：這些都是「正確的鉤子」，將為你帶來大豐收。如果你持續提供價值，現在就有機會向你的閱聽眾銷售。我在《專家機密》中分享過我的「完美網路研討會」腳本，並向讀者展示凱琳・寶林（Kaelin Poulin）的「完美網路研討會駭客」，凱

圖表 11.4　關於平台的每個區域，我們都有特定的策略，包括臉書粉絲專頁也是如此。

琳在她的臉書直播上使用這個腳本，引導人們進入她的前端漏斗。來自 MIG Soap 的傑姆‧克羅斯（Jaime Cross）還將這個腳本修改為「五分鐘完美網路研討會」，這是一個強大而簡單的腳本，可以運用在臉書直播，推動人們進入你的前端漏斗。如果有需要，你可以登錄 TrafficSecrets.com/resources，並列印這些腳本使用。

來自你在其他平台的精選內容（重播）： 我會把自己在其他社交網路上發布、獲得高參與度的內容放到我的粉絲專頁。我不會附上連結，讓閱聽眾跑到其他平台，而是將同樣內容再重新發布到臉書上。例如 YouTube 影片，我雖然會將之上傳到 YouTube，但我也會另外上傳到臉書。我視這些被轉貼的內容，就如同我們看待電視重播一樣。影片就在那裡，我們可能會觀看並與之互動，但也同時對於最喜歡的劇集即將播出新的一集期待萬分。

發布這些內容之後，我們都會按照茱莉的建議去做：我會支付 10 至 20 美元來推銷這些內容。有時，目標是讓人們與無推銷的內容進行互動（目的是當我發布完美網路研討會直播時，增加閱聽眾的回饋反應）。如果直播能帶動人們進入漏斗，至少能在廣告支出上達到收支平衡，我就會繼續投放廣告，直到出現虧損。有時臉書直播的影片廣告確實有利可圖，我們甚至會持續投放廣告好幾個月！

你的社團策略（你經常去的地方）

我剛開始使用網路時，在臉書出現之前，網路上有許多論壇。那時我參加了十幾個行銷論壇，而且每天都會上去這些論壇問問題、找答案，同時發展我的個人品牌。這些論壇的版主非常強大，他們的「家」每天都有一大群人參加聚會。這些論壇中的對話形塑我們的產業面貌。我意識到，如果我想控制市場方向，就需要成為每個人聚會的主持者。畢竟，舉辦聚會的人通常是團體中最有影響力的。

當時我就決定，我需要建立自己的論壇。那時候，我必須使用軟體來讓論壇運轉，備好伺服器為網站提供軟硬體支援，還有許多其他事務。這花了我好幾個月的時間，最後終於推出一個規模相當大的論壇。就在那時，臉書也推出「社團」功能。我其實有點猶豫是否要創立一個新社團，但我的舊論壇流量逐漸枯竭，人們開始轉向臉書，所以我們決定嘗試一下。

於是，我們創建第一個「官方」ClickFunnels社團，並邀請我們的新客戶加入。起初，我們運用社團幫忙減輕肩上的支援責任，讓社群成員彼此互助。後來，社團逐漸壯大。我們開始邀請新成員加入，與其他漏斗駭客認識並分享他們的想法，而臉書也開始推廣社團功能。很快地，我們沒有花一毛錢在廣告上，但一週就有上萬人加入。撰寫這本書的時候，我們社團裡已超過二十二萬三千人，臉書每週增加超過一千兩百名新成員！目前，我們的會員平均每天發布超過三百一十七則貼文（即每天每五分鐘發布一則貼文）。每

天有超過九千四百一十四則留言和反應（每九秒就有一則，每個月超過二十五萬則）。其中，我們有一些熱門貼文可獲得三至五萬的點擊量，而這些都是免費的自然流量。

臉書鼓勵人們建立社團，撰寫這章節的時候，情況仍是如此。前幾天我還在電視上看到一個推銷臉書社團的廣告！是的，他們真的在電視上買廣告來推銷自己。你能看出其中的諷刺嗎？臉書這個世界上最大的廣告平台之一，正想方設法讓人們在它的平台上建立社團。出於某種原因，臉書希望人們藉由建立社團來增加用戶體驗，所以這是我們現在花費大量時間的地方。

你的社團就是你的個人派對。這是一個社交媒體上的場所，供你的社團成員聚集、交流互動與對話。我堅信大多數公司都應該要有一個社團，讓他們的社群成員有空間進行交流。社團將成為你巨大的流量來源，幫助你把熱情的閱聽眾變成狂熱的粉絲，並使你有能力成為你所處的市場內最重要社群的影響者。

以我來說，我盡量試著每週「光顧」一次我的社團，在那裡，我可以與社群成員互動，並與他們建立個別關係。直到今日，我們每個月都有超過一千人直接從這個群組加入 ClickFunnels，所以我愈常與群組互動、與之建立關係，成效就愈好。我在與群組互動時，通常不會針對自己的發言進行構思演練，反而是直接加入其中，述說一個故事，以及回答群組成員的開放式問題。最後，我通常會製作一個行動呼籲，讓人們獲得免費的 ClickFunnels 試用版，然後我的工作就完成了。這真的是我整週中充滿樂趣的其中一部分，而且這有助於贏得社群成員對你的支持。

你的 Messenger 訊息策略（你的配銷通路）

　　臉書 Messenger 一開始只是作為讓我們與同樣使用臉書的朋友聊天的一種簡單方式，但在 2016 年，臉書開放了他們的「聊天機器人」（bot）平台。[32] 在過去幾年內，這些聊天機器人的存在，讓我們行銷人員可以像使用電子郵件自動回覆一樣使用 Messenger。它讓發布者能夠直接向訂閱者發送新聞和其他訊息，還讓發布者能夠在訂閱者和 Messenger 應用程式之間建立基本的聊天。基本上，你可以預先編寫問題和答案，以幫助解決訂戶的問題，或者將他們引導到其他地方。

　　如果你想建立名單列表、設置序列、製作廣播以及更多，可上網參考：TrafficSecrets.com/resources，看看一些表現優異公司的最新列表，這些公司已經建立龐大的 Messenger 整合元件。我在本書中不會提到任何具體的公司，因為公司永遠來來去去，但我會在線上更新這份列表，以便有最好的 Messenger 整合元件可供使用。

　　Messenger 有規則保護它不被當作人們發送垃圾郵件的平台，正因如此，如果你太過躁進，他們有權可以關閉你的帳戶。所以，我們必須以一種能夠增強用戶體驗、而非惹惱用戶的方式來使用 Messenger。我們鮮少發送訊息，如果有的話，也是每週大約發送一則以上的訊息。我們的大多數訊息都是試圖創造用戶的參與度，以便日後發送連結時有較佳的反應。傳送小測驗或互動對話是很好的方法，基本上就是任何能夠保持高參與度和低抱怨的內容。若能這麼做，你在使用 Messenger 上將不會有任何問題。

增加你的 Messenger 列表：有三大關鍵方法可以增加你的 Messenger 列表。

首先，當人們來到你的粉絲專頁時，你可以設定讓 Messenger 視窗彈出，開始對話，將他們添加到你的 Messenger 名單列表中。

其次，在你的登錄頁面，可以設定一個方框讓人們選擇要不要被加入你的 Messenger 名單列表。大多數 Messenger 聊天機器人成長工具都能在登錄頁面輕鬆加入此設定。

第三種（也是我最喜歡的）方法，便是創造一個簡單的名單磁鐵，利用粉絲專頁來增加 Messenger 名單列表規模。Messenger 有些成長工具可以很容易地設定在人們執行某個動作時，將他們添加到列表中。例如，人們在你的貼文或留言中因某個關鍵字而有所動

圖表 11.5　若要增加你的 Messenger 名單列表，你可以設定臉書在右下角自動彈出一個 Messenger 視窗。只要人們與你聊天，就會自動訂閱你的 Messenger 列表。

圖表 11.6 透過在主動選擇加入表單（opt-in form）中添加 Messenger 複選框，也能藉此擴大你的 Messenger 名單列表。如果用戶勾選此選項，就會自動訂閱你的 Messenger 列表。

作時，便直接將他們添加到一個特定的 Messenger 列表中，系統就會立即向他們發送一個名單磁鐵。

艾莉森・普林斯（Alison Prince）就與我分享了這個我最喜歡的模型應用案例，並加以說明她的操作策略。她是我核心圈計畫（我的高階顧問專案）的成員，擁有一家公司，專門教人如何在線上銷售電子商務產品。她會在臉書上直播，教授「……之十大技巧」或「……的七項工具」，在這類影片中與人們分享一些很酷的東西。不僅如此，她還設計一份非常優質豐富的 PDF，內含她將在直播上談論的內容。在現場直播中，她會展示印刷副本作為名單磁

鐵，並告訴觀眾如果想取得免費副本，只需要留言特定的關鍵字，她就會透過私訊發送。這套方法，讓她每次直播都能在名單上增加數百人。

發布到你的 Messenger 列表：我的 Messenger 列表名單是相當寶貴的資產，正因為我不是它的擁有者（臉書才擁有它，能在任何時候下令關閉），所以我更小心翼翼地謹慎對待。當有人第一次加入你的列表時，你會希望他們與你的 Messenger 機器人互動，因為此舉有助於增加參與度。最終，這也會增加你在日後持續發送更多訊息給那個人的能力。

大約每週一次，我們會試圖發送某種對話。請注意，我說的是「對話」而非「訊息」。我們不只是傳播訊息，讓別人前往造訪漏斗。反之，我們會向收件人詢問這類問題：「嗨，你是否還在為如何在網路上產生更多潛在客戶傷腦筋呢？」如果他們回答是，那麼我可能會說：「很好。我有一些新的訓練課程，我認為你也許會喜歡，但我想知道你是想要錄音檔、影片，還是文字記錄？」在三個帶有選項的按鈕彈出後，用戶便可點擊其中一個選項，接著引領他們進入機器人對話的下一步。

我個人喜歡使用聊天機器人引導人們進入臉書平台的內容（例如我在粉絲專頁上的直播），同時讓實際的銷售發生在 Messenger 上。這樣我就能和 Messenger 保持距離，又能直接透過它銷售任何東西。Messenger 還有助於促進我的臉書直播，這是臉書非常喜歡的功能，在我向訂閱者提供報價前，先為他們帶來了價值。

圖表 11.7　有了 Messenger，我可以設置自動對話功能，與臉書上的粉絲進行交流。

你的發布計畫

我們已經談論過許多關於如何在臉書上發布內容，也提及臉書的關鍵發布方式，特別是以下面向：

- 你的個人檔案
- 你的粉絲專頁
- 你的社團
- 你的 Messenger 列表

平台中的每個部分各有不同的發布策略。為了確保你有效地在

臉書的每個部分找到夢想客戶並提供服務，我打造了一份一目瞭然的發布計畫，這樣你就可以快速看到應該在每個環節發布什麼樣的內容，將每天和每週的活動分解成一套簡單、循序漸進的過程。

圖表 11.8　使用這項發布計畫，可以清楚看出你應該在臉書上的哪些部分集中精力。

臉書發布計畫		
每日：大約 1 小時		
研究與建立關係	10 分／日	追蹤夢想百大：按讚、留言，以及發送私訊。
	30 分／日	寫一則有價值的貼文，並在總計至少一百萬名閱聽眾的社團中回答問題。
臉書個人檔案：每日 1 篇貼文	20 分／日	從你的 JK5 中選擇一個類別，每天寫一則關於「你在想些什麼？」的《歡樂單身派對》貼文（注意，這些也可以是你的每日《歡樂單身派對》電郵內容）。回覆留言。
臉書社團：每日選 1 個參與	5 分／日	撰寫簡短、且能維持密切互動感的貼文，提出問題、給予有價值、犀利的建議或講故事。回覆留言。
每週：大約 45 分鐘		
臉書社團：每週 1 直播	25 分／週	每週在你的社團直播一次。說故事，回答問題，如果你願意，可以在最後做個行動呼籲。回覆留言。
臉書 Messenger：1 則／週	20 分／週	每週發送一則訊息，從以下三個類別中選擇一種類型：互動測驗、富有價值的內容，或互動廣告。
擁有足夠好的內容時，你會願意花錢去推廣它。		
臉書粉絲專頁	沒有頻率限制	當你發布時，從這四個類別中選擇一個：有價值的長影片、有價值的直播影片、完美網路研討會直播，或來自你在其他平台的精選內容。回覆留言。

步驟四：努力打入

如果你已經完成步驟一到步驟三，你的個人檔案也建立好了，那麼你的「家」等於準備就緒了，可讓你開始社交並與人建立關係了。我們會先在設定的市場中尋找已經聚集我們夢想客戶的社群，藉以做到這一點。首先，我希望你專注於尋找並加入正確的社群。當你點擊社群標籤時，臉書會根據你已經關注的影響者及品牌，向你推薦它認為你會喜歡的社團。你還可以看到社團名稱以及每個社團中有多少成員。

與那些具號召力的影響者和品牌使用策略類似，你的社團目標是藉由社群接觸至少一百萬人。我會查看推薦的社團，加入那些擁有較多會員的群組，並繼續搜尋更多社團。在初期的嘗試之後，你接著就會看到臉書動態消息陸續向你推薦新的社團，所以我建議持續加入那些已經聚集你夢想客戶的群組。

例如，假設我是一名攝影師，我在臉書的群組搜尋欄中輸入「攝影」，頁面會顯示出幾十個我可以加入的群組。在此例中，有超過五十萬七千人在四個社團上談論攝影。這些都是我要參加的聚會，而且要在其中與人建立關係。不斷參加聚會（也就是加入社團），直到你在這些群組中能觸及超過一百萬人。

現在，有些人認為建立關係意味著進入這些社團，廣發連結引導至你的前端漏斗，希望人們點擊並加入你的列表。我說的不是這個。在大多數群組中，你若這麼做，幾乎會讓你立刻被踢出群組，而且有害你在市場中的聲譽。相反地，我的做法是每天進入一個社

圖表 11.9　在你的利基市場中盡可能多加入社團群組，直到你能夠觸及的人數達到一百萬人。

團，看看人們問了哪些問題，而我知道答案。一旦想到某些可以分享的絕佳事物，我就會撰寫一則富有價值的貼文，發布在群組內。不推銷，不要求，只提供價值。

　　這是建立良好關係的祕訣。你是來服務的，如果你持續這麼做，人們會看到你，他們會跟著你回家。但祕訣就是毫無保留地給予。這是你的價值階梯開端，你在前端提供的價值越多，就會有越多的人想要跟著你。

　　發完貼文後，我會尋找其他問題，每個社團至少評論或回覆三

個問題，僅此而已。我每天大概會花三十分鐘與這些社群交流，提供價值，回答問題，然後我的任務就完成了。堅持是關鍵。持續提供價值，不要試圖銷售任何東西。請記住，你的目標是成為派對上的酷孩子，如果你提供價值，每個人都會想要跟著回到你家玩。

這個策略需要花你一點時間，但如果你堅持不懈，而且人們也看到你始終如一，他們就會想要了解更多。他們會點擊你的個人檔案，然後追蹤關注你。也就是說，你的舉動會把這些冷流量和溫流量從群組中拉出來，漸漸轉為熱流量，這些人將開始參與你在個人平台上發布的對話內容。

步驟五：花錢進場

有許多公司並不想參加這場發布內容的遊戲，而是只想集中精神在付費廣告。雖然我認為這是一種目光短淺的做法，但我可以理解，因為這能快速測試你所組織投放的廣告。如果你決定只從付費廣告開始，我仍會建議你盡快建立內容基礎，因為此舉將為你的生意創造更穩定的長期基礎。

就像我之前所說，新平台出現時，都會祭出免費流量的獎勵給內容創造者，希望在該平台上吸引用戶。不過，這些平台很快就會轉向付費廣告，內容創造者看到的免費流量將越來越少。最終，他們必須為流量付費，因為這是平台長期獲利之處。所以，即使你的內容策略見效，如果你想長期保持能見度，並擴大內容、影片和廣告觸及率，掌握付費廣告也很重要。

所有的付費廣告都出現在你的粉絲專頁上。這是你可以推動與花錢的地方，好讓你的內容顯示給夢想百大的追蹤者。你發布的每一部影片、每一張圖片，以及你在粉絲專頁上寫的每一則貼文，都可以透過臉書的廣告管理員進行推廣。你也可以製作「隱藏貼文」（unpublished posts），這些貼文不會出現在你的動態消息上，但你可以使用它們來吸引夢想客戶的注意。記住密碼 #9：「你越有創造力，你就會越成功。」努力想方設法從潛在機會池中使用所有鉤子來抓住夢想客戶，把他們拉進你的再行銷桶，並引導他們進入漏斗。

步驟六：填滿你的漏斗

如你所知，這個架構的最後一步是吸引所有注意力，並導引到漏斗中。首先，你需要「努力打入」。在你參與臉書社團、開始與人建立關係並提供價值時，你會把這些人們慢慢推向你的個人檔案（你的家）。到了你的個人檔案，你將在 JK5 類別中交相輪替主題，發布貼文，以吸引粉專訪客、好友和追蹤者，並將這些人引導到你的漏斗中。

為了與你的好友和追蹤者建立更牢固的關係，你可以邀請他們參加你自創的社交網路聚會（你的社團），在那裡他們能與他人產生連結、互動，並成為你每週「交流」會議的一部分。在你的個人檔案上，他們只能回覆你的貼文，但在群組裡他們可以開啟對話討論，並在你的社群中獲得歸屬感。

在你的社交網路策略啟動並進行之後，可將注意力轉移到你的粉絲專頁「花錢進場」，在那裡你將製作和發布各種好到足以讓你自願花 10 至 20 美元來推廣的內容。這些內容將被你現有的閱聽眾看到，這有助於與他們建立更強而有力的關係，並引導他們回到你的漏斗中，同時你也要聚焦夢想百大的追蹤者和你的夢想客戶興趣。這意味著你是在為這些影片、貼文和廣告付費，以便在他們的動態消息中顯示。

請記得學習密碼 #9，以了解如何鎖定夢想客戶、並將他們拉進漏斗的最佳方法。你的首要目標，便是藉由讓他們通過你的前端漏斗，將你賺得的流量及付費流量，轉換成為你的自有流量。

Google 流量密碼

GOOGLE TRAFFIC SECRETS

我第一次聽聞 Google 的名號是在 2001 年，當時我在紐澤西州一間公共圖書館，正為了在網路上找不到資料深感苦惱。不久後，坐在我旁邊的女士靠過來說：「你應該試試 www.Google.com。這是新的玩意，我每次在上面搜尋，總能找到想要的東西。」

我聳聳肩，決定試試看。我第一次緩慢地逐字按鍵，在搜尋列加載後，我輸入了已在其他十幾個搜尋引擎上嘗試過的相同關鍵詞。幾秒鐘之內，我就找到我所需要的資料了！我猜你的第一次經歷可能和這差不多，也因此我們所有人才會持續回到這個平台。

步驟一：了解歷史和目標

1996 年在史丹佛大學，賴利・佩吉和謝爾蓋・布林開始研發

他們的第一部搜尋引擎，叫做 BackRub。[33] 當時，網路搜尋才剛起步。一些搜尋引擎如 Excite、Yahoo!，以及 Ask Jeeves 等陸續出現，這些搜尋引擎都以不同的方式索引網頁並顯示結果。

賴利和謝爾蓋認為，顯示搜尋結果的更好方法，是查看返回到網頁的連結數量（稱為反向連結〔backlink〕），以估計該網頁的價值。他們的理論是，指向一個網頁的反向連結越多，這個網站就越重要，也因此，其在搜尋引擎中的排名就會越高。基於這個前提，他們編寫了一套數學演算法，並打造出人稱「網路蜘蛛」（spiders）的東西，用來在網路上「爬行」（crawl）❶，並計算指向每個他們能找到的網頁的反向連結數量、識別實際網頁上的關鍵字短語，然後根據這些關鍵詞為它們進行排名。

他們很快發現自己的假設是正確的。這種新演算法為終端使用者提供更好的搜尋體驗，並開始快速成長。第一年，他們在史丹佛大學的伺服器上託管 BackRub，但最後他們使用太多頻寬，而不得不轉移他處。1997 年 9 月 15 日，他們註冊 Google.com，開啟一個根基於簡單演算法的王朝。

Google 的演算法讓所謂的「全球資訊網之精華」自動上升到搜尋結果的最頂端。這使得那些因某些關鍵字被排在搜尋引擎頂端的網站，其公司因此獲得巨大流量、造訪者，以及潛在客戶，幾乎要被淹沒，以至於許多公司無法跟上業務的發展。因主要關鍵字被列在 Google 第一頁的公司，有辦法在一夜之間進帳數十萬美元（在

---

❶ 亦即自動存取網站，透過程式取得資料。

某些情況下是數百萬美元）！由於每個排名關鍵字等同伴隨大筆財富，因此幾乎所有留意到發生什麼事的人，無論成本多少，都想要名列前茅。

這就是演算法有意思的地方：它們並不在乎你是誰。它們不管誰有最棒的產品、最佳的客戶服務，或者誰對待客戶最好。演算法只知道，如果有一個網頁符合它們的特定標準，便會將之列在其他不符合標準的網頁之上。就是這麼簡單。一旦你理解這點後，問題很快就會變成：「演算法到底在尋找什麼？我該如何調整自己的做法來打敗演算法，以便躋身前列排名？」

Google 的原始演算法主要是根據反向連結。如果其他人的網站上有一百個連結都指向你的網頁，你的競爭對手卻有一百零一個連結，那麼你的競爭對手排名就會超過你。一旦人們破解演算法，了解獲勝的原因，他們就會不惜一切代價讓自己名列前茅。

我第一次發現這一點，是在我啟動第一個漏斗的時候。那次是為了我的產品，在教人們如何製作馬鈴薯槍。我做了一些非常基本的關鍵詞研究，發現當時每個月大約有一萬八千人在搜尋「馬鈴薯槍」這個關鍵詞。我很震驚，有那麼多的搜尋次數，卻沒有任何人販賣如何製作馬鈴薯槍的教學產品！所以我做了一張 DVD，設置好漏斗，試圖吸引流量。

我做的第一件事，就是在 Google 中輸入「馬鈴薯槍」，然後查看排名首頁的網站。我曾聽人說，成為一名優秀房地產投資者的祕訣，就是「地點、地點、地點」。我記得當時心想，第一頁上頭這十個位置，對那些賣馬鈴薯槍的人來說是世界上最好的地方。排名

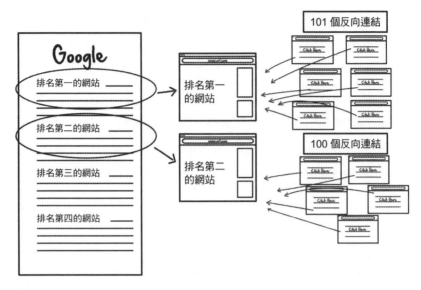

圖表 12.1　Google 的原始演算法是，假如一個網站對某個搜尋關鍵字有最多的反向連結，它就會把這個網站排在最前面。

在第一頁是成功的最大祕密！

　　我必須弄清楚如何進入搜尋結果第一頁，而第一步是了解演算法這套系統是如何決定哪些網頁應該排在頂部。Google 那時還處於起步階段，著手研究如何超越我的競爭對手後，我發現唯一重要的就是反向連結。有一些基本的工具可以顯示一個網頁有多少反向連結，用不了幾分鐘，我就知道若要被排在第一頁需要多少連結，而位在最頂部又需要多少連結。

　　在那之後，情況勢如破竹。我開始盡我所能獲得連結。我會從人們那裡購買連結。我找到了一些網站，可讓我在它們的名冊中發

布連結。在論壇貼文，並附上我的網頁連結。基本上，我會在任何允許的網頁上放置連結，包括自助連結網站（Free for All，或稱FFA），後來被戲稱為「連結農場」，在這些網頁上，你可以提交盡可能多的連結。短短幾天內，我一路看著我的網站從 Google 的第一百頁，上升到第五十頁、第二十頁，最後則是一路到第兩頁！我就快成功了！還差那麼一點點，我彷彿就要嘗到成功的滋味了。短短幾天內，我本可將我的新馬鈴薯槍店面列在世界上最理想的房產地點：因我的夢想關鍵詞而位居 Google 首頁。

然後事情就發生了。這是我首次經歷 Google 巴掌。一夕之間，我的網頁沒了，永遠從搜尋引擎中消失了。我不知道原因，也不曉得我的網頁跑去哪裡了，但當我尋找答案時，我發現遭遇此情況的不只我一人。

從大局來看，我的馬鈴薯槍關鍵詞顯得很微小。當你在自家地下室製作和運送馬鈴薯槍 DVD 時，一萬八千人可能看起來很多，但與其他關鍵詞相比其實微不足道。有些關鍵詞每個月都有數十萬甚至數百萬的造訪者。想像一下登上首頁的「旅館」或「汽車」關鍵詞。這些關鍵詞能夠、並且確實為那些有辦法位居首頁的人帶來數億美元的收入。即使是「愛達荷州波夕市緊急水管工」這樣的關鍵詞，也能讓一家當地公司發展得比任何人想像的都還要快。

Google 巴掌是什麼意思？這個嘛，每一巴掌都不同，發生的原因也不盡相同，但主因永遠都是 Google 與行銷人員之間的戰爭。Google 希望在每次搜尋中為造訪者展示最好的網頁。像我們這樣的行銷人員則是希望自家網頁能顯示在頁面最頂端。我們和每

個平台之間的爭戰，就是演算法何以必須不斷變化和發展的原因。這也解釋為何幾乎所有關於如何獲得在線流量的書，在短短幾個月內就過時了。

Google 巴掌也會出現在臉書、Instagram、YouTube 等平台。一旦平台找到秀出最好結果的完美演算法，我們這些行銷人員就會開始運用創意，想出破解演算法的方法，好讓自家網頁能位居首頁、讓我們的影片爆紅，或讓自己的貼文、照片或圖像獲得大眾按讚、分享與點閱。由於每個關鍵字、圖片或爆紅影片都有價值數百萬美元的潛力，這些平台於是創造出一個場景：世界上最聰明的人都在其中專注為自己逆向工程演算法，以使他們的公司保持在頂端。

這就是為什麼在這本書中，我不會告訴你如何破解一個精確的演算法。我們永遠不知道它到底是什麼，即使我們可以藉由模擬，以稍微了解什麼是當前成功的演算法，而演算法仍會持續不斷變化。因此，我不會在書中呈現如何破解精準演算法，而是展示每個演算法的歷史，以及隨著時間的推移所發生的變化。畢竟，了解歷史和變化能更容易看到未來和事情的發展方向。透過介紹每個平台目前使用的演算法，這樣你們就可以實時參與有效平台了。流量的真正祕密，並不在於你進入每個平台之前就知道演算法是什麼；真正的關鍵在於要能夠檢視每個平台，並快速找出目前使用哪一種演算法。

讓我快速為你介紹一下 Google 巴掌的歷史，如此你就能理解演算法的演變及其現在的進展。

Google 的四大階段

階段 1：經反向連結而來的人氣

正如你剛剛所見，Google 之所以成為世界上最好的搜尋引擎，其重大突破是，Google 會根據有多少其他網頁在談論你，以及有多少連結連回你的網頁，來為你的網頁進行排名。其他人在網頁上發布每則導引到你的網站的連結，都會被視為「投票」，並將你的網頁在 Google 的排名往上推。

這個遊戲很有趣。你可以選擇一個想要的關鍵詞，找出排名第一的人有多少反向連結，然後你只需要獲得比他們更多的反向連結。比方說，假如排名第一的網站有一百個反向連結，那麼你至少需要一百零一個反向連結，才能晉升第一名。

問題是，Google 創造出的這個遊戲太容易獲勝，只要你不介意向搜尋引擎發送垃圾訊息。人們為了取得勝利，會聘雇大量海外工人在所能找到的每個網站上，發布自家網頁連結。最終，更有軟體被研發出來，讓人只需點擊幾個按鈕，就能發布數百個連結。一開始堪稱完美的排名演算法，很快就成了一個污水坑，其中垃圾訊息最多的網頁排名最前面，當然，這並不會帶給 Google 用戶太好的顧客體驗，因而 Google 不得不做出改變。

階段 2：網頁排名和網頁優化

為了解決階段 1 的問題，Google 開始更仔細看待兩件事。首

先是指向你的連結的實際品質。Google 創造出一個名為「網頁排名」（page rank）的東西，為每個網頁提供一個品質分數[34]，這使得 Google 能夠對指向你網站的每個連結重新分配權重。至此，一百零一個連結不再勝過一百個連結。相反地，假如你擁有來自高品質網頁的連結，即使連結比人少，你也能贏。這為 Google 解決許多問題，並在一段時間內整頓結果，但不可避免的是，這也使得人們開始把垃圾訊息的歪腦筋轉移到更好的網站上。很快地，整個地下產業於焉出現，供人購買張貼在高排名網站的連結。

由於垃圾網站上升到搜尋引擎的頂端，因此 Google 派出它的蜘蛛更仔細查看網頁上的實際內容，而不僅僅是該網頁獲得多少連結。[35]不僅如此，Google 還會獎勵那些本著提供最佳使用者經驗精神構建網頁內容的人。這就創造出一個由擅長網頁優化的專家所組成的全新行業，這些專家尤其擅長打造 Google 習慣列在前面的網頁。但是，好景不常，行銷人員再次掌握了演算法。他們開發出一種軟體，可以從別人的網站上找到文章，將其抓取、重寫（我們過去稱之為「語法改寫」〔spinning〕，因為它會在文章中抓取一定比例的單詞，在同義詞典中尋找其他相似含義的單詞，並用新的、相近意義的單詞替換原來的單詞，使之看起來像是一篇新的文章），並以某種方式呈現，誘騙 Google 再次把該文排到很前面的位置。最終，它仍會帶給終端用戶糟糕的顧客體驗。儘管 Google 的演算法很好，不過人們也不斷在尋找擊敗它的方法。

階段 3：Google 動物園：熊貓，企鵝，蜂鳥[36]

大約從 2011 年開始，Google 巴掌開始運作，這意味著 Google 對演算法做了大量修改，旨在整頓 Google 的搜尋結果。每次更新都會取一個動物名。

第一個 Google 巴掌名始於「熊貓」，終止那些人們為打敗演算法而創建的內容農場和網站。2012 年，「企鵝」開始運行，懲罰那些購買連結或透過旨在提高搜尋排名的網站獲取連結的人。

2013 年，「蜂鳥」發現搜尋背後的真正意圖，並不僅是關鍵詞本身，Google 需要人工智慧來釐清人們真正在尋找什麼。這是 Google 核心演算法的一次巨大更新，而且只有一個目標：為所有搜尋的人創造更好的體驗。

階段 4：Mobilegeddon 和 Fred 演算法

多年來，Google 沒有實施任何重大更新，直到 2015 年被稱為「行動之年」（the year of mobile）的到來。這是第一次人們在 Google 上的行動搜尋超越了桌面搜尋。這一年 Google 也發布新的演算法，如果你的網站是為手機優化的，你在 Google 上的排名就會更高。這次更新迫使每個人重新設計自家網頁，為 Google 的行動搜尋者創造更好的行動體驗。

兩年後，我們見識到一個更新版本，其非正式名稱為 Fred。[37] 我認為這次更新對我們所有人來說都是最重要的，因為它給了我們未來成功的搜尋模式。Fred 會懲罰那些將盈利置於使用者經驗之上

的網站。如果你的網站用戶參與度低、內容少，或者內容充斥轉換率、彈出式廣告和激進廣告，那麼你的排名就會在一夕之間下降。

那麼，為何 Fred 及其前幾代的更新如此重要？它們有助於我們看到 Google 的核心目標：更好的使用者經驗。如果我們能與 Google 的目標一致，則 Google 將免費贈送我們幾乎無限的流量。試圖欺騙演算法、發送垃圾郵件的做法或許會為你帶來短期收益，但也僅限於在 Google 找到漏洞並修補之前。然而，真正成功的祕密是了解 Google 的意圖，並幫助 Google 服務搜尋者。

為什麼 Google 如此在意使用者經驗？主要是因為 Google 大部分收入仍來自付費廣告，如果人們在搜尋時有不好的體驗，就不會再回來了。所以，如果你的目標是設法為 Google 的網站使用者提供最好的體驗，則它將為此給予你獎勵。

步驟二：在該平台上找到你的夢想百大

對我來說，這就是搜尋引擎開始變得真正有趣的地方。這個過程近似於尋寶，藉由搜尋關鍵字和部落格，將能為你帶來成千上萬的網站訪客，有時只是一夕之間。

在密碼 #2 中，我們提及兩種類型的會眾。第一種是「基於興趣」而聚集的會眾，例如具號召力的影響者、品牌，以及人們感興趣的其他東西。我們討論的第二種會眾則是「基於搜尋」而聚集的會眾。此處我們的目標不是「興趣」，而是關鍵字和關鍵短語。面對 Google，我們將建立兩份夢想百大名單。其中一份列表會是你

所設定的市場上的熱門部落客，第二份列表則是你的夢想百大關鍵詞。

你的夢想百大（部落客）

於是，我開始關注 Google，但在我投注心力，以便在搜尋引擎中獲得高排名之前，我想找到那些已經完成工作、獲得排名的人，以及目前正在閱讀他們部落格的讀者。我將以不同的方式利用這些部落客及其部落格，在努力打入他們流量的同時，也花錢進場。但現在，我只想先找出他們是誰，並將他們納入我的夢想百大清單。

找到他們的方法，可以很簡單，例如進入 Google 頁面，輸入你的夢想關鍵字，後面再接上「部落格」這個單詞。很快就會看到Google 顯示前十頁名單，以及那些成功名列前茅的部落客。

有些部落客擁有自己的部落格，在自己的網域上運行，而有些人則使用熱門的部落格平台，例如 Medium.com。你不妨先登錄Medium.com（及其他部落格平台），搜尋你所在市場的部落客。然後，請將這份清單列出來，放在手邊，因為我們即將需要這些人的幫助。

你的夢想百大（關鍵字）

現在，終於是時候除去你在密碼 #2 中寫下「夢想百大」關鍵字的灰塵，並專注於獲得晉身搜尋引擎第一頁上的所有流量。在你夢想的關鍵詞中能排名第一頁，就好比在《大富翁》遊戲中擁有木

板路（Boardwalk）或公園廣場（Park Place）。要是在這個虛擬的房地產景觀中能擁有一個或多個這樣的排名，就能夠在未來幾年帶入流量填滿你的漏斗。

請列出你認為你的夢想客戶在試圖尋找你的產品或服務提供的結果時，會在 Google 中輸入哪些關鍵字或短語。我第一次用 ClickFunnels 做這項練習時，寫下的頭十個夢想關鍵詞是：

- 銷售漏斗
- 數位行銷
- 網路行銷
- 線上行銷
- 登錄頁面
- 行銷自動化
- 成長駭客
- 個人品牌
- 網站流量
- 社群媒體行銷

我認為，我的夢想客戶會將每一個上述短語輸入到 Google，以期獲得與我的產品能帶給他們的相同結果，所以這些短語成了我的夢想關鍵字。

下一步是找到與我設定的每個夢想關鍵字相關的長尾關鍵字（long-tail keywords）。通常來說，競爭激烈的關鍵字要獲得排名

是非常困難的，所以我也希望看看哪些長尾關鍵字在一開始更容易獲得排名。

要做到這一點，先將你的頭號夢想關鍵字短語輸入 Google，如果有人輸入了你的夢想關鍵字短語，Google 就會在搜尋欄中推薦人們經常搜尋的其他關鍵字短語。這些就是在你的搜尋結果下的其他建議短語。

而這些關鍵字將成為你的「長尾」關鍵字短語。請寫下九個長尾關鍵字短語，都必須與你想聚焦的每個夢想關鍵字有關聯。比方說：

夢想關鍵字：銷售漏斗

長尾關鍵字：

- 銷售漏斗定義
- 銷售漏斗軟體
- 房地產專用銷售漏斗
- 銷售漏斗範例
- 藝術家專用銷售漏斗
- 銷售漏斗模板
- 銷售漏斗說明
- 銷售漏斗 101
- Shopify 專用銷售漏斗

你也可以在搜尋你的夢想關鍵字之後，往下滑到 Google 的底

部，它會顯示出其他八個與你的搜尋詞語密切相關的關鍵字。

請持續尋找，直到你找到十個確實值得關注的關鍵字。如果你的十個夢想關鍵字都這麼做，最後就會得到一份內含一百個關鍵字的列表。

這是建立你的夢想關鍵字列表最簡單的方法，但有一些很棒的軟體工具有助於使之進入下一個層次。這些軟體工具中，有許多會告訴你每個關鍵字每個月有多少搜尋量、這些關鍵字的排名競爭有

圖表 12.2　輸入你的夢想關鍵字後，Google 會建議其他熱門的長尾關鍵字短語（左圖）。在搜尋特定的結果後，Google 還會在搜尋結果的底部顯示其他相關搜尋（右圖）。

多激烈，以及你將從贊助廣告的每次點擊中支付多少錢等等。關於我最喜歡的關鍵字工具名單與教學影片，我已全部上傳至TrafficSecrets.com/resources，供讀者參考。

步驟三：確定發布策略，並制定發布計畫

現在，有了自己的夢想關鍵字，我們想要針對搜尋引擎進行漏斗駭客，看看哪些是有效的關鍵字。要做到這一點，你所要做的就是將關鍵字短語輸入 Google。接著瀏覽排名前十筆的結果，看看都是哪些類型的文章。我特別尋找我們所謂的「可連結資產」（linkable asset），或是我對內所說的「萊特曼十大清單」（Letterman Top 10 List）。

我之所以如此命名，是因為我記得在十幾歲的時候，爸媽有時會收看《大衛·萊特曼深夜秀》（*Late Show with David Letterman*），雖然我不喜歡他的節目，但有一橋段我很喜歡，那就是進行他著名的十大清單的時候，例如：阿姆給孩子的十大建議，或是小賈斯汀會回答「我不知道」的十大問題。[38] 然後，他會在每個清單上列出十件有趣的事情。

可連結資產的運作原理類似萊特曼的十大清單。它們通常以一個標題開始，例如：「在 2020 年，可以立即改善行銷效果的二十五種搜尋引擎最佳化工具」，或是「在生酮飲食中，你認為對你有害但實際上可以吃的十八種食物」。

Google 喜歡這些類型的可連結資產有幾個原因。首先，如果

你的標題組織結構正確，人們會非常喜歡而且忍不住點擊連結。真實、自然、高品質的連結，將獲得 Google 的獎勵。寫一篇人們自然想要連結的好文章，乃是獲得正確連結的祕密。第二個原因是，Google 上的讀者喜歡這些類型的貼文。由於 Google 擁有 Chrome 瀏覽器，且大部分網頁通常都有 Google 的分析代碼，它們可以看到用戶們在你的網站上停留多久、他們滾動頁面多長時間，以及假如他們點擊你的連結，會在你的網站內造訪多少網頁。人們在你的網站上花費的時間越多、滾動越多，以及點擊的網頁越多，在在都表明你的終端使用者擁有良好的體驗。如果寫得正確，這類帶有「21 種步驟」或「205 個資源」的文章將促使人們一直滑動頁面瀏覽你的網頁，並在其中投入大量時間觀看，等於向 Google 顯示其價值。

打造更高的摩天大樓

瀏覽夢想關鍵字的自然結果時，我會查看是否有任何萊特曼十大清單之類的文章名列其上。如果沒有，那麼我會創造自己的可連結資產，並發布在我的部落格上。如果我在排名前十名的結果中發現有夢想百大名列其中，我將使用從布萊恩‧迪恩（Brian Dean）身上學到的摩天大樓（skyscraper）技術，打造一個更高的摩天大樓，使之在搜尋引擎中的排名超越其上。

當你找到有價值的內容，也就是已產生大量連結，而且因為你的夢想關鍵字排名在 Google 搜尋結果首頁，那便是摩天大樓技術發揮效用的大好時機。接下來你就能根據該內容進行模擬，創建屬

於你自己的更大、更好內容，也就是一棟更大的摩天大樓。就我而言，我喜歡嘗試每個月至少創造一篇新的摩天大樓文章。

布萊恩在他的部落格上，將摩天大樓技術描述為一種方式，能讓你擁有每個人都想談論（和連結）的內容[39]：

你可曾走過一座很高的建築時對自己說：「哇，這太驚人了！我想知道世界第八高的建築是什麼樣子。」當然不會。因為受最優秀的事物吸引，才是人類天性。而你在此所做的，就是在你的空間

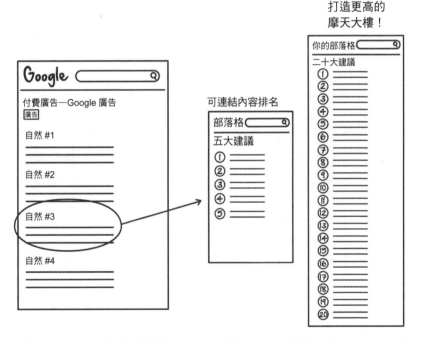

圖表 12.3　為你的夢想關鍵字排名，找到一篇該關鍵字在 Google 上的高排名文章，並寫一篇 Google 會更喜歡的「更高摩天大樓」文章。

裡找到最高的「摩天大樓」……然後再打一座更高的。

如果你找到一篇文章，因你的夢想關鍵字而名列 Google 搜尋結果首頁，若想擊敗它，那麼下一步就是寫一篇更好的內容。以下是布萊恩建議在文章中做的四件事，讓你的摩天大樓更顯高聳：

- **更長篇幅**：在某些情況下，發表一篇更長或包含更多項目的文章就可以達到這個效果。比方說，假如你找到一個標題為「五十種健康零食點子」的連結，那麼你就發布一份涵蓋一百五十種（甚至五百種）的零食點子清單。
- **更新資訊**：如果你能把一段過時的內容加以修飾，那麼你就成功了。
- **更好的設計**：視覺上令人驚艷讚嘆的內容，通常會比醜陋的網頁產生更多的連結和社交分享。
- **更完善**：大多數列表文章都是由乏味的要點所組成，缺乏任何人們可以真正使用的豐富內容。但如果你能為條列要點中的每一項內容都增添一些深度，就得以創造出一篇比別人更有價值的文章。[40]

重要提示：布萊恩建議，你最好在所有四個層面的表現都能擊敗現有內容。

在這篇更長的新摩天大樓文章中，我會全篇使用我的夢想關鍵字以及長尾關鍵字。單單是用這樣一篇摩天大樓文章，經常就能讓

我的許多夢想百大關鍵字或相關短語排名上升。

獲得高品質連結指向你的摩天大樓：發布更長、更好的摩天大樓文章，光憑此舉並不會讓你的網站名列搜尋結果首頁。在你寫完一篇文章之後，還需要加以推廣，而推廣一篇文章的方法是獲得大量正確的連結。布萊恩教我們，查看指向我們模擬的可連結資產的連結，藉以獲得正確的連結。如果人們已經連結到這些內容，我們就能知道一些事情。

- 他們造訪的網站和我們發布內容的利基一樣。
- 他們對這個話題很感興趣，因為他們已經連結到我們競爭對手的網站。
- 他們已經連結到一篇關於那個主題的文章，所以對他們來說，添加一個連結導向另一篇更長、更好、更完善且更新的文章並不困難。

你需要寫電郵聯繫那些連結到你競爭對手頁面的人，邀請他們也連結到你的網頁。你可以手動逐一聯繫，也可以使用快捷的方法節省時間。請登錄 TrafficSecrets.com/ resources，其中有些工具能幫助你抓取每個連結到你競爭對手的人之聯絡資訊。

在寄出的電子郵件中，你可以向對方表明，你發現他們曾連結到你的競爭對手頁面，所以也期盼他們能來看看你的文章，並相當樂見其結果。因為你的文章內容不僅相似，而且更即時、更全面。

這個策略將幫助你獲得正確的連結。

　　以下提供一個例子，布萊恩發了一封電子郵件給連結到他競爭對手的一百六十個人，最後得到很好的結果：

〔**名字**〕你好：

我今天搜尋一些關於〔**你的主題**〕的文章，然後發現了這個網頁：〔**網址**〕

我注意到，你連結至一篇我最喜歡的文章：〔**文章名／網址**〕

只是想先讓你知道，我寫了一篇類似的文章，就像〔**文章名**〕一樣，但更全面而且資訊更新：

〔**網址**〕

它或許值得在你的網頁被提及。

不管如何，期待持續看到你的優質分享！

祝好！
〔**你的名字**〕

圖表 12.4　寫完摩天大樓文章後，你可以寄電子郵件給那些留有你競爭對手文章連結的網站經營者，讓他們知道你已經寫了一篇更新、更好的文章。

　　布萊恩說，他會針對每一個聯繫的人，依其個性與特質為這個模板進行微調，在他寄出的一百六十封郵件中，他得到了十七個人

的應允！依照這套摩天大樓策略執行，確實有助於他的文章排名，大約是 11％的成功率。

關於如何獲得連回我新文章的連結，我的下一步是藉由反向工程（漏斗駭客）那些反向連結，指向因我的夢想關鍵字而列在搜尋頁面的其他九個結果。前面，我已經找到那些連結到競爭對手文章的人，並逐一寄電郵向他們致意。現在，我要對另一批人做同樣的事情，這群人正是連結到同列在搜尋結果首頁上其他九個網頁的用戶。我會寄給每個人一封類似的電郵，邀請他們點擊我的可連結資產。透過這做法，我得到和目前因我的夢想關鍵字短語而排名前十的結果相同的反向連結，全都連回我的網頁。

還有很多其他的方式可獲得連結，只是受 Google 歡迎的程度各不相同。「白帽」（white hat）技術是最受 Google 喜愛和獎勵的；而「黑帽」（black hat）技術充其量只是誘騙 Google、用垃圾郵件的方式獲取連結。雖然或許能經由黑帽技術獲得短期利益，但我所用過每一種擊敗 Google 的技術，最終都還是會被 Google 迎頭趕上。所以，我們現在只專注於做 Google 想做的事。我將在後面的「努力打入」一節中討論更多其他獲得連結的方法，但是布萊恩的摩天大樓連結技術，仍是促進你打造連結最好和最快方法之一。

這些手動連結請求將啟動這個過程，接著我會藉由在我的其他社交網站（如臉書和 Instagram）及電子郵件列表上推廣我的新文章，來刺激連結至摩天大樓網頁的流量。如果你遵循我們討論的過程，你的內容將成為連結磁鐵，因為其屬性被歸類為自然獲得正確流量，而且在搜尋引擎上的排名持續上升。這種類型的自然連結正

是 Google 樂見並願意給予獎勵的。

你的發布計畫

在本章中，我展示了自己看待 Google 行銷的觀點，還分享一些能從 Google 獲得自然流量的核心方法。右頁是一份發布計畫，你和團隊可用來將提升排名的流程系統化。

步驟四：努力打入

努力打入搜尋引擎有兩個驚人的好處。首先，你可以利用之前列出的夢想百大部落客流量。第二，從這些在你所處市場中擁有高品質網站的部落客身上，還能直接獲得一些高品質的連結（Google 喜歡的連結類型）。

我努力打入搜尋引擎的方式，是透過發布客座文章。亦即我會尋找有哪些人在我的市場上經營部落格，然後詢問他們是否願意讓我在其網站上撰寫客座文章。我會寄電郵給一些部落客，主動提議我有一些很酷的想法，希望在他們的部落格上發表文章，並詢問對方是否感興趣。如果他們同意，我就會寫好文章，附上我的一兩則摩天大樓文章連結，供他們發布。我提供好的內容，他們的讀者將點擊連結，我便得以從中獲得流量，而網路蜘蛛就會看到我的摩天大樓連結，從而提升我的排名。

你也可以努力在所處市場中成為一名高流量網站的作者或專欄作家。我認識一些最優秀的搜尋引擎最佳化人員，都是《富比

圖表 12.5　使用這項發布計畫，就能清楚看出你應該在 Google 的哪些部分集中精力。

Google 發布計畫		
每週：大約 2 小時		
人脈網絡： 盡可能多一點	30分／週	盡可能聯繫那些連結到你的競爭對手之摩天大樓文章的人，越多越好。詢問他們是否也願意連結到你的文章。
	1小時／週	找到其他九個因你的特定關鍵字而名列搜尋頁前十名的網站，然後尋找有哪些人連結到他們。這些連結因你的夢想關鍵字而列在搜尋結果首頁，所以我們也希望盡可能得到多一些這類連結。這九個中的每一個連結，都可能還有另外的十個、五十個、甚至超過一百個或更多連結，你可以試著每個都聯繫看看，並試圖讓這些連結連回你的摩天大樓文章。
客座文章： 1 篇／週	30分／週	每週在你的夢想百大之部落格或網站上寫一篇客座文章，並在其中放入你的摩天大樓文章連結。*
每月：大約 2.25 小時		
摩天大樓 文章： 1 篇／月	2小時／月	每個月寫一篇優於競爭對手的摩天大樓文章，其中結合你的夢想關鍵字以及兩到三個長尾關鍵字。
	10分／月	在電子郵件中附上連到你的摩天大樓文章連結，寄給電郵名單上所有人。
	5分／月	在臉書和 Instagram 上發布一則導向你的摩天大樓文章的連結貼文。回覆留言。

請注意：此處所顯示的時間要求視情況而定。實際上可能會花你更少或更多的時間。
* 此策略將在下一節「步驟四：努力打入」中詳細討論。

士》、《企業家》（*Entrepreneur*），以及其他頂尖排名網站的作家。他們懂得利用身為網站作者之便，將流量推入自己的漏斗，並發布高品質連結，好為自己的摩天大樓躋身排名之列。

我會試著每週至少在所處市場上的部落格發表一篇客座文章，並努力成為帶來最多流量和高品質連結的網站特約作者。

步驟五：花錢進場

早在 Google 巴掌出現之前，我第一次開始學習搜尋引擎最佳化時，時常為了無法在一些我想獲得排名的高度競爭夢想關鍵字列名第一而感到沮喪。有天，我下定決心要成為「網路行銷」（internet marketing）關鍵字的第一名，於是開啟一段自然獲得關鍵字排名的旅程。長達八個月後，我最終登上搜尋結果首頁了！在演算法更新中被 Google 打了一巴掌之前，我想最好的成績應該是榮登搜尋首頁第四筆。

但是在開啟那段旅程的大約一個月後，我感到非常沮喪，並看了看那些在我的夢想關鍵字中排名第一的人。我開始注意到那些網站中有很多帳號只張貼文章，卻不賣任何產品。他們有一些會主打自己的橫幅廣告，卻不像我在上頭出售產品。

我真的很努力也熱烈渴望獲得排名，所以我開始寄電郵給那些人，我想知道為什麼他們在沒有實際產品可賣的情況下，還要花那麼多精力獲得排名。然後，我收到其中六個人的回信，發現一些非常有趣的事情。他們之中的大多數人都是搜尋引擎最佳化的工作人

員，他們非常擅長網頁排名，但不知道如何打造產品。因此，他們會設法讓一個網頁排在首頁，接著他們可選擇在該網頁上銷售廣告，或是作為聯盟行銷連結到其他產品。得到他們的答案之後，我有了好主意。

如果等待我的網站被列在搜尋首頁的同時，開始從目前排名首頁的所有人身上蹭些流量呢？我的短期目標並非超越他們，而是設法在他們的網頁上為我的漏斗打廣告。

我開始與他們談判，短短幾天之內，我的頁面立刻出現在一些網站的頂部，而這些網站早已因我的夢想關鍵字而列在搜尋結果首頁。找到方法登在這些網頁上，等於一夜之間為我打開了流量的水龍頭！

我很快開始意識到，同樣是連到你的漏斗的連結，若是從這些網頁中的其中一個點擊引導而來，要比從 Google 主頁上點擊更有價值。想想看，每天都有成千上萬的人在 Google 上搜尋諸如「網路行銷」這樣的關鍵字。然而，遵循以下三個步驟的人實際上對你更有價值：

1. 在 Google 上輸入一個短語。
2. 點擊搜尋結果的其中一個網頁。
3. 從這個網頁再點擊轉至你的漏斗連結。

Google 上的第一次點擊通常來自隨意瀏覽的人，但第二次點擊則是來自最認真的人：買家。因為他們點擊了兩次才找到你，所

1) 搜尋關鍵字並點擊結果。　　**2)** 點擊你的廣告。　　**3)** 登陸你的漏斗。

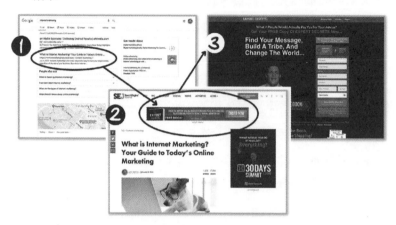

圖表 12.6　遵循「①搜尋你的關鍵字，點擊其中一個搜尋結果；②點擊其頁面的付費廣告；③並且登陸你的漏斗」這三步驟的人，對你來說會更具價值，因為他們是更暖的流量。

以當他們進入你的網頁時，這些人更有可能轉換。Google 主頁上的大量點擊將浪費在那些不認真的人身上，若你為這些點擊付費，結果可能會非常昂貴。然而，那些需要點擊兩下滑鼠才能找到你的人，才是最認真的人。從長遠來看，他們也是會為你帶來最多收入的人。

　　瀏覽我的夢想百大網站時，我會試著快速剔除那些沒有任何廣告的網站。我會尋找有 AdSense 廣告、橫幅廣告、與其他產品聯盟行銷，以及設有電子報訂閱框的網站。接著我就會逐一與這些網站的經營者聯繫交涉，以找出我有哪些廣告選擇。

- **如果他們有電子報**，我會詢問是否能讓我在他們的電子郵件列表中購買一個單獨的廣告（詳細介紹請參見密碼 #17）。
- **如果他們的網站上有橫幅廣告**，我會詢問購買一個橫幅廣告需要多少錢。
- **如果他們在自家網站上有 Google AdSense**，那麼我會將他們的網站添加到我的清單，以便稍後與多媒體廣告聯播網（Google Display Network，或稱 GDN）一同當作廣告目標（詳細介紹請參見密碼 #9）。
- **如果他們在該網頁上有一篇文章**，那麼我會試著交涉，能否在其文章中附上一個連結導引到我的網頁。

　　若能讓連回你的漏斗之連結，登在那些已因你的夢想關鍵字而列在搜尋結果首頁的網站上，那這將是讓你的漏斗獲得超級合格流量的最快方法之一。

步驟六：填滿你的漏斗

　　你現在知道如何獲得來自搜尋引擎的流量了嗎？我們會聚焦在打造能成為可連結資產的部落格文章，使之作為連結磁鐵，你可以運用它讓你的網頁榮登夢想關鍵字的搜尋結果首頁。等待這些網頁在搜尋引擎中排名提升的同時，藉由在所處市場的部落格上發布客座文章，以獲得他們讀者的即時流量和更多指向我們可連結資產的

連結。

接著，前往那些已在夢想關鍵字搜尋結果首頁排名前幾個的網頁，試圖在這些網頁上購買廣告，如此一來，就能把我們的漏斗安插到這些網頁的既有流量流中。

最後一步，則是在 Google 的付費搜尋平台上購買廣告。從 Google 獲得付費流量主要有兩種方式。第一種是搜尋引擎結果頁上的付費廣告（這會出現在夢想關鍵字自然搜尋結果上方和下方的廣告位置），第二種則是其他人放在他們網頁上的 AdSense 廣告。你可以藉由 GDN 連結這些廣告。

我不會展示運行 Google 廣告背後的實際手法，因為它們總是不斷在變化，但我們在密碼 #9 中提及運行 Google 廣告背後的策略是相同的。首先，你要製作一些潛在機會廣告，以作為吸引夢想客戶的鉤子，並把他們拉進你的漏斗。對於那些不能立即轉換的訪客，我們會轉移到再行銷桶中，將他們從「參與」移到「登陸頁」，然後再轉移到「自有流量」。我們擁有流量後，就能使用後續漏斗引導他們攀爬價值階梯。

YouTube 流量密碼

YOUTUBE TRAFFIC SECRETS

　　YouTube 有一些特別之處，我想很多人並不理解。YouTube 是唯一一個平台，可供人上傳自己的作品，而且作品瀏覽數會隨著歲月更迭呈指數增長。

　　當你在臉書直播上發布影片時，它會在你夢想客戶的動態消息中出現幾天，然後就永遠消失了。你可以藉由付費廣告延長該影片的壽命，以幫助你宣傳，但這支影片最終仍會跌至動態消息的底部，再也不會被看見。雖然臉書直播就像是一場很棒的時事脫口秀，但你創造出的藝術有其生命期限。Instagram 也是如此，最終你的相片會掉到動態消息的底部，而你的限時動態也會到期。有些平台上的作品壽命較長、持續時間也更長，但隨著時日一久，這些作品的表現都會越來越差。

　　每個平台都是如此，除了 YouTube 以外。只要藝術家開始創

作影片並上傳到 YouTube 上，他們的觀看人數就會開始成長，而且會永遠持續成長。我有一些五年前發布的影片，直到現在每天仍有數百次觀看紀錄。我們最新發布的其他影片會獲得了最初的瀏覽量激增（僅僅一支新影片上線，時常就能使我們每天獲得數千次的瀏覽量），但影片的新瀏覽量同樣持續每天往上升。YouTube 的演算法是專門為了讓人們留在 YouTube 上而打造，所以平台會試圖推薦那些最有可能長時間吸引觀眾停留的影片。

這給了我們這些創作者一個理由，花更多時間製作精彩影片，為我們自己和觀眾們的現在與以後服務。當你理解 YouTube 演算法如何運作的幾個關鍵問題之後，將能幫助你為影片打造長期成功。

六年前，我接到一通電話，來自一個名叫喬‧馬福里奧（Joe Marfoglio）的人，他詢問是否能同意讓他幫忙推銷我剛剛推出的新產品。這個新產品是我們創建的一門課程，幫助人們克服性成癮。我很高興除了我之外，能有人來為我們的新產品帶來流量，於是我答應了。他告訴我，他打算製作一些影片，並發布到 YouTube 上，經由他的聯盟行銷連結來促進我們產品的流量。

我同意了，但其實我當時並沒有多想。短短幾個月內，喬獨自帶來的銷售量比我所有的行銷努力加起來還要多。我很困惑，所以問他做了哪些事，他告訴我，他所做的就是在 YouTube 上發布兩支影片，僅此而已。於是，我問他能不能讓我看一下影片，他很快地把連結傳給我了。

一支是他製作的兩分四十七秒短片，另一支則是我製作的銷售

影片。這兩支影片每天都有上萬次的瀏覽量。撰寫這篇文章時，我回過頭去找這兩支影片，震驚地發現第一支影片已有一百二十萬的瀏覽量，而另一支比較長的影片瀏覽量也超過八十一萬五千次！

圖表 13.1　六年來，這支影片的瀏覽量超過八十一萬五千次，因為它在 YouTube 上每天都持續獲得更多瀏覽量。

儘管我們在幾年前就已停止銷售該產品，但這些影片仍每天持續累積流量。我請喬調出數據，單單在那個月，也就是他發布這些影片的六年多後，這些影片就獲得了一萬零三百六十一次瀏覽量，並產生了五百五十三次連回我們漏斗的點閱。這就是利用 YouTube 製作影片的力量。

步驟一：了解歷史和目標

你知道 YouTube 是世界上第二大搜尋引擎（僅次於 Google），也是第二大流量網站（也僅次於 Google）嗎？[41] 對了，如果你不知道的話，它也是 Google 的。YouTube 是在 2005 年由三名 PayPal 員工查德‧賀利（Chad Hurley）、陳士駿和賈德‧卡林姆（Jawed Karim）在加州聖馬刁（San Mateo）一家披薩店所創建的。[42] YouTube 成立不到兩年，Google 就以 16.5 億美元將它收購。

現在，每個月有超過十九億人登錄 YouTube，每分鐘有超過四百小時的影片上傳到 YouTube，每天有超過十億小時的影片被觀看。

YouTube 之所以有趣，是因為它的功能類似於一個社交平台。你創造內容，試著讓人們參與、和這些內容互動，並像其他社交網路一樣建立訂閱機制。

YouTube 還可以作為一個搜尋引擎，這就是為什麼這個平台跟其他社交網路不一樣，你在 YouTube 上的影片瀏覽數會隨著時間的推移不斷成長。如果你能學習如何以 YouTube 期望的方式完善你的影片，YouTube 將會讓你的影片被列入你的夢想關鍵字排名，這就是此平台提供的獎勵，它們甚至會經常在 Google 的搜尋結果張貼那些影片。

步驟二：在該平台上找到你的夢想百大

推出 ClickFunnels 六個月後，我們試圖找到讓更多人創立帳戶

的新方法。當時我們尚未將 YouTube 視為流量策略之一，所以我打電話給喬‧馬福里奧，詢問他是否可以幫忙。在我們最初的通話中，他很興奮，並開啟我倆的視訊通話，我因此能從中看到他的電腦螢幕。他打開 YouTube，向我展示我所見過最強大的行銷手法之一。

首先，他輸入我的夢想百大清單上的一些人名——我們一直以來都在臉書上鎖定這些人，關注他們是否也在 YouTube 上發布內容。他們之中的許多人都沒有 YouTube 頻道，有些則有上萬名訂閱者的大頻道。當我在他們的頻道上看著每部影片，喬說：「你知不知道，其實你可以買廣告，在任何影片開始前播放？只要有人在自己的頻道上觀看影片，他們首先看到的就是你的廣告。」

當時，我還不知道這是可能的，而幾乎是在一瞬間，我的頭腦開始思考這種可能性。「等等，我可以在他們的每部影片上購買廣告，然後吸引人們進入我的漏斗嗎？」

「沒錯。」喬接著說，「你正是借助他們的名字、信譽和內容之力，驅使人們進入你的漏斗。」

接著他來到 YouTube 搜尋列，詢問我認為夢想客戶會搜尋哪些關鍵字。我請他試試「網路行銷」這個關鍵字，幾秒鐘之內，我就看到幾十部已經被列入這個關鍵詞的影片。喬解釋我們可以如何輕鬆地創造影片，並讓這些影片列入夢想關鍵字的排名，就像我們為克服性成癮影片所做的那樣。喬說：「我們只需做一次工作，接下來的日子這些影片會一直為你服務。即使你離開人世，它們還會持續將流量導引到你的漏斗！」

我笑著問他：「在我們等待這些影片排名上升到前方的同時，我現在可以在所有其他影片上購買廣告嗎？」他笑了笑，禮貌地給了我肯定的答案。

　　短短幾分鐘內，我便開始明白為什麼我會如此喜歡 YouTube。我掛完電話後，馬上就做了我現在要告訴你的事情。你需要建立兩份夢想百大清單：一份清單囊括你想要鎖定的人物、品牌及影響者；另一份清單則是列出未來計畫製作的影片的關鍵字短語。我將在本章稍後的發布部分，詳細介紹如何找到正確的關鍵字。

步驟三：確定發布策略，並制定發布計畫

　　就像 Google 一樣，YouTube 也有一個演算法來決定哪些影片列入排名，以優化使用者體驗。為了防止人們將破壞終端用戶體驗的影片列入排名，演算法會不斷更新和改變。在 YouTube 上獲勝的方法，是想辦法創造和發布與 YouTube 期待一致的影片。這就是為什麼密切關注你的夢想百大如此重要，看看他們正在做哪些會被 YouTube 獎勵的事情。如果他們改變自己喜歡的描述、標籤或連結方式，你就會在那些觀看流量很大的影片看到變化發生，然後據此改變自己的策略予以調整。我將在發布一節中向你們展示的大部分內容，都是我從喬‧馬福里奧身上學到的，因為他曾指導我們在 YouTube 上發布 ClickFunnels 的策略。

建立頻道

在我們開始製作任何影片之前，需要確保頻道已經設置完成，這樣潛在訂閱者造訪時，就會變成真正的訂閱者。

頻道名： 關於你的頻道名，應該聚焦在品牌而非關鍵字。你的頻道名會出現在搜尋欄、建議搜尋結果，以及相關頻道建議中，或是你對影片留下評論時也會留下記錄。你會希望人們能夠看到你的名字和品牌，就了解頻道內容與性質。你或許注意到了，我的頻道名稱是 Russell Brunson—ClickFunnels。我之所以如此命名，就是希望人們看到頻道名稱，就能認出我的名字和主要品牌。

簡介頁面： 這個頁面之所以重要，有兩個原因。首先，人們在訂閱之前瀏覽你的資料時，這有助於讓他們更了解你。其次，這裡寫的資訊將顯示在你的頻道搜尋結果中，這將是一個重要關鍵，讓人們找到、訂閱你的頻道。

頁首圖片： 當人們來到你的頻道首頁時，他們第一個看到的就是你的頁首。你的頁首應該簡單明瞭，讓你的目標閱聽眾知道他們將從你的漏斗中獲得的價值。那些看到我頁首的人很快就會知道我在做什麼，以及我能怎麼幫助他們。

個人資料相片： 許多人會錯把他們的商標放在這裡。相反地，

請使用你自己的照片，因為這會大大提高閱聽眾的參與度。

頻道預告片與說明：人們第一次來到你的頻道首頁時，他們將看到關於頻道介紹的預告短片及簡要說明。這部分只顯示給尚未訂閱的新訪客，所以這支影片是專給新訪客的。

以下是喬提供的說明，關於如何拍攝一支具吸引力的頻道預告片指導方針：

介紹你自己，熱情歡迎觀眾來到你的頻道。讓觀眾覺得你在和他們說話，而且你懂他們。

簡要介紹一下你的背景故事，並解釋你之所以能夠在 YouTube

圖表 13.2　人們看到你的 YouTube 頻道時，你會希望他們立刻就知道你是誰，以及你的頻道內容與方向。

上製作內容的原因與特點。

推銷你的價值陳述。不要讓觀眾對於頻道的內容走向有任何懷疑。談談你的頻道，包括它的主題與內容，以及它為什麼重要。

分享你的影片上線時間表，讓他們知道什麼時候會有新內容。

請以一個非常強大的行動呼籲作為影片結尾。這意味著你需要告訴觀眾你希望他們做什麼。告訴他們記得訂閱你的頻道、開啟小鈴鐺，這樣就不會錯過你的任何新影片了。

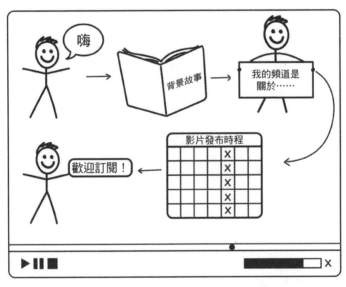

圖表 13.3　請遵循以下簡單的說明來打造一支簡短的頻道預告片：介紹、背景故事、價值陳述、影片上線時間表，以及行動呼籲。

請確保這支影片長度在六十至一百二十秒內。一旦超過這個時間長度，你將會失去潛在的觀眾。

拍攝這段影片時，請不要被相機和設備的細節所擾或綁手綁腳。如果你才剛起步，不需購買任何花哨繁複的東西。我的大部分影片仍然是用 iPhone 拍攝的。

確認你想要以哪些夢想關鍵字製作影片

第一步是找到所有圍繞你設定的夢想關鍵字的那些長尾關鍵字，供你據此製作影片。如果你有一個全新的頻道，並試圖想在「如何在網路賺錢」這樣的關鍵字上獲得排名，那麼你要在排名上超越一些更大的頻道將是極其困難的。但喬有個實證有效的成功策略，能讓你獲得大量的瀏覽量、流行度和訂閱者：

這是我從好朋友傑瑞米・韋斯特（Jeremy Vest）那裡學來的策略。他稱此策略為「找到你頻道的重點短語」。你可以把它想像成尋找你頻道的「如何刮鬍子」。這是什麼意思？你們很多人可能看過一段影片或聽說過「美元刮鬍刀俱樂部」（Dollar Shave Club）。他們製作出一部令人難以置信的火紅影片，在臉書、推特和 YouTube 上瘋傳，獲得數以百萬計的觀看次數，從而使得他們的公司進入巔峰。但你知道嗎，另一家在 YouTube 上占據主導地位的刮鬍刀公司，沒有靠任何爆紅短片或宣傳炒作影片，就能在他們的超級聚焦市場上獲得數百萬的點閱量。

這家公司就是吉列（Gillette）。他們發現，在鎖定的網路世界

中最有影響力的關鍵字是「如何刮鬍子」，所以他們的頻道就圍繞著這個關鍵詞打轉。現在，如果吉列只是想要利用關鍵字「如何刮鬍子」獲得排名，人氣不會增加太多。若要因這個關鍵字而立刻衝上排名是非常困難的。反之，他們將「如何刮鬍子」視為基本的核心關鍵字（root keyword）。接著，他們查看建議的搜尋詞，並在其後添加單詞。吉列利用這些核心關鍵字製作出數百支影片，諸如：「如何剃光頭」、「如何刮背毛」、「如何剃鬍鬚」、「如何刮腿毛」等等。就這樣，吉列製作出一部又一部以「如何刮鬍子」為詞根的影片，並在他們的頻道上獲得數百萬的點閱量。

夢想關鍵字「ABC 駭客」（ABC Hack）：有一個技巧能找到數百個供你選擇的關鍵字。如果我的核心關鍵字太過廣泛，比方說「如何賺錢」，則可以在 YouTube 搜尋列中輸入相同的關鍵字，接著後面加上一個空格和英文字母 a。

建議的搜尋結果就會顯示「如何賺錢……」接著：

- 作為一名初學者（as a beginner）
- 作為一名孩童（as a kid）
- 在家（at home）
- 在校（at school）

然後你可以用 b 代替 a，建議的搜尋結果就會顯示：「如何賺錢……」接著：

- 經營部落格（blogging）
- 藉由投資（by investing）
- 經由張貼廣告（by posting ads）

接下來換 c 和 d，以此類推。你會希望得到至少五十組這類「如何賺錢」關鍵字，作為你的影片關鍵字標題。

打造你的第一支影片

現在，你已經做了所有的研究，建立起自己的頻道，並做了一份關鍵字列表，現在是時候開始製作影片了。構思影片時，我主要關注兩種類型的影片。

第一種被稱為「可發現影片」（discoverable videos）。這些是根據關鍵字短語而製作的影片，我發布這些影片當作鉤子，目的是吸引人們的注意力，把他們吸引到我的頻道，並將他們變成訂閱者。如何組織這些影片非常重要，如果其中有支影片一夕爆紅，獲得十萬次瀏覽量之類，你得有自信確保你有能力將這些觀眾變成訂閱者和潛在客戶。

以下是喬打造的腳本，我將之用於我們創作的每支可發現影片：

- **鉤子**：構思一段十五秒的簡潔介紹。這就是你利用人們正在搜尋的關鍵字來吸引他們的地方。你要讓觀眾知道你的影片價值，丟出鉤子使他們對影片產生期待，如此觀眾才會繼續

觀看下去。

- **預告片**：安插你的快速品牌介紹或預告片，最長不超過四至五秒。請不要在這裡放一段三十或六十秒的品牌介紹，否則你會失去大部分的觀眾。

- **簡介**：在接下來的十五到三十秒裡，和觀眾談談你是誰，以及為什麼他們應該聽你說話。分享一些你的故事，這麼一來，你就能與新訪客建立連結。不要預設他們知道你是誰。

- **故事／內容**：在接下來的七到十二分鐘裡分享內容和故事。這裡也是你先前在鉤子中曾答應要提供價值的地方。

圖表 13.4　要打造一支可發現影片，只需遵循以下五大步驟的腳本大綱：鉤子、預告片、簡介、故事／內容，以及報價。

- **報價：**加上你的行動呼籲。作為一支可發現影片，報價的形式通常是請觀眾按讚、留言、訂閱或開啟小鈴鐺。

　　請使用這個節目公式當作你的影片腳本大綱。一旦你有了一個大綱以及前提和內容一致的腳本，請拿出你的手機或相機，直視鏡頭，錄製下你介紹的畫面，並製作成影片。這些影片的目的，乃是吸引那些正在搜尋的人，並將他們引導回你的「家」，成為訂閱者。一般來說，我在這類影片中不會販售任何東西，除了要求大家訂閱我的頻道。

　　我製作的第二種影片名為「網路研討會影片」（video webinars），由於這類影片主要是為了與目前的訂閱者建立更牢固的關係，因此通常不太關注關鍵字。我會在家為現有的粉絲發布這類影片，多是我用來賣東西的影片。我仍然會試圖尋找關鍵字排名的機會，但很常發生的是，我試圖創造或教學分享的內容，可能並不適合用一個特定的關鍵字短語描述。我使用「完美網路研討會腳本」、「完美網路研討會駭客」，或「五分鐘完美網路研討會」（這些全都來自《專家機密》），目標是將我的賺得流量轉換成自有流量。

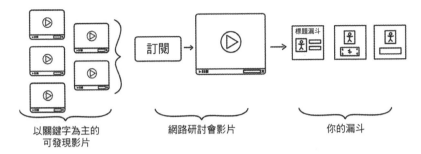

以關鍵字為主的　　　　　網路研討會影片　　　　你的漏斗
可發現影片

圖表 13.5　你仍然可以遵循之前的五大步驟腳本，來打造一個網路研討會影片，但並非要求你的訂閱者按讚、留言，或訂閱，而是鼓勵他們拿到名單磁鐵。

上傳你的影片，並設法吸引觀眾

在我創作影片之後，我們會為上傳的每支影片做以下六件事，以確保我們與 YouTube 的演算法目標一致。

一、將 YouTube 視為電視節目： YouTube 在很大程度上把自己看作一個電視台。不像臉書直播可供人隨時直播，YouTube 希望你能創作一個節目、排定時間，並在固定的時間表發布。比方說，你可以在每週四美國東部時間晚上七點發布影片，或是每週二和週四美國東部時間早上七點發布影片。請為自己制定一個你能跟上的時程表，並堅持在承諾的時間表發布影片。

二、為你的新影片找到關鍵字： 確保你已經定好了想在新影片中使用的關鍵字短語。先前我們已討論過如何找到這些短語，現在

就要準備使用了。

　　三、**寫好你的影片標題**：你的標題應該包含兩個元素：其一是你的關鍵字短語，再來是強大的鉤子，連同你的縮圖「銷售點閱」。舉例來說，如果我想創作一支以「馬鈴薯槍」關鍵字爭取排名的影片，可能會有以下幾種標題：

> 「馬鈴薯槍：17 個步驟，一小時內做出自己的馬鈴薯槍。」
> 「如何自製馬鈴薯槍，30 美元有找，利用家得寶產品輕鬆做。」

　　四、**打造縮圖「鉤子」**：人們觀看影片時，這是一個會抓住注意力的視覺鉤子，說服他們接下來還要繼續觀看你的影片。要確保圖片縮小時，看起來有趣吸睛。獲得最多點閱的，通常是使用較大的臉／圖像、明亮的顏色，以及盡可能少的文字。它需要跳出頁面，自成亮點。請參考夢想百大的影片縮圖，了解他們如何用縮圖吸引注意力。

圖表 13.6　創造縮圖時，請確保內含清晰的鉤子與你的臉部圖片，以獲得更多點閱。

五、簡介一次到位：字數最好在一百五十至三百字之間。頭兩句話應該就要包含你的關鍵字和行動呼籲，因為這部分是版面較佳的位置，亦即不需要移動捲軸就能看到。在這裡，你還需要加上訂閱連結、前端漏斗連結，以及其他相關影片和你的播放清單連結。為了完善搜尋結果，我建議最多添加三個主題標籤。

六、加上標籤：雖然標籤對搜尋排名仍有幫助，但標籤的意義已經不如以前了。務必使你的標籤與主要關鍵字高度相關：越接近主題越好。如果你偏離主題，只會讓演算法更加混亂。

圖表 13.7　和影片本身同等重要的，是影片的內容說明，例如關鍵字、標題、說明描述和標籤。

這些是我們在發布每支影片時需要注意的核心內容。再說一次，這些具體的檢查事項並非永恆不變，這也是為什麼密切關注你的夢想百大如此重要，時時觀察哪些事情能在 YouTube 上獲得獎勵，然後根據需要做出改變。

　　影片發布後，你當然希望人們盡快觀看。我通常會鼓勵我的自有流量（例如我的電子郵件名單列表、粉絲和追蹤者）觀看新影片。因為這些是你最死忠的粉絲，他們可能會觀看更多影片，按更多讚，留下更多評論，以及分享更多──所有這些都將向演算法顯示，你的影片非常棒。一旦你的影片初始流量激增，YouTube 就會開始將其發布在側欄的相關影片中，而且通常會根據你的目標關鍵字對其進行排名。

　　接著 YouTube 的演算法會觀察你的影片表現如何。影片表現得越好，越能獲得獎勵。以下是我們注意到，對影片成功與否影響最大的三件事：

　　一、**點閱率（CTR）**：有多少人看到你的影片縮圖後，實際上點閱了它？我們期望的點閱率基準是：

4％：尚可接受

6％：良好

9％：簡直可以開派對慶祝了！

　　二、**初始留存率**：第一分鐘的留存率非常重要。你需要快速吸

引觀眾，讓他們願意一直看下去。請觀察夢想百大之影片，好好研究他們是如何吸引觀眾停留第一分鐘。請試著讓第一分鐘的留存率保持在 70%以上。

三、**總體留存率**：說到你的總體影片留存率，亦即一支影片實際被觀看的時間有多長？我們會查看有多少人撐到影片最後。影片留存率的基準是：

35%：尚可接受

40%：良好

50%：派對時間！（如果你的頻道達到這個水平或更好，你將獲得更多觸及。）

YouTube 駭客：「追劇」

你能為自己頻道做的最好事情之一，就是讓人們狂看你的影片。當 YouTube 發現人們在你的頻道上會一支接著一支影片看，不僅會增加你的影片觀看次數，還會提升整個頻道。

其中一個祕訣是，與其上傳一部三十分鐘或六十分鐘以上的長影片，不如創建一份播放清單，把一部長片分段剪成五到十分鐘的短片，作為播放清單中系列影片的一部分。如此一來，只要有人在播放清單上觀看第一支影片，平台會自動引導他們觀看系列中的第二支影片，而第二支影片結束時，繼續引導他們觀看第三支影片，以此類推。這樣做，就會讓人們在你的頻道上連續觀看許多影片，

同時提高頻道內所有影片的排名！

在 YouTube 上建立一個播放清單、添加你的影片，並將新的「系列」推廣到你的自有流量是非常簡單的。好好想一想，把一個新的播放清單推銷給追劇的觀眾會產生的連鎖反應吧。

- 這個方法所產生的巨大價值將附加在你的名單列表，並促使你與觀眾建立更好的關係。
- 它會讓你最忠心的訂閱鐵粉觀看你的最新影片，相較於那些在 YouTube 隨機晃晃而找到你的一般觀眾，這種作法應該會為你帶來更高的初始和總體留存率。
- 你很有可能從這批自有觀眾得到更多的點讚和留言，特別是，如果你在信件或訊息中提到，希望他們以這樣的方式與最新發布的影片互動。
- 這當中的大多數人都會觀看播放清單中的每部影片，因為看到你的新影片上線已讓他們充滿興奮，這將使這些影片排名更高，也會提升你的整個頻道人氣與聲量。

這對你、你的觀眾和 YouTube 來說，將是一個巨大的三贏局面。所以我們試圖定期創造一個新的播放清單，讓觀眾至少每個月都能在我們的發布計畫中瘋狂「追劇」一次。

你的發布計畫

在本章中，你已經看到如何在 YouTube 上創作影片，為你的

夢想關鍵字在 Google 和 YouTube 上獲得排名。每週你都應該發布新的可發現影片，來鎖定你的夢想關鍵字；每個月發布一個播放清單，你可以從中教導你的訂閱者、提高你的排名，並給他們一些很棒的觀看主題內容。以下我將附上一份 YouTube 發布計畫，以供你參考如何將之融入到日常生活和每週流程。

圖表 13.8　使用這項發布計畫，可以清楚看出你應該在 YouTube 的哪些部分集中精力。

YouTube 發布計畫		
每週：大約 2 小時		
研究	30 分／週	觀看夢想百大的影片，觀察他們使用什麼鉤子、標題、文字敘述、主題標籤和一般標籤來服務你的觀眾。
你的頻道： 1-2 支影片／週	1-1.5 小時／週	每週在同一時間發布一到兩支影片。始終如一。回覆留言。
	10 分／週	寄發你的影片連結給電郵清單上的人們。
	5 分／週	在臉書和 IG 上發布你的影片連結。回覆留言。
每月：大約 1 小時		
播放清單： 1 個／月	30 分／月	每月策劃一個新的播放清單，讓你的訂閱者可以進入瘋狂「追劇」模式。
你的頻道： 1 個合作企劃／月	30 分／月	每月與其他 YouTube 網紅合作一次。你們可以一起合作一支影片，在你的頻道上發布一支他們的影片，或者讓對方在其頻道上發布一支你的影片，雙方都在影片或資訊欄中留下對方的影片連結。*

請注意：此處所顯示的時間要求視情況而定。實際上可能會花你更少或更多的時間。
* 此策略將在下一節「步驟四：努力打入」中詳細討論。

步驟四：努力打入

我們努力打入 YouTube 的核心方式，就是遵循上述的發布計畫。每天，我們都在挑選希望獲得排名的新關鍵字，然後再針對這些關鍵字去創作影片。如果你能持續不懈發布這些影片，你的頻道就會持續出現在更多關鍵詞的搜尋結果中，更多人會來訂閱你的頻道，而你的影片也將一直成長。

與 Instagram 類似，你也可以與其他頻道合作。找找其他網紅製作影片，讓他們將影片發布到頻道，再附上你的頻道連結。有時我們會和協作者交易，我在我的頻道上發布一支影片，附上他們的頻道連結，然後對方也會發布連回到我這邊的連結，但這不一定是一對一的交易。通常情況下，我會讓別人在他們的頻道上為我發布一支影片，而作為交換，我會在 Podcast 上推薦他們。這樣他們就能在我的主要節目上曝光，我也能在他們的節目上曝光。有很多方法可以讓合作奏效；你只需要發揮創造力，找出如何雙贏的局面。

步驟五：花錢進場

我最喜歡的 YouTube 捷徑之一，是找到瀏覽量很大的影片，但這些影片的創作者並不真正了解如何從瀏覽量中賺錢。例如，幾年前我買了一個名為 Vygone.com 的網站。後來，我在 YouTube 發現有個顧客買了產品，還上傳一部使用說明影片。當時，這部影片每天都有數百次的瀏覽量，它的資訊欄卻沒有任何連結或更多說明。

於是，我打電話給那名女子，詢問我是否能付錢給她，請她在說明欄放一個網址連結到我的新網站。她同意了，至今大約五年了，這部影片仍然每個月為我帶來數百次點擊。

圖表 13.9　一注意到有人發布影片在討論我的新公司 Vygone，而且影片獲得很多瀏覽量，我便主動聯繫並付錢給影片創作者，把我的漏斗連結放在影片資訊欄中。

還有很多其他方法可以讓你花錢進場，只要你好好發揮你的創意。你可以付錢給別人，請他們為你製作影片，並發布到他們的頻道。你甚至可以付錢給他們，把你的系列影片作成的播放清單發布到他們的頻道上播放。創意和機會是無窮的！

步驟六：填滿你的漏斗

你在 YouTube 上發布的每一部影片，都將擴大你的影響力，如果你願意花時間正確地使之完善，這些影片將在你的餘生不斷帶來流量。這一切都始於持續發布以關鍵字為主的可發現影片，讓你在自然搜尋列表與 Google 搜尋結果都占有一席之地。我們會使用付費廣告，將我們的廣告放在其他影片（那些因我們的夢想關鍵字而排名前頭的影片），以及夢想百大影片的頂部。

針對這些影片，我們將使用與密碼 #9 同樣的付費廣告策略：我們會發布潛在機會廣告來吸引夢想客戶，將他們轉移到再行銷桶，使之變成我們的自有流量，之後再引導這些人攀爬價值階梯。

面對風暴的策略思維

AFTER THE SLAPS AND THE SNAPS

　　如果你正在讀這本書，而臉書因市場壟斷被政府關閉，或是一個新的社交平台正在崛起，而你想要在為時過晚之前找到方法加入，你該怎麼做？如你所知，我寫這本書的目的不是給你一條魚，而是教你如何釣魚。在過去十五年的網路生涯中，我已看過數十個人脈和數百個廣告來源來來去去。一路經歷這些變化消長，我們不僅存活下來，而且還能繁榮興盛。而我們之所以能夠經受住這場風暴，並走在流量趨勢尖端，全靠你手上這本書所學到的原則。

　　儘管有些內容我們在第二部前半的討論中已經稍微提及，而且你在前幾章中也有了一些概念，但在本章中，我想提供一個我們在研究每一個新的流量機會時會使用的藍圖。在這個例子中，我使用「填滿你的漏斗」架構，發展 Podcast 頻道並從中獲利。為此，我需要將這個架構套用到 Apple Podcast 目錄。以下案例中，在觀察我

分析如何主導 Podcast 網絡系統時，請注意我們是怎麼運用相同的架構取得成功。

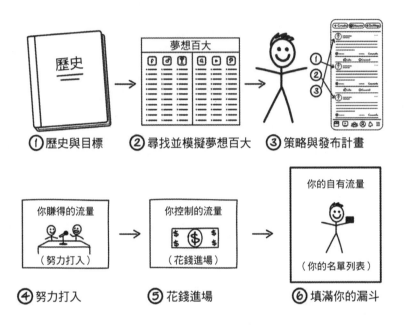

圖表 14.1　在本章節，我們將使用「填滿你的漏斗」架構，來展示它與 Podcast 的關係。

步驟一：了解歷史和目標

　　每種節目類型和平台都有其優缺點，但在所有平台中，Podcast 是我個人最喜歡的。實際上，在 Podcast 上增加訂閱者，要比其他任何平台上都要困難，但我相信你獲得的訂閱者更具價值。人們收

聽你的 Podcast 節目時，他們是在一天內的某段時間將你的聲音堵在耳朵裡，而你通常能獲得他們唯一的關注，例如他們開車的時候、在健身房鍛鍊的時候，或者躺在床上思考的時候。在這些最親密的時刻，你有辦法為他們講故事、打破錯誤的信念，真正地以一種其他任何類型的媒體都做不到的方式為人們服務。

Podcast 傾向於吸引更富裕的觀眾，以及擁有更高淨資產的人。事實上，最近一項調查顯示，Podcast 聽眾的家庭年收入超過 25 萬美元的可能性要高出 45％。[43] 這告訴了我一些事情。首先，如果你想增加自己的個人淨收入，你應該聽 Podcast 而不是收音機。第二，你最優質的夢想客戶，會是那些在你的名單上也聽 Podcast 的人。

每當有人進入我的世界（也就是加入我的名單列表），我想讓他們做的第一件事，就是訂閱我的 Podcast 頻道《行銷機密輕鬆談》。如果我能讓他們離開任何一個當初他們認識我的平台、願意跳出收件匣、來到 Podcast 把我的聲音放進耳朵裡，我的影響力將會勝過我所能做的任何事情。

步驟二：在該平台上找到你的夢想百大

Podcast 是最容易找到你的夢想百大的平台之一，因為幾乎所有 Podcast 都發布在 Apple Podcast 目錄中，所以你不需耗費太多力氣四處尋找。多數人同時也會把他們的 Podcast 放在其他目錄，例如 Stitcher、iHeartRadio 和 Spotify，不過很少有 Podcast 只列在這

些目錄而不放在 Apple，所以我只在 Apple 上進行搜尋。

Apple Podcast 的排名演算法目前是根據三個因素。首先（也是最重要的）是新訂戶的數量。你獲得的新訂戶越多，你的 Podcast 排名就會越高，這是最重要的因素，遠比其他兩個因素重要，所以我的主要目標就是鼓勵人們訂閱。我們會舉辦比賽，發放獎品，每集節目都會談到訂閱一事。另外兩個排名因素則是下載量和新留言的數量，這兩者都很重要，但重要性還是低於新訂戶的數量。如果你專注在獲得新訂戶，那麼留言數和下載量就會隨之而來。

為了找到你的夢想百大，Apple 會為你展示每個類別的前兩百大「頂級」Podcast 頻道，這等於為你找尋夢想百大提供一份巨大的資料庫。即使是那些沒有列在前兩百大的頻道，他們的每集節目也有數千次下載量。所以我也建議你搜尋其他關鍵字，以找到那些因為某些原因擁有大量下載量和老用戶，卻沒有獲得新用戶，因此排名不高的節目。雖然他們沒排在前兩百名，但擁有大量忠實的追蹤者。

親自去了解你的夢想百大，他們將成為你的策略理事會，讓你知道如何有效經營自己的 Podcast 頻道獲得排名，並且維持排名。與他們分享你的成功，以及對你有實質幫助的一切祕訣，他們才更有可能也與你分享自己的勝利。在各種平台起起落落的過程中，能夠與在同一市場、同一平台上測試演算法、並試圖找出演算法祕密的其他人交談，對你會很有幫助。

步驟三：確定發布策略，並制定發布計畫

　　與其他平台相比，Podcast 的策略非常簡單：你只需要決定你想要主持哪種類型與風格內容。我在想，如果你聽了很多 Podcast，那麼你可能就會有自己最喜歡的模式。有些人喜歡訪談類節目，有些人更願意利用這段時間分享自己的想法，還有一些人喜歡兩者結合。我認為你想要哪種模式並不重要，只要你選擇的是自己可以保持一致的模式。

　　我第一次發布原創頻道《在車子裡行銷》時，是因為我知道自己每天都會在車裡待上十分鐘。因此，我知道我可以承諾每週在手機上錄製至少三集節目。如果不是簡單的事情，我很清楚自己無法堅持下去。我也有其他喜歡訪談類節目的朋友，因此他們就需要在自家中建立小工作室。擁有工作室之後，他們就知道自己將會堅持下去、始終如一。無論你選擇哪種類型的 Podcast，請確保你已為成功創造環境。

　　和生活中的大多數事情一樣，始終如一是 Podcast 成功的關鍵。Podcast 具有某種複利效應，你發布的每一集都會吸引新的粉絲，他們接著會回頭從第一集開始狂聽你的節目。正因為如此，每一集的觀眾都會比上一集多，而且每一集都會間接宣傳你過去的節目。例如，六年前我發表的所有節目都沒人聽，到了現在，有人注意到我了，所以那些節目每天仍有數百人收聽。

你的發布計畫

與所有其他發布計畫一樣，你可以完全套用、照表操課，或者你也可以予以更改，使之更適合你。對於 Podcast，你需要確保自己選擇一個保持一致的發布時間表。你的聽眾會對你即將播出的節目有所期待，所以你可以選在每週的同一天播出節目，藉以建立觀眾對你的信任。

圖表 14.2　使用這項發布計畫，可以清楚看出你應該把精力集中在 Podcast 的哪些地方。

Podcast 發布計畫		
每週：大約 3 小時		
研究	30 分／週	收聽夢想百大的 Podcast 節目，觀察他們的節目風格，以及他們如何與你的聽眾交流。
你的 Podcast： 2 集／週	1 小時／週	每週在同一時間發布兩集節目。始終如一。
	10 分／週	把你的 Podcast 節目連結寄發給電郵清單上的人們。
	5 分／週	在臉書和 IG 上發布你的 Podcast 節目連結。回覆留言。
其他 Podcast： 2 次訪談／週	1 小時／週	每週接受兩個不同 Podcast 頻道的採訪。始終如一。*
	10 分／週	寄發你的 Podcast 訪談連結給電郵清單上的人們。
	5 分／週	在臉書和 IG 上發布你的 Podcast 訪談連結。回覆留言。

請注意：此處所顯示的時間要求視情況而定。實際上可能會花你更少或更多的時間。
* 此策略將在下一節「步驟四：努力打入」中詳細討論。

步驟四：努力打入

Podcast 比其他平台更困難經營的一點是，沒有一種真正簡單的方法來推廣與經營 Podcast，至少對大多數人來說是如此。你不能只是發布一個好的節目，然後希望人們會像其他社交管道一樣自然地分享它，而且大多數人也不會每天去 Apple Podcast 上面搜尋新內容。Podcast 聽眾平均訂閱數是六個節目，僅此而已。通常，他們是根據朋友的推薦才開始聽節目，如果收聽體驗是他們喜歡的，就會進一步搜尋其他相關的節目。他們會「最大限度地利用」自己的可收聽時間來嘗試一些新節目，這些節目將成為他們往後主要造訪的地方。通常情況下，聽眾收聽新節目的唯一管道，是經由朋友推薦，或者從其他節目中聽到相關介紹。

這就是為什麼很多嘗試 Podcast 的人會停止經營，因為一開始就很難獲得關注，還有長期的成長也相對具挑戰性。不過，對於那些已經理解本書從開頭至今所討論過的核心原則的人而言，經營 Podcast 其實非常簡單。

我們發展 Podcast 的策略如下：建立一份夢想百大 Podcast 清單，這些 Podcast 都是我們設定的夢想客戶目前已經在收聽的，然後努力打入。我們會對業內所有能找到的 Podcast 節目發送訊息，詢問對方是否能在他們的 Podcast 上接受採訪。我受訪時，有個幾乎所有主持人都會問的問題：「喜歡這集節目的人，他們如何才能更了解你？」我的回答總是千篇一律：「我有一個新的 Podcast 叫《行銷機密輕鬆談》，如果你輸入 MarketingSecrets.com，或者在

ApplePodcast 搜尋我的頻道，就可以訂閱追蹤，而且每週能獲得兩次我最好的行銷祕密！」

正如同我們預期，聽到採訪後並進入我的頻道的聽眾蜂擁而至。他們喜歡 Podcast、喜歡對 Podcast 進行排名和評論，也熱愛與朋友分享自己最喜歡的節目，這些人做了所有我們一直試圖教育非 Podcast 聽眾做的事情，但不需要任何指導。

最近，我很熱衷關切著名的 Podcast 主持人喬丹‧哈賓格（Jordan Harbinger），他擁有一個世界上最大的 Podcast，名為《魅力的藝術》（*The Art of Charm*），每個月下載量超過四百萬。由於哈賓格與商業夥伴發生爭執，最終被踢出自己的節目。[44] 我很難過，過去幾年他必定花了不少心血把一個 Podcast 頻道發展到這麼大規模，卻失去了它。後來，有一天我在收聽最喜歡的 Podcast 節目《Mixergy》時，那集安德魯‧華納（Andrew Warner）邀請到喬丹上節目接受訪問，談談他的 Podcast 是如何發展起來，又是如何失去。

在節目尾聲時，安德魯問喬丹，如果觀眾想在節目結束後追蹤喬丹，應該怎麼做。喬丹建議聽眾去訂閱他的新節目《喬丹‧哈賓格秀》（*The Jordan Harbinger Show*）。

就在那時，我意識到他正在做的事情，和我一直以來在做的一模一樣。他知道，他所有未來忠實的追蹤者都已經開始收聽 Podcast 了，他只需要走出去，讓他們相信他值得一聽。然後我開始觀看喬丹為了宣傳他的 Podcast 節目，所接受的一場又一場訪談。僅僅幾個月的時間，喬丹的新節目下載量就超過了三百萬次。

步驟五：花錢進場

接下來這一節的內容幾乎沒辦法寫進這本書裡，因為直到上週我才意識到這一點。我第二喜歡的 Podcast 頻道是《商業戰爭》（*Business Wars*）。上週，在其中一集節目的結尾，他們秀出最新發布的一集迷你特輯。節目開始時，主持人說他們有一集特別的節目，《商業戰爭》的團隊想要分享一個叫喬丹‧哈賓格的傢伙的特輯！[45] 接著告訴所有觀眾，他們將播放一些喬丹的精彩片段，而且他們認為肯定每個人都會喜歡。最後，他們鼓勵所有想要了解更多訊息的人去訂閱喬丹的 Podcast！

你可能猜到了，我第一次意識到可以在別人的 Podcast 中購買廣告來推銷自己的頻道時，我簡直陷入瘋狂，不斷跳來跳去。因此，現在我們已經懂得針對夢想客戶正在收聽的 Podcast，購買廣告以及完整節目。

步驟六：填滿你的漏斗

現在，你已經有了自己的 Podcast，並且知道如何增加你的追蹤者，我想花點時間談談，你如何利用自己及其他人的 Podcast 來填補你的漏斗。即便你沒有自己的 Podcast 節目，你仍然可以利用這個強大的平台來獲得流量。

推廣漏斗的策略和發展節目的策略是一樣的。每當我有新書發表、新的網路研討會，或者新的漏斗，我想迅速獲得大量流量，最好的方法之一就是參加 Podcast 巡迴之旅。你可以發訊息給節目主

持人，詢問他們能否讓你上節目。一旦你開始上節目，當他們問到聽眾如何進一步了解你的神奇問題時，只需告訴聽眾記得買一本你的書、註冊你的網路研討會，或是獲得免費的名單磁鐵。然後提供你的漏斗網址。

你也可以購買 Podcast 廣告來推銷你的 Podcast 頻道或其他漏斗。最近，我們在約翰·李·杜馬斯的《火力全開的企業家》Podcast 上針對付費廣告進行一些測試。結果非常好，最終我們從他那裡買了整整一年的廣告！我們也回到那些我採訪過、對銷售影響最大的節目購買廣告。最後，在《Mixergy》和其他我喜歡的Podcast 上購買廣告，這也是策略的一環。

有些 Podcast 內部設有廣告部門，你可以直接與之聯繫。他們通常會有一個媒體工具包（media kit），向你展示節目的人口統計數據以及每集的下載量等訊息。許多 Podcast 會與代理商合作銷售廣告。大多數代理商會贊助許多不同的節目，他們可以為你打開通向許多 Podcast 的大門，很多節目可能你甚至不知道其存在。

關於其他平台的說明

我非常想在這本書中寫一些關於其他平台的章節，這些平台過去一度是市場的領導者，例如推特、Snapchat 和領英。在這些平台上仍然有很多機會，其中一些可能會捲土重來，擊敗我在這本書中已論及的平台。

我還想談談一些新的平台，我認為這些平台未來有潛力發展到

龐大規模，例如 Twitch 或抖音，甚至是 Pinterest 這樣的平台，許多 ClickFunnels 用戶的主要流量都來自 Pinterest。但我知道，如果我試圖為每個值得期待的平台寫一章，這本書篇幅可能會超過兩千頁。此外，這麼做就會變得像是我試圖給人們魚，而不是教他們如何釣魚，因為這些平台只存在相當短的時間。

我最終選擇臉書、Instagram、Google 和 YouTube 來討論，如此一來你就可以清楚看到，我們擊破每個新出現的平台網絡時背後所執行的策略思維。有了這些知識，現在面對任何你想要進入的新網絡，以及遇到下一次 Google 巴掌或祖諾斯彈指，思索該如何重新站起時，你就有了一個可以遵循的流程。

主導對話的藝術，
如何同時經營多種平台

CONVERSATION DOMINATION

在我們繼續之前，我想先給你一個警告。許多人認為他們必須在所有平台上都要成功。這是不對的。事實上，大多數時候，事實恰恰相反。通常情況下，人們會嘗試在所有平台上發布和購買廣告，但卻無法在任何平台上發布出色的廣告，或者由於廣告預算要平攤給各個平台，以至於顯得單薄，因而從未真正獲得任何人氣或提升受歡迎程度。

對於每一項業務，你都應該要有一個聚焦的主要通路。這很可能和你在密碼 #7 中創建的節目是同一個平台。這也可能是你花費大部分個人時間投注其上的平台，因為你已經是該平台上的媒體消費者，所以你更容易能掌握如何在這個平台上成為媒體製作人。現

在，從你的夢想百大到支付廣告費用，你所有的注意力都應該集中在這個平台上。

我已經聽到你們之中的一些人在說：「但是，羅素，你在每個平台上都有發布內容。我看到你的 Podcast、你的 YouTube 影片、你的部落格、你的臉書直播和 Instagram 限動。你的言行不一致啊。」

我想讓你明白，雖然我現在在所有這些平台上發布內容，但一開始並沒有。如果當初這麼做，就不會有我現在這個品牌了。五年前，首次推出 ClickFunnels 時，我們選擇一個平台，並在其上投入雙倍的精力，那個平台就是臉書。我們專注在臉書創建自己的夢想百大名單、構思策略，並制定發布計畫。接著，我們非常認真地針對每一位夢想百大，努力打入，花錢進場。這是一個漫長而艱難的過程，幫助我們創立一家銷售額超過 1 億美元的公司，站穩之後，我們才開始在第二個平台發布內容。就在那時，我們決定專攻我已經經營一段時間的 Podcast。我們必須找到那個地方的夢想百大、構思策略、努力打入、花錢進場，並制定一個發布計畫。正如你所見，模式總會一再重複。

之後我們接連在 Instagram 和部落格上也重複了這個過程。每個新頻道都需要一份新的夢想百大清單、新的策略，以及新的團隊。如果我們一下子全做完了，實在很難不被壓垮。所以對於目前正在閱讀這章節的你，如果你現在坐在我面前，我同樣會請你選擇一個平台，在上面創作你的節目，致力與你的夢想百大聯繫，然後在你生命中接下來的至少十二個月都專注在這件事上。

我經常聽到的另一件事是：「但是，羅素，其實我只要錄製一部影片，然後把影片上傳到 YouTube、擷取音頻到 Podcast 節目，再轉錄成文字貼在部落格。我只需創作一次內容，然後就可以到處發布。」這個概念相當誘人，很多人認為這是隨時出現在任何地方的最佳方式，但如果這麼做，你就忽略了每個平台都有自己獨特的語言。通常，在一個平台上運行良好的內容，若直接複製到另一個平台，很可能會失敗。

在臉書上的人，有興趣的是你的個人故事、談論時事，以及看你直播。聽 Podcast 的人習慣聽較長的訪談。閱讀部落格的人，尋找的是長篇形式的內容，這些內容通常是以內含大量例子和豐富細節的文章所組成。Instagram 上的人想要看到照片，他們好奇你的旅程和日常生活的幕後花絮。最後，YouTube 上的人則主要尋找以關鍵字為主的操作指南和娛樂內容。如果你只是將一部內含大量關鍵字的 YouTube 影片，擷取其中的音檔放到 Podcast 上，對於聽 Podcast 的人來說，這可能會很奇怪，更奇怪的是，如果有人把它作為臉書動態貼文更新來讀，那就更奇怪了。

相反地，要專注於一個平台，直到你完全掌握，這意味著你要非常清楚你的夢想百大。你的內容策略要系統化，而且自動進行。你要有一個適當的運作流程，供你努力打入，並有合適的人選出現，供你花錢進場。完成之後，你才可以也應該加入下一個平台經營。最終，你會希望自己在每個平台上無所不在。就我個人而言，我真正希望的是有人拿起手機，無論他們打開哪個應用程式，第一個看到的人都會是我。但如果你跳得太快，則很可能在你有機會真

正建立你的追蹤者之前，力量就被削弱了。

實現主導對話的過程

我曾看到有人試圖出現在各個平台，他們通常經由以下三種方式之一來做到這一點。

首先，他們會發布一個主要節目，然後以不同格式向每個平台發布相同訊息。你可以藉此獲得些許成功，但你的努力終究會被沖淡。第二種方法是在每個平台上發布獨特的內容。雖然這是有可能的，但通常需要組建一個龐大的團隊才能完成，這將占用你大量的個人時間。幾年來，我和團隊就是這麼做的。但過了一段時間，我實在厭倦持續生產這麼多東西，直到有一天，我有了一個想法。

如果我們創造一個在臉書和 Instagram 直播上播放的大秀，並按照腳本為每個核心平台提供各自需要的所有獨立要素，會怎麼樣？然後，我們可以用整個星期來準備節目並進行直播，團隊將擁有他們需要的所有資源，去製作適合每個平台語言的獨特內容。這就是《行銷機密現場》（*Marketing Secrets Live*）節目誕生之時。

我看待這個節目就像是《今夜秀》那樣的脫口秀。我喜歡現場直播，因為現場直播會比預錄影片的效果更好。我會先上線為節目開場，然後花幾分鐘等待人們進入直播聊天室，談論一些時事，然後再開始正式節目，進入正題。

獨角戲：我會獨自開場，就像大多數脫口秀節目一樣，主持人

會站起來講一些故事，試圖與觀眾產生共鳴。獨角戲結構會與我經營《行銷機密輕鬆談》Podcast 的方式非常相似。當個人開場結束，這段內容將成為 Podcast 未來幾集的內容。

採訪：我通常會在節目中採訪某人，可以在辦公室，也可以透過電話進行訪談。這段採訪所使用的語言，與 Podcast 聽眾經常收聽的語言是一樣的，所以在後期製作中，我們將會把這段採訪變成另一段 Podcast 節目內容。獨角戲和採訪將成為每週發布的兩集 Podcast 節目內容。

合作問答：在我們開始現場直播之前，我會用手機以影片方式，發送一個問題給我夢想百大的其中幾位，邀請他們回答該問題，並傳回另一個問題給我。我會現場展示他們拋給我的問題、並給出我的回答，接著我再回到發給夢想百大的問題，並展示他們的影片答覆。節目結束後，我們就會把編輯好的影片發布到 IGTV 上，然後標註他們，之後他們再將該影片也發布到自己的 IGTV 上，並同樣標註我。

十大清單：我借用大衛‧萊特曼的節目概念，分享一個明星清單。我分享的這份清單，將成為我的部落格之摩天大樓文章。我可能會分享「二十一件最棒的事情，讓你在推特上發布並獲得更多追蹤者」，或是「2020 年我最喜歡的十三個擠壓頁面（squeeze pages）」。我會展示每一項目的圖像，並對其做簡要介紹，這部分

完成後，我的團隊將迅速利用我的解釋，以我的語調寫出摩天大樓式貼文，並開啟建立連結的流程。

入門指南： 我會去鎖定一些我想在 YouTube 上獲得排名的關鍵詞，然後做一段內容，展示兩到三種不同的做事方法。每個入門指南將成為一支針對特定關鍵字短語的 YouTube 影片，完成後發

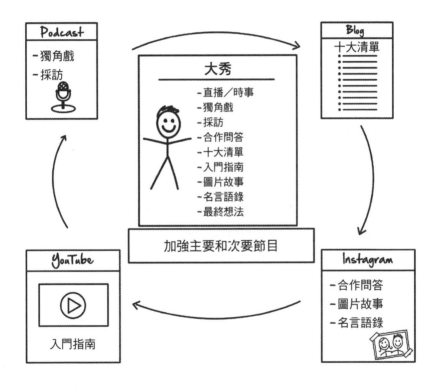

圖表 15.1　為了製造出讓整個團隊都能重新利用的內容，我會創作一個大秀，每週直播一次。

布，然後獲得排名。

圖片故事：我會瀏覽我的 JK5 類別，每個類別至少展示一張圖片，並講述它背後的故事。這有助於我的團隊更理解圖像的含義，能更好地下標寫圖說，並試圖讓觀眾也感同身受。

名言語錄：我喜歡在節目結束時分享個人最喜愛的語錄，並解釋原因。這樣的話，如果我的團隊要把這變成語錄卡，就會有一番完整的解釋，他們可以直接引用我的話下圖標或圖說，然後發布出去。

最終想法：這是一段我不會在任何地方轉載的文字。我只記得以前看過傑瑞・史賓格（Jerry Springer）在他的節目中這麼做（是的，我以前會看傑瑞・史賓格的節目，請不要評判我），而這就是促使我看完整個節目的原因。[46]因此，我同樣想為我們的直播觀眾保留一些特別的東西，讓他們能一直參與到最後。

節目結束後，我們會迅速錄下團隊將需要的所有訊息，這些訊息將連接起每個平台的內容。例如，我會錄製兩集 Podcast 的簡短介紹：「大家好，我是羅素・布朗森，歡迎來到《行銷機密輕鬆談》。在這集節目中，我將採訪 _____ 關於 _____ 的內容。記得一定要聽到最後，找出關於他 _____ 的頭號祕密。」

我還會為 YouTube 影片錄製這樣的介紹詞，指引他們觀看時

要注意的事項（入門指南），例如說：「嗨，我是羅素・布朗森，歡迎你來到我的頻道。今天，我將向你們展示如何 ＿＿＿＿＿＿＿，但在此之前，請訂閱我的頻道並開啟小鈴鐺，這樣你們就不會錯過我即將推出的下一部精彩影片。現在讓我們一起進入影片吧。」

我也可能會為這些影片錄製一段簡短的謝幕致詞，例如：「再次感謝觀看這支影片。請一定要按讚，並在留言裡告訴我，你上次經驗（和這個影片有關的事情）是什麼時候。」

每週一次大秀的節目製作，我的團隊就有了每個平台所需的客製化內容。

在每個平台上發布內容，尋找各平台的夢想百大

你已明白要如何使用這個大秀，並利用它來創建你的主要及所有的次要節目內容了嗎？即使有了這個計畫，我也不會嘗試同時在五個平台上發布。請緩慢、有條理地執行。當你決定擴展到每個新平台時，請遵循「填滿你的漏斗」架構中的步驟：

- 步驟一：了解新平台的歷史和目標
- 步驟二：找到並模擬你的夢想百大
- 步驟三：確定發布策略，並制定發布計畫
- 步驟四：努力打入
- 步驟五：花錢進場
- 步驟六：填滿你的漏斗

掌握你擁有的配銷通路和流量

你的策略中最後也是最重要的一步，是推銷你的主要節目和次要支持內容。若在每個平台上都發布內容，將會讓你在粉絲和追蹤者中的觸及率有限，但為了刺激你剛上線的節目發展，你越能吸引更多人數到你的新集數，每個平台會給予你更多獎勵。

除了你的好友、粉絲、訂閱者，以及每個平台上的追蹤者之外，我們還有些一直以來持續努力經營的配銷通路。

電子郵件：電子郵件是我們的自有流量，也是核心配銷通路之一。在人們看完你的肥皂劇模式之後，他們應該出現在你的每日《歡樂單身派對》播送名單上。這是一份你可以用來推廣新節目的名單，一旦這份名單已成形、準備好引導大量新用戶造訪你的內容，將大大幫助刺激內容的成長。通常情況下，這些人與你的關係最好，所以在你推出節目後請盡早讓他們觀看、按讚、留言和分享，這會向任何網路平台的演算法顯示，這些內容很好，理應得到更多自然成長。

Messenger：雖然你我都是從臉書上租用 Messenger 列表，如果臉書不喜歡你的發布方式，他們有權禁止你使用，但它仍然是當今最強大的通路，無論是開啟率或點擊率都是首屈一指的。使用你的 Messenger 列表來推銷新內容，是促進你新節目最快的方法之一。

桌面推播：如果你已經建立一份帶有桌面推播通知的列表，這是在內容上線時宣傳的另一個好方法。

要確保你內容發布策略的其中一部分，是使用自己的配銷通路在每個平台上宣傳你發布的內容。這將讓它有機會獲得平台提供的免費自然提升，並為你想要投放的付費廣告做好準備。在付費廣告運作之前就有瀏覽量、留言和按讚數，會讓你花的每一分錢都更有效。

下頁提供我們如何運行主導對話發布計畫的步驟分解，這份計畫使我們能夠出現在每個人訂閱的頻道面前。為了幫助你準備自己的節目，請登錄 TrafficSecrets.com/resources，列印一份自己使用的填空大綱。

圖表 15.2　使用這項發布計畫，可以清楚看出為了達到主導對話的目的，你應該集中精力在哪些部分。

主導對話		
每週：大約 7 小時		
準備： 1 次／週	2 小時／週	準備節目 • 確定你的節目主題，以及你要在獨角戲時說什麼。 • 安排採訪夢想百大。 • 收集你向夢想百大提問的影片。 • 撰寫一份你的主題列表。 • 選擇 2 至 3 個你想在 YouTube 上排名的關鍵字。 • 從 Instagram 上挑選你想分享的圖片。 • 選擇你想分享的語錄。 • 決定你的最終想法。
直播： 1 次／週	1 小時／週	每週臉書和 Instagram 直播，遵循以下大綱流程： • 獨角戲（變成 1 集 Podcast 節目）。 • 訪談（變成 1 集 Podcast 節目）。 • 合作問答（變成 IGTV 影集）。 • 十大清單（成為部落格的摩天大樓文章）。 • 入門指南（做成 YouTube 影片）。 • 圖片故事（成為圖片貼文的說明「文字」）。 • 名言語錄（變成語錄卡＋貼文的說明「文字」）。 • 最終想法（不發布）。
發布： 一整週	4 小時／週	團隊充分利用節目中的資源，在所有平台上發布內容。

請注意：此處所顯示的時間要求視情況而定。實際上可能會花你更少或更多的時間。

Part Three

成長駭客

GROWTH HACKING

歡迎來到本書的第三部分！我很高興你能閱讀至此。到目前為止，你已知道你的夢想客戶是誰、他們聚集在哪裡、如何將你的鉤子呈現在他們面前，以及如何把你所有的流量變成自有流量。在第二部分中，曾談到我們如何從任何廣告平台獲得流量的架構，從而讓漏斗擁有無限流量。我們也展示了如何打造發布計畫，以便你能夠始終如一地出現在夢想客戶面前。現在，我們終於要進入成長駭客了。

不過，什麼是成長駭客？我沾沾自喜，因為十五年前我剛開始上網時，市面上還沒有臉書。Google 巴掌使得大部分公司陷入癱瘓，所以我們不得不想出其他辦法，讓流量進入漏斗。我們嘗試並測試了所有的東西。有些東西屬於超級「黑帽」，雖然並不是什麼大壞事，但像 Google 這樣的公司卻不贊同。比方說，我們會設置隱形頁面（Cloaked Page），企圖欺騙搜尋引擎的蜘蛛，讓它們以為我們的網頁適合搜尋。然而，當真實的用戶（非搜尋引擎蜘蛛的 IP 位址）出現時，他們則會看到一個完全不同的擠壓頁，適用於轉換。我們建立連結農場，不惜一切代價務必使我們的網頁躍上排名。我們找到方法，能讓郵件通過垃圾郵件過濾器，成功進入訂閱者的收件匣。

但我們使用的不僅僅是黑帽技術，我們還花了大量時間努力獲得免費宣傳，將電視、廣播和熱門線上新聞網站的用戶吸引到我們的漏斗中。我們試過所有能想到的東西：黑帽、白帽，以及介於兩者之間的一千種灰帽技術。

對我們來說，這是一場生死之戰。假如我們想不到如何讓更多

目光關注自家的網頁，我們也沒戲唱了。我們嘗試過的所有技巧和撇步，全被「真正的」企業給看輕。有些人稱我們為垃圾郵件發送者，而另一些人則更嚴屬地稱我們為騙子。我們也不知道怎麼稱呼，於是就叫它「網路行銷」。

那些日子我永遠不會忘記。猶如蠻荒西部，遠在同業出現之前，我們早就在那裡了。在我們的所作所為被認為很酷之前，我已在這個場上打滾了將近十年。當我第一次聽到「成長駭客」（growth hacking）這個詞時，開始有些作者發表文章，討論一些快速成長的新創公司，例如 Dropbox、優步（Uber）、PayPal 和 Airbnb。

當那些人分享著用來快速發展公司的驚人成長駭客技術時，我開始笑出聲來。他們分享的每一個駭客竅門，都是我們已經使用了十多年的基本技術！這些訣竅中有很多都是人們曾經為我們感到羞恥的東西，但現在卻變得很酷。由於 ClickFunnels 的快速成長，很多人都說我們是獨角獸，因為我們有獨特的成長策略，換言之，我們不是通過他人資金來成長，我們靠駭客成長。

在接下來的第三部中，我將與你分享，我們至今仍在使用、最強大的白帽成長駭客技術。儘管對許多人來說，這些似乎是新的成長駭客，但我們在過去十五年裡已經很懂得熟練掌握。事實上，我們的成功來自於倒退，深入研究我們在「成長駭客」這個詞尚未流行之前寫的劇本。請享受這些駭客技巧的樂趣，因為它們非常強大，將為你帶來優勢，並引導你打敗任何想要與你競爭的人。

漏斗樞紐的誕生

THE FUNNEL HUB

　　我剛開始參與這個網路行銷遊戲時，有兩個競爭團隊：「品牌」和「直效行銷」。我是一個想玩遊戲的孩子，但我不確定該加入哪一方的隊伍。

　　品牌團隊的人提出一些非常好的論點。他們認為市場行銷應該專注於清晰的設計，與你的閱聽眾建立聯繫，並創造出一種能夠吸引人不斷回訪並購買你產品的感覺。

　　直效行銷團隊則抱持非常有力的反對論點，我也覺得很有道理。他們將行銷努力集中在獲得轉換率上，創造出一個流程，讓你能夠在其中追蹤你所投入的每一筆廣告資金，並努力獲得即時的正投資報酬率。

　　觀望一番後，由於我沒有足夠的錢打造一個品牌，所有的一切都得靠我自掏腰包，所以我較傾向於直效行銷團隊的觀點，並加入

他們的陣容。我變得痴迷於轉換率，我創建網頁、撰寫文案，並投放廣告，這些都能讓我的轉換率超過任何人。人們會來，他們會購買，然後離開，那些已消費的人通常都不會再回來。然而，只要我花在廣告上的錢少於我賺的錢，我就贏了。

但之後 Google 變了。PPC（點擊付費式廣告）巴掌出現，我的廣告一夕之間就消失了。意識到我所有的現金流都枯竭了，這讓我非常害怕，使我不得不嘗試幾乎所有的方法讓流量進入我的漏斗。這促使我開始一段旅程，尋找任何我可以嘗試的、任何人都說有效的技巧或竅門。

在我們嘗試的數十件事情中，有一件似乎很有希望。當時，搜尋引擎看重來自新聞和公關網站的反向連結。編寫並提交新聞稿是獲得連結的簡單方法，這將幫助你獲得網站排名，此外，假如你的新聞稿很棒，便能夠獲得真正的媒體關注。

「那該有多酷啊！」我想。「我其中一個產品可以上電視了！」

我加入了。為了學習策略而購買課程、找出所有能找到的夢想百大公關網站，建立一份列表，並編寫和提交新聞稿。有些是免費的，有些則是付費的，但我提交的所有新聞稿全都被拒絕了。

我不知道我做錯了什麼。並不是其中某些新聞稿被拒，而是全都被拒絕了！我開始聯絡這些網站的編輯，試圖找出全被拒絕的原因。我花了一段時間才通過守門員，但進去之後，他們幾乎異口同聲說了類似理由：「在新聞稿的最後，你附上了你的網站連結，但那裡什麼都沒有。」

「你說『那裡什麼都沒有』是什麼意思？那是我漏斗的擠壓

頁。它是我創造過轉換率最高的網頁之一。」我答道。

「我不明白這是什麼。這絕對不是一個網站，看起來像是某種騙局，」他們回覆。

騙局？這個網頁為我賺的錢，比他們用其他新聞稿連結到的任何網站都多。但最終，他們並不在乎這個。他們習慣看到傳統的網站。我若要成為他們眼中的合法企業，就需要一個合法的網站。

我開始漏斗駭客其他新聞稿連結的網站。雖然他們當中大多數都有漂亮的品牌，但沒有一個是為轉換率而設計的。那些我師法的直效行銷傳奇人物想必會公開嘲笑我，即使我只是看看這些漂亮的、低轉換率的網站。我討厭這些網站的一切，但在那個時候，我幾乎願意做任何事情來釐清如何贏得遊戲和獲得他們的流量。如果這意味著我需要建立一個品牌，我就會去做。

我把深埋自家書架後面的一些舊品牌書上的灰塵撢掉，想看看能學到些什麼。一開始，一想到要創造任何不專注於優化和投資報酬率的內容，我就會起雞皮疙瘩。然而，我知道如果我想蹭其他人的流量，就必須懂得玩他們的遊戲。

在那幾天的研究中，我意識到，當初選擇直效行銷團隊，捨棄品牌的同時，我也把品牌寶貴的部分丟棄了。直效行銷確實讓我有能力帶來客戶、獲得利潤，但品牌才是讓客戶一次又一次回來的原因。《網路行銷究極攻略》一書乃是建立在我的直效行銷基礎上，而《專家機密》則專注於我在品牌和說故事的過程中學到的東西。我現在相信，在當今世界，將品牌和直效行銷結合在一起是必要的，甚至比我當時剛開始試驗時更加必要。

為了獲得公關公司的批准，我決定創造一個我可以建立連結的新網站，而不是替換我的漏斗。這個新網站將被視為品牌樞紐中心，人們可以從中更了解我、我的公司、我們的產品，以及我們會如何幫助顧客。它看起來更像人們習慣看到的傳統網站，所以我希望能更受媒體歡迎。一旦你點擊進入這個品牌樞紐，裡面的連結就會引導訪客進入我們的前端漏斗。

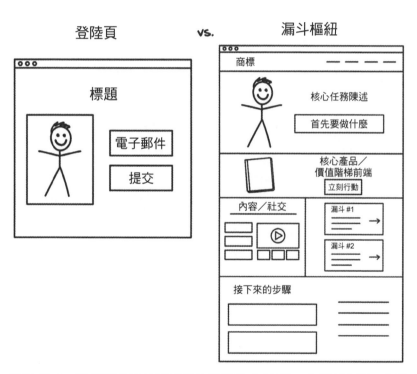

**圖表 16.1　**為了讓公關公司接受你的漏斗（左圖），你可以創造一個包含更多內容的漏斗樞紐（右圖），而它仍然能夠推動人們進入你的漏斗。

當時，這個方法並不精密複雜，但很有效。我重新提交新聞稿，這次陸續開始被接受了。在數百篇新聞稿被接受後，我的連結增加了，我的樞紐在搜尋引擎最佳化的排名上升，流量開始湧入。因為我有了這個網站，它給了我更多的可信度，讓更多的傳統媒體認識我們。

漏斗樞紐的誕生

我希望我可以說，在過去的十五年裡，我投注巨大心力在我創建的品牌樞紐網站上，但不幸的是，我沒有。我利用它獲得傳統媒體的肯定時，從未真正了解其全部潛力。

最近，我的兩位會員，麥克・舒密特（Mike Schmidt）和 AJ・里維拉（AJ Rivera），希望我針對他們所創建、名為「漏斗樞紐」的東西發表意見。我很信任他們倆，於是便擠出一些時間聽聽他們的理念與想法。在他們述說大約三分鐘後，我知道他們已經釐清我十年前嘗試做的品牌樞紐網站演變。他們的了解非常通透且深刻，於是我請他們也幫我建立一個漏斗樞紐，並且一直沿用至今。

在本章中，我將引用與麥克和 AJ 的對話，幫助你理解，為什麼漏斗樞紐應該成為你流量策略的核心部分。

影子漏斗

麥克和 AJ 給我看了一些我們投放大量付費廣告的漏斗數據。他之前曾和我的流量團隊談過，所以他知道我們花多少錢。

「在這四個漏斗中，你們光是上個月就花了 48 萬 5,927 美元的廣告費，在臉書、Google、YouTube 和 Instagram 上銷售你們的產品。」他們說。

「是的，我們花的每一美元都是獲利的。所有這四個漏斗都立即實現收支平衡，而且我們通常會從中獲利，所以嚴格來說，我並沒有損失 48 萬 5,000 美元。我賺了錢，而且也讓大量新客戶進入我的價值階梯。」

「這個我們知道。」他們接著說，「你是漏斗之王。但我們不是來跟你談這個的，我們是要跟你談談影子銷售漏斗。你花了 48 萬 5,000 美元將人們送進你的核心漏斗，此舉創造出一個巨大的影子漏斗，而你並沒有從中獲利。事實上，你的許多競爭對手都是在你辛勤工作的基礎上建立自己的公司，而他們完全不用付出一毛錢。」

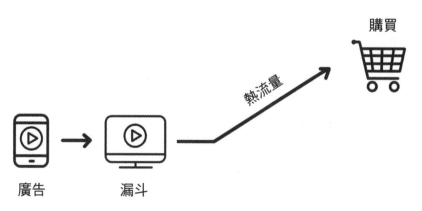

圖表 16.2　我們創造一個漏斗時，通常是假設大多數人看到我們的產品後就會逕行購買。

「什麼意思？我聽不懂。影子漏斗是什麼？」

「影子漏斗是在你向漏斗發送所有流量之後所產生、伴隨而來的流量。比方說，有人看到你的任何產品廣告時，你就會立即獲得購買人數的百分比。然而，實際上有更大比例的人看到你的廣告，無論他們是否點擊，都不會購買。相反地，他們可能會開另一個新視窗，在 Google 中搜尋你。這是陰影漏斗的開始。

其他時候，他們可能會聽到朋友談論你，在社交媒體或傳統媒體上聽到你，在 Podcast 上聽到你，或者聽到你的粉絲或追蹤者談論你的作品。無論如何，這些賺得流量和付費流量有無數種方式和管道，無法立即轉換到你的影子漏斗。現在，你等於是半途而廢了，並希望他們將來還會找到你。」

圖表 16.3　實際情況是，大多數人在購買前都需要被說服，所以他們會通過「影子漏斗」，搜尋更多關於你和產品的訊息。

一想到我原本可以擁有的那些流量，我就感到不快。

麥克和 AJ 繼續說道：「首先，他們會輸入你的名字，接著是公司名，最後是產品名稱。他們在尋找評分、評論，以及任何能證明你可信度的東西。他們會造訪你的部落格和社交媒體帳戶，包括你的臉書、Instagram 和推特個人檔案。他們會加入你的清單列表、閱讀你的電子郵件、收聽你的 Podcast。從這項研究中，他們會逐漸對你的公司形成看法。此時，促使他們開始這段旅程的廣告早已消失，而當他們準備好步向你的價值階梯時，會積極尋找訊息，設法得知該從哪裡開始。」

然後他們給我看了「251,680」這個數字。

「這是什麼？」我問。

「這是過去十二個月內全世界搜索『羅素·布朗森』的人數。那就是影子漏斗，而這只是你的名字，還不包括你的公司或產品名稱，隨著你不斷往下查，你的影子漏斗將會成長。許多人試圖在他們的夢想關鍵字上獲得排名，但常常忘了自己的品牌名稱。」他們說明，並接著解釋。

「當他們搜索你的名字時，他們會登陸在任一隨機頁面或漏斗上，而你無法控制這種使用者經驗。他們可能會登陸在你價值階梯中間的頁面上，但他們還沒有準備好。或者，更糟糕的是，他們可能會看到你競爭對手試圖利用你辛勤工作和花費金錢所創的頁面！你需要掌控你創造的影子漏斗，控制人們在搜尋時能找到什麼。」

品牌專有名詞	非品牌專有名詞
✓ 羅素‧布朗森	✗ 數位行銷
✓ 專家機密	✗ 銷售漏斗課程
✓ ClickFunnels	✗ 漏斗轉換率技巧
✓ 網路行銷究極攻略	✗ 銷售漏斗教練
✓ 挑戰一個漏斗的距離 （One funnel away challenge）	✗ 銷售漏斗打造者
✓ 羅素‧布朗森評論	✗ 漏斗優化技巧
✓ 羅素‧布朗森是合法正當的嗎	✗ 漏斗專家
✓ 羅素‧布朗森騙局	✗ 如何建立一個漏斗
✓ 羅素‧布朗森個案研究	✗ 漏斗範例

圖表 16.4　我忙著為非品牌關鍵字排名時，從來沒有意識到超過二十五萬的人正在搜尋像我的名字這種品牌關鍵字。正因我過去沒有為這些品牌專有名詞設置漏斗，因此失去大量流量。

漏斗樞紐的布局

　　麥克和 AJ 的影子漏斗討論嚇到我了，接著他們開始和我談論更多關於漏斗樞紐的內容。

　　「從外部看，」他們說，「它看起來有點像是網站，但其中的策略完全不同。它的目標是將價值階梯中的所有漏斗和報價全組織在一個地方。當人們開始搜尋你時，它能讓你控制他們搜索時可找到什麼內容。不可避免地，這將幫助你把人們提升到你的價值階梯上。它是一個中心樞紐，組織你所有的漏斗和報價，並提供一個更

傳統的網站外觀和感覺，幫助你建立信譽及擴大權威。」

他們可能知道自己說的每句話都打中了我，因為在那一刻，他們笑了。「你知道還有什麼嗎？在《專家機密》中，你告訴我們在設計社群時要創造很多東西。諸如以下：

- 誰是你的魅力人物？
- 你的未來目標是什麼？
- 你的客戶宣言是什麼？
- 你的價值階梯是什麼模樣？
- 你支持哪些觀點，反對哪些理念？

「我們一直在 Google 文件（Google Doc）上保有這些內容，我們大概知道它們是什麼，但我們的粉絲一無所知。漏斗樞紐是我們把所有這些東西放在一起的地方，這樣尋找我們的人就能很快了解我們是誰，以及我們能如何為他們服務。」

他們接著說道：「你在部落格、Podcast、YouTube 頻道、臉書專頁和 Instagram 帳戶等這麼多平台上發布內容。漏斗樞紐將成為你的品牌流，把你全部的媒體組織在同一個地方。如此一來，你的追蹤者就可以在一個地方找到你所有平台上發布的所有內容。」

如何創造自己的漏斗樞紐

正如你在上述內文中所見，我熱衷於創造我的漏斗樞紐。你可

以在 MarketingSecrets.com 上看到我現在仍運作中的漏斗樞紐。如今，我已經替自己所創建的每個核心公司都建立一個漏斗樞紐。

由於大多數漏斗樞紐都有一個內置的部落格，以及多種類型的 RSS 源和其他類型的媒體，因此我們通常不會在 ClickFunnels 上另行構建（如果你不打算寫部落格的話，可以）。我們是在 WordPress 上建立的，它不僅是世界上最熱門的內容管理平台，而且免費。

以下是一個漏斗樞紐的基本布局。

圖表 16.5　為了打造你的漏斗樞紐，你可以添加部落格、RSS 源、社群貼文和前端漏斗等功能。

借用漏斗樞紐之力，來善用你所有的影子流量、賺得的媒體資源、傳統媒體資源和口碑行銷是非常重要的，這是一股可觀的力量。當你剛起步時，這是很簡單的設置，隨著你的品牌發展壯大，你的漏斗樞紐將準備好獲取所有流量。

善用他人的通路與流量

OTHER PEOPLE'S DISTRIBUTION CHANNELS

　　我要跟你們分享一個小祕密。我有很多創業朋友都看過《創智贏家》（這也是他們應該要看的節目），他們相信每位「鯊魚」都有點石成金的本領，只要他們接觸到的生意，就會神奇地變成黃金。你可以在《創智贏家》的每則宣傳中看到這種信念。創業家們願意放棄自己公司的很大比例，只為了獲得哪怕是一位鯊魚的青睞也好，換取讓公司搏扶搖而直上的良機。

　　我喜歡《創智贏家》。事實上，《創智贏家》及其海外姊妹節目《龍穴》（*Dragons' Den*）的每一集我幾乎都看了（沒錯，我也看過加拿大版和英國版的所有集數）。我甚至拷貝日本版的影集《金錢之虎》（*Tigers of Money*），但我一個字都聽不懂。不管怎樣，我是鯊魚、龍和老虎的狂粉，我密切關注每位鯊魚的交易類型。在這個例子中，我將專注討論美國版的《創智贏家》，以及一些你可能更

熟悉的鯊魚。

戴蒙德・約翰（Daymond John）：他打造出著名的 FUBU 品牌，並在年輕時建立了銷售服裝和其他相關商品的配銷通路。[47]

蘿莉・格雷納（Lori Greiner）：她創造出七百多種零售產品，並建立一個配銷通路，透過 QVC 和電視購物節目在電視上銷售產品。她還與大多數主要零售商共同建立起強大的配銷通路。[48]

馬克・庫班（Mark Cuban）：他創立 Broadcast.com，並以 56 億美元的價格出售。他也花了幾十年時間建立線上和線下媒體配銷通路，其中包括 2003 年收購地標影院（Landmark Theaters）。[49]

我還能繼續往下講更多其他鯊魚，但這裡只談論這三位，以說明我的觀點。觀察創業家向鯊魚推銷時，請留意每位鯊魚咬住的是哪些交易。他們選擇某項生意的標準，並非自己有著點石成金的神奇力量，而是基於是否能將這些生意安插入他們預先建立的配銷通路中。

想想看，你看到的每一樁服裝交易，雖然每位鯊魚都會進行討論，但如果蘿莉無法在電視上看到它，或者如果馬克身邊缺乏一個自帶追蹤者且具號召力的影響者（配銷通路），而使他無法立即投入，他們一定會想方設法拒絕。但如果戴蒙德看到一筆服裝交易，他知道只要打一通電話，他就可以將該產品安插到現有的配銷通

路，然後在往後的日子從中獲利。

　　同樣的，若有人推銷一款很適合蘿莉配銷通路的產品時，情況也是如此。請注意，如果她能「在電視上看到這個產品」或「想像在 Bed Bath & Beyond 看到這個產品」時，大概能預見她的眼神閃閃發光的變化。她擁有一個配銷通路，如果產品很適合，她就會將它安插進來。

　　對於馬克和其他上過節目的鯊魚或龍來說，也是如此。他們每個人都建立了自己的配銷通路，並很好地掌握，而他們不斷在尋找可以安插其中的產品。這就是最大的祕密。

　　人們經常問我，我會投資哪種類型的企業，或者我會選擇與誰合夥，而我的選擇完全是根據我所知道和了解的配銷通路。如果我不知道人們應該在哪裡購買他們的流量，或者他們應該租用哪份清單列表，或者他們的網站應該在哪裡獲得排名，或者誰能讓他們的影片爆紅，那麼我永遠不會碰這個專案項目。我只接受那些我確信能夠百分百奏效的項目，因為我已經有了相應的配銷通路。

　　我之所以分享這些，是因為你需要理解，你的每一位夢想百大都有一個配銷通路──這就是為什麼他們會出現在你的夢想百大清單上。每個人都有點石成金的本事，而你的工作就是釐清如何把你的產品安插到他們的配銷通路。

配銷通路一：電子郵件獨立廣告

　　我們花了整本書的第一部分，主要討論如何將你賺得和購買的

流量轉換成自有流量（自己的列表），進而建立自己的配銷通路。幾乎每個市場中都能找到數百人已建立一套自己的電子郵件名單列表，而你想快速增加流量的最簡單方法之一，就是在他們的電子郵件列表中購買廣告。

物色購買廣告的電子郵件列表時，我通常會找一個獨立的媒體網站主（publishers），亦即那些已經創建個人品牌和名單列表的人，我可以付錢給他們，請他們代為發送電子郵件討論我的產品或服務。你也可以與更大品牌接洽，付費在他們的電子報中發送廣告。

獨立的媒體網站主很有可能已經在你的夢想百大清單上，因此詢問他們是否願意在其電子報中出售獨立廣告，會是一個簡單的過程。有過這方面經驗的人幾乎都會答應，並給出某種基本定價。而大品牌通常會有一個線上媒體工具包，列出在他們的列表或網站上購買廣告所需的價格。

你也可以透過 Google 搜尋，在電子報中找到很多廣告機會。我經常會輸入「（我的利基）電子郵件廣告」或「（我的利基）線上媒體工具包」，多數時候，我都能找到願意在其電子郵件列表中賣給我一塊位置的網站主。購買任何廣告之前，我的習慣是先加入對方的列表幾週，這樣我就能了解他們是如何經營對待自己的列表。如果他們只是一味發送大量的促銷信息，那麼我覺得這種方式很糟糕，不太可能是我想租廣告的管道。然而，如果他們發送好內容，並且與列表名單保持良好的關係，那麼我就會聯繫他們，以獲得媒體工具包。也就是說，並不是所有的點擊力量都是相同的。那些受

眾與網站主關係良好的電子報,就算點擊次數比較少,也總強過擁有較多的點擊次數、卻與受眾關係不佳的電子報。

我希望能提供一個你通常會支付的固定價格行情,但價格總是談出來的,所以請記住,他們的價格幾乎都是可以協商的。他們會這麼說:「笨蛋才支付定價。」我傾向於相信這是真的。媒體網站主通常會讓你根據他們列表上的人數付費,因為他們有更多的客戶,但我更傾向於根據電郵的點擊量付費。為了找出這個數字,我會要求查看他們最近發出的五至十封電郵的報告,以及每封電郵的點擊次數,然後自行逆向工程這個過程,在心中盤算:「如果我能夠獲得這麼多點擊,那麼根據我的正常登陸頁轉換率,我應能獲得『x』數值的收益。」這樣的流程能幫助我大致了解,自己願意為這則廣告花多少錢,再試著去協商爭取這個數字。

把廣告成本協商妥當後,你就可創造電子郵件內容,將其發送給媒體網站主,然後由他們為你發送電子郵件。如果對方想把他們的電郵列表傳給你,讓你自行寄出,請快跑。這是一場騙局,你不應該這麼做。他們應該從他們的伺服器上,把你寄給他們的創意發出去。我希望收到的是來自媒體網站主的電子郵件,內附我想要發送給讀者的登陸頁。

電郵廣告最好的部分是,你能很快得到結果。只要有人發送電子郵件,你會在十二小時內獲得大部分點擊,其餘的點擊量則會在三十六至四十八小時內獲得,然後點擊差不多就會停止了。我習慣使用電郵宣傳活動來測試登陸頁,因為我可以非常快速地跑完拆分測試。

電郵廣告最糟糕的一點是，如果你還沒有準備好，恐怕很快就會浪費很多錢。我可能會花 5,000 美元在發送附件檔案電郵上，此舉帶來的流量來得快去得也快，但如果我在臉書上花同樣的 5,000美元，我帶來的流量雖然較慢，但可維持幾週。所以投擲電子郵件廣告時，要注意這一點。

最後，獨立的媒體網站主通常會嘗試向你出售「贊助廣告」，即附帶在電子郵件中的小型廣告。我不太喜歡這些，我也很難讓它們獲利。對我而言，我只會買單獨的廣告，也就是整封郵件都只有我的訊息。

配銷通路二、三：臉書 Messenger 和桌面推播

到今天為止，我不知道有多少人在他們的 Messenger 列表中銷售廣告，但我確實認為這個市場將開始成長。通常來說，透過Messenger 發送的訊息需要更隱祕一些，因為臉書不喜歡你直接發送促銷訊息。由於 Messenger 不允許你公然向你的訂閱戶發送促銷，因而在這個平台上，其訊息開啟率和點擊率是首屈一指的。我建議在你的夢想百大中找到那些積極建立 Messenger 列表的人，並詢問是否能讓你在他們的名單列表中購買廣告。

桌面推播通知也是如此，這是一種更新的形式，目前受到很多關注。我們已經開始在市場上尋找正在建立這類名單的夢想百大，如此一來，就可以向他們購買推播通知。

開發其他配銷通路

　　市面上存在許多不同的配銷通路，你只要睜大眼睛就能發現。最近，我們開始造訪我們所有的夢想百大，購買明信片和直郵廣告寄給他們的買家名單。有時候，要他們空出時間發送電子郵件很困難，但他們大多數人不會透過郵件向客戶發送任何東西。我們已經和他們做好協議，他們將客戶的送貨地址發送到一個安全的郵寄所（因此我們實際上未曾得知他們客戶的地址），同時我們把一個預先批准的郵件寄到那個郵寄所。接著郵寄所將列印我們的信件或明信片，然後按照名冊寄給我們合作夥伴的客戶。

　　我的一些朋友已經建立長串的簡訊名單，所以我們會向他們購買群發簡訊。有些人則是經營大型臉書社團，所以我們付費在他們的社團中發布贊助廣告貼文。也有朋友在領英上擁有大型群組，所以我們付錢給版主，請他們代為向其追蹤者發送訊息。還有一些人擁有大型論壇，所以我們購買促銷活動給他們的用戶群收看，並在其網站上投放橫幅廣告。

　　我們市場上的大多數部落格，都會在他們的網站上賣廣告。其中有些人具備很大的 Google AdSense 區塊，我們會先使用 GDN 測試廣告，看看廣告轉換率是否良好。如果表現不錯，我會直接去找部落格或網站經營者，試著花錢請他們使用我的橫幅廣告，以取代原先用的 AdSense。我甚至還花錢買他們的網站離開彈出視窗，這樣我就可以利用離開他們網站的流量。

　　有無數種方法可以做到這一點。關鍵是要留意各種人所擁有的

流量和配銷通路，然後想辦法從中買廣告。你加入的每一個新的配銷通路都會為你加薪。每一天出發辦公室時，從車裡走出來之前，我問自己的第一件事就是：「我今天要做什麼才能為自己加薪？」很快地，幾乎是馬上，我的腦袋就會開始在市場中尋找可利用的配銷通路。有時我會想起我曾經持續參與、卻久未記起的一個網站、一個部落格，或是一份電郵列表。一旦你的大腦開始尋找這些機會，不知怎的，它們便會自動向你撲來。

當你無法運用臉書或 Google 廣告時（就像我們很久以前那樣），獲得流量的首要方法便是搜尋這些配銷通路，並利用它們建立自己的列表。這是一種出奇制勝的技術，不管社群網路中發生什麼變化，它都能起作用，而且你可以立即開始在日常生活中使用這種技術。

整合行銷：流量輕鬆賺

我的第一位導師馬克・喬那，本書密碼 #5 中曾介紹過他，他在十年前寫了一本書，名為《整合行銷》（*Integration Marketing*）。這本書改變了我的思維模式，從尋找配銷通路並在其中購買廣告，轉變為思考如何將自家產品整合到夢想百大的實際銷售過程中。

舉個例子來說，假設我找到一位合作夥伴，他每天都能得到一千名新潛在客戶到他的漏斗。與其我在他的名單列表上購買一次性廣告，假如我的電子郵件在第三天發送給他電郵列表上的每一名新潛在客戶，會怎麼樣？如此一來，我只需要建立一次交易，但我每

天都能從這種整合中獲益。現在，每天都有一千名新潛在客戶會收到我的訊息。我現在已成功整合到合作夥伴的銷售過程，隨著他們公司的發展，我的公司也在成長！

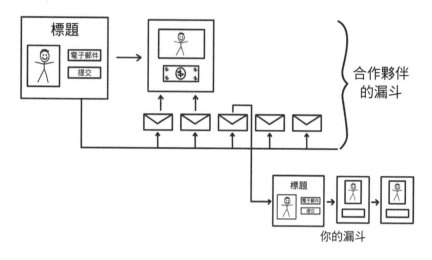

圖表 17.1　當你將自己的漏斗整合到其他人的漏斗或電子郵件宣傳活動中，只要他們還在營運，你就能一直獲得額外流量的好處。

　　整合行銷能做的不僅僅是電子郵件。我們已和人談好條件，在他們的部落格上設置一個彈出式視窗，這樣每位在部落格上的讀者都有可能加入我的列表。我們還談妥其他協議，在用戶的網站上添加一個離開的彈出式視窗，這樣當他們離開網站時，很大一部分的人會被發送到我們的漏斗！你可以做很多有趣又有創意的事情。你的想像力是你唯一的限制。

我一意識到這個概念後，便開始到處尋找這些整合機會。我找的是人們在開始使用 ClickFunnels 之前立即需要的產品，例如網域託管、平面設計和營業執照。然後我想出一個能和每家公司建立合作關係的辦法，例如，如果有個人購買了網域名稱、得到一個商標設計，或者開始營業之後，就會被介紹到我們這裡來。我們在好幾年前就已談妥許多這類交易，正因我們先整合到合作夥伴的配銷通路，因而無需再做任何事情，每天仍有大量客戶來到我們這裡。

打造你的聯盟部隊

YOUR AFFILIATE ARMY

我想帶你回到 2003 年 11 月。

身旁的妻子閉上眼睛不久，同在床上的我剛用筆記型電腦寫完功課。不過，就在關掉筆記型電腦之前，我決定做最後一次搜尋，希望能為副業找到一些方向。一直以來，都是我的妻子在工作養活我倆，我們都希望她能退休，並共同組建一個家庭。我花了去年一整年的時間，試圖了解如何玩「商業」這個遊戲，但無論如何，我所嘗試的一切都把我帶進了一個死胡同。

迄今我仍不確定當時自己在 Google 中輸入什麼。我只知道，點擊幾下之後，我被帶到一個地下行銷論壇的首頁，那裡充斥著成千上萬在網路賺錢的人。我開了一個免費帳戶，就能馬上進入一個社群，社群裡的人正在做著我夢寐以求的事情。我完全不知道網路上居然有這種東西！

我開始瀏覽貼文，看到人們在討論 Google 最新的演算法變化、他們正在測試哪些事情，以及什麼有效、什麼無效。我偷聽著網路百萬富翁的談話，他們自由地分享一切，卻不知道我在那裡！

那幾個小時，我如飢似渴地閱讀每一則貼文，寫下每一個資源。我意識到，我所有問題的答案都在那裡，而正是這些人發現了什麼是有效的，並實時分享。我已找到我的同伴……我的部落！時間從晚上 10 點、11 點、凌晨 12 點，一直到凌晨 1 點，每小時對我來說都像只有幾秒鐘。我太興奮了，但是我的身體和眼睛都已筋疲力盡。

我想，「我還得再讀一篇貼文。再一篇就好。」我很害怕自己置身夢裡，如果醒來，可能就會失去進入這個獨家俱樂部的資格，於是我持續滾動頁面和閱讀。這時我看了看，發現已經是凌晨 2 點 47 分了。摔角訓練從早上 6 點開始。「我要現在就去睡覺嗎？至少還能睡幾個小時。」我知道答案是肯定的。我需要睡覺，否則明天很難撐完一整天的訓練。

我本來已經打算要關機，但這時我看到了。這個大哉問。黃金問題！在過去幾個月裡，我一直在腦海裡反覆問的這個問題。

「讓網站獲得流量的最好方法是什麼？」

我想要點擊它，但我不知道是否有精力掉進那個無底洞，至少當時沒有。我看著那個問題至少三十秒，最後決定我必須知道。我點擊標題，之後立刻被帶進一場激烈的對話中，每個人都在談論何以他們推動流量的方式是最好的。

有些人說搜尋引擎最佳化，但所有主張搜尋引擎最佳化的人又

開始爭論哪種方法最有效：障眼法（cloaking）、入口頁面（doorway pages）、垃圾連結、垃圾日誌，以及大約二十多種我未曾聽聞的東西。接著主張點擊式付費廣告的人也出現了。每個人都有不同的策略，似乎都勝過之前貼文的人。其他人則談論電子郵件行銷、安全列表或購買獨立廣告。

我的心跳越來越快，每個新想法似乎都比上一個更好。然後事情就發生了。論壇的主人（可能是那裡最富有的人）發表了評論。他說的以下這句話並不長（僅僅十個字就讓所有人停下討論），卻是最後的丟麥動作。這十個字改變了我的人生。

「我依靠自己的聯盟網絡。」

一開始我不太明白。我讀了一遍又一遍。我知道他是團隊中最優秀的行銷人員之一，這其中一定言之有物，我需要弄清楚。

然後我突然想到了！他有一個聯盟計畫，有數百個聯盟機構為他銷售產品。由於在他們完成交易後，他才支付佣金，因此他沒有任何風險。他只會在合作夥伴真正賣出東西時才付錢！

我又看了看他的回答：**「我依靠自己的聯盟網絡。」**我看到了他的聰明之處。他巧妙利用幾十個人為他努力獲得網頁排名，並投擲銷售他的產品廣告，而不是靠一己之力做搜尋引擎最佳化或點擊式付費廣告。與其依賴自己的電子郵件名單列表，如果他能找到十個、二十個或一百個聯盟，而每位成員都有數萬人的名單，會怎麼樣？他的訊息就不是只發送給成千上萬的人，而是數百萬人。

當你建立一個聯盟計畫並仰賴他人的努力時，你得到的槓桿作用力是巨大的。這有點像是你組建一個團隊，聘雇一些人來幫你完

成這些任務，除了他們是你的聯盟，你不會為他們的工作支付報酬。相反地，你會根據銷售情況支付佣金。他們需自付風險，但報酬則是你們共享！

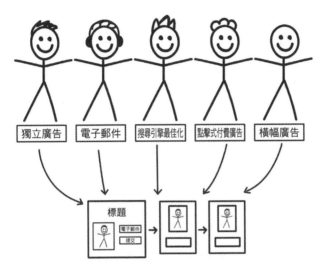

圖表 18.1　你不需要什麼都擅長。你可以找到一個聯盟部隊，讓他們以自己偏好的獲取流量方式推廣你的產品和服務。

　　這就是我一直在尋找的頓悟。我不需要成為世界上最擅長推動流量的人，我只需要創造一個機會，透過頂級聯盟機構推廣我的產品和服務來賺錢。然後我就可以集中精力在招聘、培訓，以及支付費用給他們。

　　在這本書中，我們花了很多時間談論夢想百大，而這就是它開始作用之處。如果你已經在每個平台上建立你的夢想百大清單，那

麼你已準備好潛在的聯盟部隊。本章將著重在介紹以下五個步驟：

1. 招募你的聯盟部隊。
2. 讓他們成為你的聯盟。
3. 給聯盟成員一個推廣你的理由。
4. 訓練你的聯盟成員成為超級聯盟成員。
5. 酬報你的聯盟成員。

步驟一：招募你的聯盟部隊

　　如果你有持續遵循夢想百大的過程，那麼你已經建好潛在聯盟成員的列表了。也就是說，你在口渴前已先挖好井，就是提前和他們建立關係。如果你還沒有，我建議你回去並盡快開始這個過程。每位夢想百大都有自己的配銷通路。有些人有電子郵件列表，有些人在臉書或 Instagram 上廣擁粉絲追蹤，有些人則把 Podcast 頻道經營得很好，並擁有很多訂閱戶，還有一些人手上不止一個頻道。

　　我們前面已討論過如何努力打入，以及如何花錢進場接觸你的閱聽眾。讓夢想百大成為你的聯盟機構，就是把這兩件事結合在一起。通常你必須努力打入、與人們建立關係，讓對方同意幫你推廣，但之後你必須為他們的每一筆銷售付費。然而，若有人成為你的聯盟，你就不用冒這個險了。你不再需要購買廣告，並希望廣告能成功轉換成銷售。反之，是夢想百大在幫你推銷，而你只有在他們銷售成功後才需要支付對方金錢。

那麼，要如何將你的夢想百大變成一支聯盟部隊呢？你要做的第一件事，就是請求他們成為你的聯盟機構，提出請求通常是最困難的部分。不過，如果你一直在為夢想百大挖井，而且已和他們打好關係，那麼你應該了解他們動態，例如正在執行的專案和想法。作為回報，他們也應該知道你正在做什麼。

　　提摩西·費里斯（Tim Ferriss）是《一週工作4小時》（*The 4-Hour Workweek*）的作者，在寫書的那段時間，他花了一年多的時間去認識一些世界上最有影響力的部落客。[50]他還沒渴之前就開始挖井了。當對方詢問他是做什麼的時候，他會說自己正在寫一本書。當他終於完成這本書並準備出版時，他發送一千多本預售書給各方認識的部落客，並希望這些部落客在出版當天能針對這本書撰寫一篇評論。大多數這些人都很喜歡他的書，所以新書上市那日，很多人寫了關於這本書的部落格文章給他們的追蹤者。提摩西的聯盟部隊使得他的書在一夕之間成為暢銷書。

　　每次我們有大型發表會，都會讓聯盟部隊知道發布日期，並請他們在行事曆上把那段期間空下來。在一個典型的發表會中，我可能會請求一百人幫忙推廣。其中通常會有三十人同意，但實際上真正推廣的大約只有十五人。這只是一個數字遊戲，而且也很常遇到無法配合他們當時的促銷活動時程。不要太在意，你只需要知道，你問的人越多，就越有可能獲得成功。

　　我們經常使用的一個策略（由切特·霍姆斯首創，達納·德瑞克斯使之成名），是向夢想百大發送包裹，向他們介紹我們即將進行的促銷活動。每份包裹可能價值數千美元，在某些情況下，若能

獲得正確合作夥伴，得到對方一個首肯可能就價值數百萬美元。正因為如此，我們花了很多錢寄送很酷的東西以招募聯盟成員。關鍵是要吸引他們的注意，並給他們一個推廣的理由。

　　當你招募聯盟來銷售你的產品時，重要的是要了解有不同類型的聯盟成員，每一種各有其不同的動機。有些人只關心自己能賺多少錢，而且想要一個高轉換率的漏斗；也有一些人則更關心產品是否適合他們的閱聽眾。對我來說，我不在乎他們的動機是什麼。我只想為他們的客戶服務，所以我會想盡一切辦法確保他們開心。因為只要他們之中一個人點頭答應，就可能會為你帶來成千上百的夢想客戶，所以花很多努力來建立這些關係是值得的。

步驟二：讓他們成為你的聯盟

　　在夢想百大答應要成為你的聯盟之後，你必須讓他們加入你的聯盟計畫，使之正式化。在 ClickFunnels 中有一個名為 Backpack 的聯盟平台，你可以運用這平台，把手上的聯盟計畫添加到你的 ClickFunnels 帳戶的任何漏斗中。你只需要在漏斗中打開這個功能，就會自動創造一個頁面，供你的夢想百大在其中註冊成為聯盟會員。軟體將為你的漏斗提供追蹤連結，追蹤他們的銷售情況，並支付夢想百大佣金。關於如何建立你的聯盟計畫，我們已經在 ClickFunnels 上打造廣泛的培訓課程。請登錄 TrafficSecrets.com/resources，以尋找相關資訊。

　　通常來說，你最好的聯盟會是你的客戶。一直以來，我很樂於

讓客戶知道，他們實際上可以經由轉介朋友來賺錢。你可以在你的漏斗上、感謝頁面上，以及電子郵件中放置連結，讓客戶連到你的聯盟會員註冊頁面。如此一來，你就能幫助他們從原本就很喜歡的產品上賺取佣金，也扶持他們傳播你的訊息。

步驟三：給聯盟成員一個推廣你的理由

一旦有人成為聯盟，你就需要給他們一個推廣的理由。他們可以推廣數百萬種產品，所以你必須解釋為什麼他們應該推廣你的產品，更重要的是，為什麼他們應該現在為你宣傳。通常情況下，我們可以根據以下三種事物，讓聯盟成員進行推廣：

- 新發布
- 滾動發布（rolling launch）
- 某種特別或新奇的誘因條件

新發布

發布一個新產品是讓聯盟成員推廣最簡單的方法之一，因為你能與他們分享關於你一直在做的新專案，郵寄試用產品給他們，讓他們體驗你即將銷售的產品。我們通常每年推出兩到三種新的前端產品，請聯盟成員幫忙推廣。我們會設定發布日期，並在每次發布前六十至九十天開始招募聯盟成員。接著，我們寄包裹給夢想百大、打電話致意、寄發電郵，做任何我們需要做的事情，好讓他們

在其行事曆上空出時段留給我們的發布檔期。你越早要求他們為你的新產品發表投入時間越好，這樣他們越能確保自己的時程不會與其他促銷活動時間衝突。

隨著發布日期逼近，我們通常會將所有同意幫忙推廣的人加入一個特定的臉書群組中，與他們溝通關於產品新發布的所有事宜。這有助於打造聯盟社群，並創造出一個有趣的競爭環境，在此我們可以分享排行榜，並在發布期間提供人們多種推廣理由。

滾動發布

滾動發布（rolling launch）類似新發布，但並非所有人都在相同的單一發布日期進行推廣，而是讓每個人各有自己的發布時間。這就是我們最初發布 ClickFunnels 的方式。一旦知道我的網路研討會具有效轉換率，與其讓每個人進行一次性推廣，我會為每位聯盟成員設立特別的網路研討會。在接下來的幾個月裡，我每週會進行兩到三次這類活動。滾動發布讓我們有能力與每個聯盟成員合作，而且一定能在他們的宣傳行事曆中找到適當的時間。

滾動發布的壽命要長得多。對於一個典型的產品發表會來說，會有一個開幕日和一個關閉購物車日，無法配合這段時間推廣的聯盟成員將會錯過。此外，大規模的發布通常會一下子帶來太多新客戶，這很有可能會讓你的客戶服務大塞車。若選擇滾動發行，就能夠以更輕鬆的速度引入新客戶。

某種特別或新奇的誘因條件

我經常會招募那些不想參與產品發布的聯盟成員。他們可能是 SEO 行銷人員,或者他們可能非常擅長點擊式付費廣告,或者他們可能因為夠厲害,想要更高的佣金。原因可以有很多,但我的目標是為他們的客戶服務,所以我會與這種人談單獨合作,設法找出對他們最好的條件。我也許會設置一個特殊的登陸頁面、一份特殊的報價,一個更高的佣金金額,或者其他任何他們所需的東西,找到好理由讓他們願意為我推廣。

步驟四:訓練你的聯盟成員成為超級聯盟成員

你很快就會發現,聯盟成員越優秀,他們往往也越懶惰。聯盟成員越糟糕,他們需要的培訓則越多。這兩個問題都成了我們的麻煩。新的聯盟成員不知道該做什麼或如何推廣我們。優秀的聯盟成員雖然知道如何做,但不願推廣,除非我們為他們把整個過程變得非常簡單上手。(優秀的聯盟成員有能力賺很多錢,因此有很多人乞求他們關注。)在這兩種情況下,任何銷售都不會發生。為了解決這個問題,我們創立聯盟培訓中心,有以下兩個目標:

- 向新聯盟成員展示如何推廣我們的產品。我們訓練這些人廣告的運作方式,追蹤他們的銷售情況,以及更多。
- 提供可複製貼上的廣告,供超級聯盟成員抓取和快速編輯,例如:電子郵件廣告、橫幅廣告,以及臉書貼文範本等等。

使用 ClickFunnels 內部的 Backpack 平台，你可以創造一個聯盟中心。聯盟中心是在你的流量軍火庫中所能擁有的最強大工具之一，因為它很容易為你的每個漏斗打造出聯盟中心。

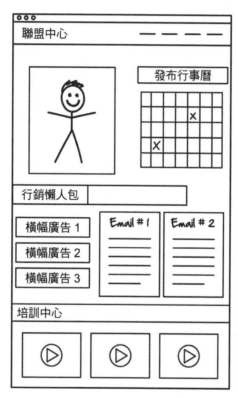

圖表 18.2　你的聯盟中心要提供聯盟成員盡可能多種的資產和培訓，以協助他們成功。

步驟五：酬報你的聯盟成員

「我應該付給我的聯盟成員多少錢？」這是我被問最多次的問題，也是推廣我的哲學時遭遇最多阻力的問題。當大多數人都在問支付給聯盟成員最低底線是多少時，我一直想的是要找出支付最多的方法。你付給聯盟成員的錢越多，他們就越有可能推廣你。他們是你的佣金銷售團隊，有無限的機會出售任何他們想要販賣的東西。他們並不需要你，但你需要他們。

我們首次推出 ClickFunnels 時，我注意到大多數其他軟體公司都會支付銷售收入的二至三成作為佣金。我們立即主推支付銷售收入的四成作為佣金，也正因如此，我們能夠招募到大多數頂級聯盟成員。他們停止宣傳其他軟體產品，開始推廣我們的產品。

那時，我開始觀察有多少頂級的網路行銷專案會為他們的最佳招聘人員購買汽車。回顧我們在 ClickFunnels 的聯盟計畫後，我意識到，如果我們的聯盟中心以每月 100 美元的價格吸引了一百名 ClickFunnels 會員，那麼 5% 的佣金（500 美元）就足以支付一輛夢想汽車的租賃費用。因此，我們在聯盟計畫中增加額外的獎勵：如果聯盟成員帶來的註冊人數超過一百人，我們將為達標者的夢想汽車每月額外支付 500 美元；如果聯盟成員帶來的註冊人數超過兩百人，我們則會為其夢想汽車每月額外支付 1,000 美元。

這幾件事讓我們得到全球一些頂級聯盟夥伴的幫助，開始推廣我們。不過，我並不想就此打住，我想知道還能如何給他們更多錢。推出 ClickFunnels 聯盟計畫後不久，我們便陸續推出新的前端

漏斗供聯盟成員推廣。第一個是《網路行銷究極攻略》這本書，人們可以支付 7.95 美元的運費來買這本書，然後我們會追加銷售有聲書和其他相關課程。我們設置此漏斗的目的，是讓聯盟機構從所有來自這個漏斗的銷售中獲得 50％的利潤，如果人們進階升級到 ClickFunnels 時，我們還會根據這些銷售支付 40％的經常性佣金給他們。

我們在新書出版的頭三週就這麼做了，而且還查看了統計數據。我們注意到，在每一位買了這本書的人身上，我們都能從追加銷售賺到大約 20 美元。我們還花了大約 20 美元經由自己的臉書廣告免費贈送這本書（若你還記得的話，我們對此並不介意，因為這是一個收支平衡漏斗。只要能將潛在用戶或讀者重新推向 ClickFunnels，我們便能夠接受虧損。）

然後我們有了一個想法。如果我們不按圖書銷售的百分比支付金錢給那些推廣者，而是固定給他們每賣出一本書 20 美元的每行動成本（CPA），會怎麼樣？我們不會賺到任何錢，在某些情況下還可能會損失一些錢，但這將激勵我們的聯盟成員更努力推廣。這就是我們在出版的最後一週所做的。我們為聯盟機構贈送的每一本書支付 20 美元，而聯盟成員最後賣出成千上萬本書！我們達到收支平衡，聯盟成員也獲得報酬。而單單透過宣傳推廣活動，我們就免費獲得數千名 ClickFunnels 新會員！

如你所見，支付給聯盟成員可以有兩種核心方式。第一種方式是支付所有銷售的一定比例，第二種方式則是為每筆銷售支付固定 CPA。

我的原則是，我盡量支付漏斗中50％的利潤。比方說，假如我有一個數位產品或一門課程，假設執行成本大約是銷售額的20％，我會將剩下的80％與帶來銷售的合作夥伴分享。如果我賣的是實體產品，而我的銷售成本是60％，那麼我只有40％的利潤，我也會聯盟夥伴對分。如果我有一個前端漏斗，那麼我通常會給聯盟成員100％（或更多），作為實質獎勵酬謝他們帶來我的夢想客戶，並填滿價值階梯前端。

　　有時候，我們甚至會為免費書籍花上80美元甚至更多，因為我們知道，只要賣幾個星期，我們就會獲利。我建議在任何前端報價保持或低於100％的佣金，直到你掌握自己的數據並知道客戶的實際終身價值，且不介意在客戶通過你後續漏斗的同時，還能將資金投入數個月。

　　與任何其他行銷手法相較之下，打造一個成功的聯盟計畫，為我們帶來更多的流量、潛在客戶和銷售額。如果你懂得利用夢想百大，招募他們成為你的聯盟成員，善待他們，並想方設法讓他們賺錢，他們將會讓你的漏斗充滿夢想客戶。如果我停止目前一直在使用的所有其他流量技術，只留這一個，仍會有一大群人為我購買臉書廣告、為我發送電子郵件、獲得網站排名，以及廣告付費。請將此策略列為優先考慮，它將會為你的餘生服務。

掌握你的冷流量

COLD TRAFFIC

到目前為止，我主要關注兩種類型的流量：溫流量（你的夢想百大的粉絲、追蹤者與其名單列表），還有熱流量（你自己的名單列表）。對大多數公司來說，這就是你需要關注的全部。我堅信，藉由專注在溫流量，再將其轉變為熱流量，大多數公司都能將年營業額提高到八位數。然而，如果你想超越這個標準，就必須再掌握另一種類型的流量：冷流量。

在《網路行銷究極攻略》中，我稱之為「流量溫度」（traffic temperature），這個概念是在我第一次聽到尤金·施瓦茲的精彩言論後才理解的：

如果客戶知道你的產品，並意識到這可以滿足自己的需求，那麼你的標題就應該從產品開始。

如果他不認識你的產品，只知道自己的渴望，那麼你的標題就應該從渴望開始。

如果他還沒意識到自己真正想要的是什麼，而是關心一般的問題，那麼你的標題就從問題開始，並將其具體化為特定的需求。[51]

沒有意識 → 意識到問題 → 知道解決方案 → 認識產品 → 大部分都了解

冷流量 ⟹ 溫流量 ⟹ 熱流量

圖表 19.1　流量溫度不同，潛在客戶對於問題、解決方案和產品的認識也會處於不同的階段。

對我來說，這意味著不同於溫流量及熱流量，冷流量需要有區別的特別看待，因為潛在客戶甚至不知道存在解決方案，更不用說知道有產品能解決他們的問題了。

到目前為止，你所創造的大多數登陸頁、報價和廣告，都是針對那些知道解決方案或產品的人。他們知道自己有問題，嘗試了很多解決方案，而你提供給他們一個可以得到期望結果的新機會。由於他們已經意識到潛在的解決方案，做過一些研究，而且可能已經嘗試了一些競爭對手的產品，因此當你有機會吸引他們，並分享你的故事，他們已經對你企圖解決的問題有基本了解。

比方說，在我所屬的市場，我的許多客戶都有一個問題：他們想賺更多錢。為了解決這個問題，他們願意嘗試各種解決方案，例

如，建立一個電子商務店鋪、在 eBay 上賣東西、學習搜尋引擎最佳化、精通臉書廣告，或是大約一百件其他事情。他們知道所有檯面上可能的解決方案，所以我必須向這群人展示，我的解決方案（漏斗）會是一個勝過所有其他方案的新機會。如果他們有產品意識，可能已經聽說過我所有的競爭對手，因此我必須說服他們、令這些人相信我的產品更好，那麼他們就會向我購買。

另一方面，冷流量往往甚至不會意識到自己有問題。如果你還記得密碼 #1 提及的三個主要市場，冷流量指的是一群處於三個主要渴望層次的人。他們只知道自己的健康、財富或人際關係有待加強，除此之外，他們一無所知。他們還沒有集結成群，所以沒有人可幫助他們。如果他們意識到自己有問題，那麼他們還在旅程的起點，不知道該做什麼或轉往何處。這時，任何呈現給這群人的東西都必須包含大量的教育指引，幫助他們做好準備接受你提供的東西。

圖表 19.2　冷流量通常只會意識到自己的主要渴望有待改善，例如健康、財富，或人際關係。

要讓冷流量買單似乎很困難，但其實很簡單，只要改變你的語言模式就可以。為了說明這一點，我將分享一個測試，是我們用來檢視某些東西是否能讓超冷流量產生良好反應。想像一下，我走進購物中心的美食區，看到三百人坐在桌子旁，享用午飯，專心做自己的事，完全不知道我在做什麼。如果我站在椅子上，聲嘶力竭地喊：「嘿！這裡有誰願意使用銷售漏斗來發展自己的公司？」，你認為會發生什麼？你猜對了，他們可能會瞄一眼椅子上的瘋子，然後立刻埋首繼續用餐，根本沒有人會舉手。但如果我把同樣的椅子拉過來，把大聲喊出來的內容改成：「誰想要一個賺錢的網站？」我打賭美食區一半的人都會舉手。

有趣的是，這兩個問題的解決方案都是他們需要一個漏斗，但對於那些沒有意識到自己問題的人來說，我的語言對他們沒有意義。與熱流量、溫流量和冷流量交談的不同之處，在於你使用的語言。「漏斗」對大眾來說沒有意義，所以我不得不把我的語言改為「賺錢網站」，以符合他們的理解。只要我能讓他們舉手，就可以在某種名為漏斗的網站上教育他們，我可以幫助他們意識到解決問題的方法。最後，在他們熱身準備好之後，會更願意做出購買決定。

如果你創造的漏斗擅於轉換溫流量（夢想百大的追蹤者）和熱流量（你自己的名單列表），那麼它可能無法妥善轉換冷流量。你看，不管你得到多少冷流量，很可能還沒找到一個客戶就破產了。你必須創造一個不同類型的漏斗，讓冷流量潛在客戶知道自己在哪裡，再試著將他們轉成溫流量。接下來，讓我為你解說如何運作。

步驟一：創造你的「冷流量客戶化身」

這個過程的第一步，是創造一個新的「冷流量客戶化身」。這個虛擬化身將類似於你目前夢想客戶的虛擬形象，但冷流量比他們的旅程更早。他們需要六個月到一年（或更長時間）才能成為你的夢想客戶。他們知道自己對於你服務的三大核心需求（健康、財富或人際關係）感到痛苦，但還沒有開始尋找解決方案。這些人可能成為你的夢想客戶，但現在他們的階段「只是意識到問題存在」。他們不高興是因為知道有問題，但還沒有意識到可能的解決方案，他們肯定沒有意識到有任何產品可以解決問題。他們只知道問題所在，以及自己想要什麼樣的結果。

為了確定這個冷流量客戶的化身，我不得不深入審視自己的過去。對大多數人來說，如果你遵循傳統的創業之路，這個化身很可能就是五到十年前的你。想想看，大多數企業家都曾掙扎於對健康、財富或人際關係的渴望，才會開始踏上一段讓自己擺脫痛苦的旅程。在這段旅程中，他們愛上了自己改變的過程，而且變得著迷於幫助別人走出他們曾經歷過的痛苦。這是大多數企業家找到自己使命的方式。

如果你也是如此，就需要回顧一下，面對冷流量客戶正在經歷的同樣問題，過去你是如何奮戰的。對我來說，我不得不回想三十年前十二歲的拉什蒂（Rusty，是的，那時候我的父母和所有朋友都這麼叫我）。出於某種原因，十二歲的時候，我心中有一股渴望：我想要錢。我不知道為什麼。我有美好的童年，什麼都不缺，

但不知為何，我的主要渴望是財富。

這股渴望造成我的問題：我沒有錢。而我是怎麼嘗試解決這個問題的呢？我從深夜電視購物廣告上訂購唐·拉珀的分類廣告課程開始。（我在《網路行銷究極攻略》中曾分享這個故事。）這是我所學到的第一個途徑（次級市場），而且深受吸引。為了買分類廣告，我開始存錢。

在我得知有一個次級市場（經由分類廣告賺錢）後不久，開始意識到存在著更多次級市場。有一天，我在雜貨店看到一本名為《小型企業機會》（*Small Business Opportunities*）的雜誌，就央求媽媽給我買一本。

這本雜誌介紹許多賺錢的方法（大量次級市場），每一個方法都有資訊工具包供人索取。我打了每一隻免費電話，要求得到每一個工具包，幾週內就開始收到數以百計的信件和包裹，每一封都提供新方法幫助我達到期望結果。

其中一個工具包展示如何在購物商場裡賣金鍊致富，還有教人如何在臥室天花板上畫出夜光星星賺錢。其他則是經由房地產、股票市場或商品交易致富。由於我只意識到自己的問題，所以每則訊息都在向我推銷問題的潛在解決方案（例如不同的賺錢方式）。

每天我放學回家，我父母都會有一堆「拉什蒂的垃圾郵件」，讓我拿進自己的房間。我打開每一封信，閱讀每一篇推銷文，試圖理解有哪些能幫助我得到想要的結果。有些推銷文我一讀就會直接扔掉了，而有些則讓我徹夜難眠，讓我想盡辦法要說服父母給予金援，好讓我有賺錢的機會。還有一些推銷文好到讓我心甘情願去修

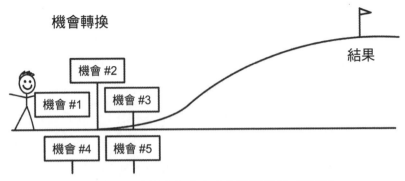

圖表 19.3　有許多不同的機會都能走向相同的結果（賺錢）。

剪草坪、做家務，或做任何可能的事情，以獲得足夠的錢來購買他們的資訊。

　　長大之後，我花了一段時間才能回想起當時讀那些推銷詞時的感覺，一旦我回到那些時刻，十二歲的我就成了冷流量的客戶化身。現在，每當我們製作廣告、選擇目標、設計登陸頁、為冷流量提供報價時，我都會試圖回到過去，透過十二歲的自己來審視。

　　這個廣告會讓拉什蒂點擊嗎？還是直接滑過去？這份報價會不會讓拉什蒂去央求父母討要信用卡，或者更好的是，迫使他去賺錢，因為他必須擁有這份資料？還是他根本會直接扔進垃圾桶裡？

　　所以我要給你的問題是：屬於你自己的「十二歲拉什蒂」版本是什麼？在你的消費旅程開始時，哪些事情會吸引你的注意力？你會用什麼單詞和短語來向當時的你解釋現在正在做的事情？假如當時有一本雜誌提到「漏斗」或「流量」這樣的詞，我一定會直接翻

過去。反之，他們用我能夠理解的方式使用詞彙，充分描述我的問題和我企圖得到的結果，而這就是他們成功的原因。

步驟二：建立橋樑

行銷就是在人們想要的東西和渴望，和你提供的解決方案之間建立橋梁。在《網路行銷究極攻略》中，我曾分享這張漏斗七階段圖片，其中第一階段是流量溫度，接著第二階段是預框架橋 ❶。

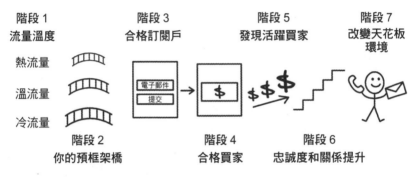

階段 1　　　　　階段 3　　　　　階段 5　　　　　階段 7
流量溫度　　　　合格訂閱戶　　　發現活躍買家　　改變天花板
　　　　　　　　　　　　　　　　　　　　　　　　環境

熱流量

溫流量

冷流量

階段 2　　　　　　　階段 4　　　　　　階段 6
你的預框架橋　　　　合格買家　　　　　忠誠度和關係提升

圖表 19.4　流量越溫暖，需要的預框架橋越小。

正如你所見，流量越溫暖，預框架橋需要的尺寸就越小。如果你的閱聽眾知道你、信任你、喜歡你（最熱的流量），那麼你的橋梁就可以簡單到僅告訴他們，你有一些你認為他們應該買的酷東西。在最近的漏斗駭客大會活動中，我們的閱聽眾中有四千五百個

---

❶ 預框架（pre-frame），意指引導人們接受一種觀點或態度，使其準備好接受你希望的方式，或以你希望的方式看待某事。

漏斗駭客（我最熱的流量），我問他們：「如果我要你現在買東西，你們當中有多少人會相信我，在不知道內容物是什麼的情況下仍會走到房間後面，但是你會這麼做，只因為你相信我嗎？」超過 60％的人舉手表示同意。

這就是熱流量的力量，也是為什麼當你專注於利用夢想百大的熱流量（你的溫流量）、並將其轉換為你自己的流量時，遊戲會變得越來越簡單的原因。你擁有的流量會成為你的熱流量。現在你明白我為什麼這麼強調，要把你可以賺得和控制的溫流量轉換為自己擁有的流量當作目標了嗎？

要走下溫流量橋，你需要花一些時間來減少「人們已經知道和相信的東西」與「你所提供的東西」之間的差距。有時那座橋是一封來自夢想百大支持、推薦你的電子郵件。其他時候，它是人們在臉書或 YouTube 上觀看的預售內容影片，讓他們對你產生好感、逐漸從冷流量加溫，並在你引導他們進入你的漏斗之前提供價值。而在其他時候，漏斗本身則被建造成實際的預框架橋，幫助流量加溫。

最後也是最長的橋是冷流量橋。但這座橋需要多長呢？這完全取決於目標客戶冷的程度。我第一次嘗試找到夢想百大客戶之外的客戶，並試著理解這些冷流量時，我從我的客戶名單中選取了一部分，以我們現有的客戶群進行深入的數據分析。如果你想要一家能為你的客戶列表提供這種服務的公司，請上網 TrafficSecrets.com/resources，查找符合需求的最新公司名單。

我們得到數據後，發現到許多有趣的趨勢，但其中一個真正引

人注目的是，當時我們的客戶中有很大一部分是保守的共和黨人。該報告甚至標記了一些這個群體花了大量時間瀏覽的網站。

我興奮地發現到一個我從未瞄準的新市場區隔，我去了這些網站（以及其他類似的網站），發現大多數這些網站都有線上媒體工具包，能讓我在他們的電子報中購買廣告，以及在他們的網站上購買橫幅廣告。我下了一個訂單，向兩百三十萬人發送電子郵件，引導他們進入漏斗，從而轉換到溫流量。我在腦子裡盤算著，基於我當時所知道的（亦即他們的列表有多大、我應該會獲得多少點擊量，以及我的溫流量漏斗通常會有的轉換情況），我認為光這封郵件就能帶來幾十萬美元的收入。

媒體網站主發送郵件後，我看到成千上萬的點擊進入我的漏斗。然而，這種興奮很快就變成了恐懼，因為這些人幾乎立即反彈，他們不買單。在宣傳活動結束時，我們僅成交十幾筆交易，這個廣告企劃讓我損失了 3 萬多美元。我被打敗了，發誓再也不碰冷流量了。

然後有趣的事情發生了。在我支付廣告費用之前，先加入了這些電郵列表，因為我想在廣告郵件送出時能看到自己的廣告。之後的每一天，我開始看到其他向這些列表進行行銷的人是如何操作的。我開始點擊他們的廣告，慢慢地開始對他們進行漏斗駭客。連結並沒有將我立即帶到一個漏斗，這對我而言，根本說不通。相反地，這些連結把我帶到一個頁面，與我剛造訪過的網站很相似。它看起來不太像一個漏斗，更像是一篇文章。我讀了這篇文章，幾分鐘之內，我看到了以前未曾見過的東西。這篇文章使用的語言和我

完全不同。它直接針對它所瞄準的保守派共和黨人，使用他們的語言，講述他們相信和關心的事情。然後，在這些故事中，它開始拉近「保守共和黨人所相信的事物」和「廣告商提供的價值」兩者之間的差距。

在這些文章的結尾都會附上連結，供讀者加入電子報，以得知更多訊息。於是我點擊連結，加入了那份電子報。我注意到，對大多數這些冷流量橋而言，他們有好一段時間都沒有試圖向我兜售任何東西。我在他們的後續漏斗中收到第一份電子報，它繼續藉由故事與我溝通概念和信念。幾則訊息之後，他們開始轉變，並把我推到他們的前端漏斗。在這個時候，連我都準備要買了。

他們並沒有把人們直接從一個冷廣告帶到一個溫暖的漏斗。相反地，他們先讓人們經歷熱身過程，為溫暖漏斗做好準備。看到這手法之後，我已準備好進入第二回合！

於是我們花了些時間，想釐清以下事項：

- 我應該用什麼語言模式（單詞和短語）來解釋我想幫助大家熱身的內容？
- 人們看到我的漏斗時，持有哪些阻止他們購買的錯誤信念？
- 我有什麼故事能消除隔閡，打破他們的錯誤信念？
- 我們需要創造哪些內容片段來講述這些故事？

然後我們寫了一篇登陸頁文章，這將成為我們的冷流量預框架橋。當我們第二次買下單獨廣告，發送給名單列表，我們將所有流

量引導到這個文章頁面。從該文章頁面，設計引導人們到一個能獲取他們電子郵件地址的潛在客戶漏斗，然後打造一個後續漏斗，將他們帶往部落格上的貼文、YouTube 上的影片，以及我們有策略地放置內容、使之熱身的其他地方。最終，在他們熱身足夠之後，我們才會介紹前端報價。

結果呢？我們終於有辦法驅動冷流量了！通常在溫流量中，我們會試圖在引導他們前往的第一個漏斗中立即實現收支平衡，但與冷流量交涉需要更長的時間，因為這是一座更長的橋。在一些通路中，我們可以在一週內實現收支平衡，不過有些其他通路則需要兩到三個月，甚至更長時間。這就是為什麼當你打破夢想百大的同溫層、接觸其他更廣大的客戶群時，你已經擁有一個穩定的價值階梯，以及能轉換的後續漏斗和序列，至關重要。如果你能讓你的報價成功將冷流量轉換，那麼就幾乎可以在任何地方購買廣告，包括在冷流量的電郵列表購買廣告，甚至是在大多數的網站買下橫幅廣告。

為了讓大多數公司每年的規模都能超過九位數，你需要掌握冷流量。不過，首先，我還是建議你們把所有的精力集中在溫流量和夢想百大上。我總是告訴大家，面前有一大堆現金，等著你去拿。如果你想在其他地方獲取更多現金，不要跨過眼前這一筆。先停下來將這一大筆錢入袋（你的熱流量和溫流量），擁有了這一切之後，再開始關注冷流量通路。

尋找其他成長駭客

OTHER GROWTH HACKS

最後，我將分享一些其他有趣方法讓流量進入你的漏斗。我可以繼續撰寫更多章節、添加更多想法，但如此一來這本書會變得太厚、乏人問津。因此，我想利用這一章來幫助你激發更多有趣的想法和成長駭客技巧，提供你和團隊開始腦力激盪，想出更多種方式讓流量進入你的漏斗。

我的好友、同為早期行銷先鋒的麥克·費爾賽梅（Mike Filsaime）在十多年前提出一個概念，他稱之為「蝴蝶行銷」（butterfly marketing）。[52] 基本上，他相信行銷中的微小變化可以產生巨大的結果。這是應用在網路行銷的因果關係。

在學校的時候，我曾聽過人們談論蝴蝶效應。我還記得老師提及，一些像蝴蝶這樣的小東西在某個地方拍動翅膀，會導致環境發生微小、幾乎察覺不到的變化，再加上天氣系統的其他變化，可能

會間接導致地球另一端形成颶風。但是蝴蝶如何與數位行銷有所關連呢？麥克認為，你可以在銷售漏斗中做很多小事情，雖然這些事情看起來微不足道，但隨著時間的推移，將通過病毒式傳播產生巨大影響。

麥克花了大量時間思考，有哪些內容可以植入銷售漏斗中，從而讓那些來到你漏斗的人主動（免費）推薦其他人（口碑行銷）。要想讓某事物能真正瘋傳爆紅，你必須通過一個被馬克・喬那稱為「交配率」（copulation rate）的轉介點，或是你的病毒式行銷成長率增長。

換句話說，如果你引介一百人到你的漏斗中，並從那時起百分之百仰賴病毒式行銷，假設這一百人當中，每個人推薦的人數少於一人，那麼你的業務發展很快就會夭折。如果他們各自只推薦一個人，那麼你的爆發式成長就會趨於平緩。然而，一旦你引介的每個人帶來一個以上的新客戶，將創造真正的病毒式傳播。

圖表 20.1　要讓某東西瘋傳、爆紅，你需要每個人幫你介紹一個以上的客戶。

現在，要達到一個真正的交配率非常困難，而且不可能永遠維持下去，因為最終你會擁有世界上的每一個人。達到飽和點後，病毒式傳播的成長就會趨緩，終至停止。

我只有一個漏斗真正達到大於 1 的真實交配率。這是我們建立的一個前端漏斗，用來招募人才進入我們正在幫助成立的新網路行銷公司。這個漏斗要求人們簽署一份保密協議（NDA），然後他們會得到五個邀請代碼，邀請其他人進入這個漏斗。在他們轉介五個人之後，將會得到另外五個邀請代碼。

我們模擬 Google 最初推出 Gmail 的方式。他們允許每名 Gmail 用戶邀請有限數量的人進入該平台。邀請變得如此有價值，以至於人們在 eBay 上以每位名額 100 美元的價格出售！[53]

我們的病毒式傳播前端漏斗在短短六週內就有超過一百六十萬人註冊。在這六個星期裡，平均每一名客戶加入我們的網站，就有三名新註冊成員，我有機會看到真正的病毒式成長。不幸的是，這個漏斗所宣傳的公司並沒有為發行做好一切準備，他們不得不推遲了三、四次，將發行時間延後九個多月。人們對此感到厭煩，病毒式傳播的成長也因而停止。

現在，大多數的我們可能不會有機會擁有一個真正的病毒式成長的網站，這沒關係。你仍然可以在你的漏斗中做很多事情來促進真正的病毒式傳播，例如「推薦朋友」式的成長，你可以將你的流量變成更多流量。以下我將與你們分享一些來自大家都耳熟能詳的公司的作為，這些作為或許會給你們一些想法，供你們將之融入到自己的漏斗中。

Dropbox：當用戶在 Dropbox 註冊帳戶時，Dropbox 在其追加銷售流中提出，如果新用戶連結自己的推特和臉書帳戶，並在這些帳戶上分享有關 Dropbox 的訊息，就會為其提供更多的免費儲存空間。這使得 Dropbox 在全球擁有超過五億名用戶！54

臉書：人們第一次建立臉書帳戶時，會被鼓勵加入所有的連絡人，如此一來臉書就可以看到這些人是否已經在這個網站上，並將你和他們聯繫起來。臉書得到所有不在該網站上的連絡人資料後，就會發送郵件邀請他們加入臉書。55

Hotmail：在 Hotmail 推出的早期，會在每封寄出的郵件加上一句簽名檔：「附註：我愛你。來 Hotmail.com 獲得免費信箱。」這個小技巧幫助他們在短短十八個月內獲得一千兩百萬名用戶。56

我聽說過一些著名成長駭客公司的故事，所以當我們推出 ClickFunnels 時，開始將這些概念融入到註冊流程中。以下提供一些我們經測試成功的技巧。

ClickFunnels ＋ Dropbox 的成長駭客：在用戶創建自己的 ClickFunnels 帳戶後，我們提供他們一個有限的帳戶，最多只能創造二十個漏斗。接著，若他們推薦新用戶使用 ClickFunnels，我們會給他們一個聯盟連結，使他們的漏斗額度從二十個增加到四十個。此舉有助於促使會員引進更多會員。

ClickFunnels ＋臉書的成長駭客：我們沒辦法讓用戶導入好友，然後給他們發送電子郵件，所以我們必須創造性思考要如何模擬這種成長駭客。當時，我們發送大量流量到網路研討會，讓人們了解 ClickFunnels。在網路研討會上，我們將向人們提供免費十四天試用帳戶的機會。我們想到一個辦法，顧客報名參加網路研討會之後，我們在後續頁面中插入「告訴朋友」說明欄。一旦他們推薦五個朋友參加自己剛註冊的網路研討會，就能免費獲得我們最暢銷的產品之一。我們發現，大多數訪客都會推薦他們的朋友，以得到免費的產品。通常來說，每次網路研討會我們都會從這些報名推薦中獲得 20％或更多的註冊。這個額外的 20％是免費流量，我們甚至不需要付錢。

ClickFunnels ＋ Hotmail 的成長駭客：推出 ClickFunnels 時，我們知道人們最終會創造數百萬個網頁。為了充分利用這一點，我們在每個頁面的底部都加上一個徽章，上面寫著「This Page Made with ClickFunnels」（這個頁面由 ClickFunnels 製作）。這個徽章是用頁面所有者的聯盟連結編碼的，它將閱聽眾帶到 ClickFunnels。由於我們讓每位 ClickFunnels 成員在註冊時都成為聯盟夥伴，因此當其他人點擊徽章並註冊 ClickFunnels 時，每個 ClickFunnels 用戶都能賺取聯盟佣金。我們允許用戶關閉徽章，但預設情況下是打開的。單就這個成長駭客來看，過去五年內，由於我們的會員頁面上都保留開放徽章，這讓我們因此增加超過一萬名會員，目前每月的經常性收入超過 100 萬美元（每年超過 1,200 萬美元）。

我們在漏斗中植入的這些成長駭客，每一個都是產生巨大結果的微小改變。雖然我們還測試過其他一些技巧，但帶來的影響不足為道，所以我告訴你們的是更成功有效的技巧，如此一來，你們在經歷別人的銷售過程時就會開始注意到它們。身為一名漏斗駭客，你應該通過成長駭客的濾鏡，密切關注註冊報名過程。多看看其他人正在做的創造性事物，或許你可以在自己的漏斗中模擬建構，然後測試你喜歡的那些項目。

　　這是一種尋找隱藏寶藏的行銷遊戲。想想看，我們在會員頁面上放置的一個小徽章，幾乎可說是後來才想到的，每年為我們帶來超過 1,200 萬美元的收入。這些小蝴蝶、成長駭客，或者隨便你怎麼稱呼，都有能力永遠改變你公司的指標。請把行銷和流量當成遊戲來看待，睜大眼睛，仔細尋找下一個出現在你面前的百萬美元成長駭客！

每天問自己，怎樣做才能每天為自己加薪？

我知道這本書讀起來並不輕鬆。不像大多數流量主題的書都會專注在討論一個平台或一個策略，我不想給你一個技巧是只在今天有用的技巧，明天或許就不管用了。我希望提供給你一個框架，你可以用它從任何平台獲得流量，不論是今天、明天或永遠。我的目標不是給你一條魚，而是教你如何釣魚，我希望我做到了。

這本書是我的網路行銷三部曲中的最後一本。對於你們當中的一些人來說，這可能會是你讀我的第一本書，因為流量是你認為你公司最缺乏的東西。然而，流量只是方程式的一部分。假如你透過這本書的策略，卻無法獲得預期的流量，那麼你通常若非有漏斗策略問題（可藉由《網路行銷究極攻略》提供的資訊，用以診斷和治癒），就是有轉換的問題（可經由掌握《專家機密》的概念來解決）。同時使用這三本書，將能幫助你對於你的網路數位行銷策略有一個更全面的看法。

現在你已讀完這本書，你可能會自問：「我接下來應該做什麼？」這本書就像是一本手冊指南，不僅是讓你只讀一遍，而是可

供你反覆參考。每個概念都建立在前一個概念的基礎上，當你在一個平台上掌握該概念之後，你可以將之添加套用在另一個平台上，以實現完全的對話主導。

但現在，我想建議你在這些想法和概念還在腦海時，先做以下事情：

- 決定你真正想服務的對象。如果你真的想讓漏斗充滿夢想客戶，你就必須比他們還更認識他們自己。
- 首先，請選擇你想發布的平台。這可能是你個人現在花最多時間使用的平台，因為你最清楚如何用這個平台的獨特語言進行交流。
- 建立你的夢想百大名單，因為他們已經在這個平台上聚集了你的夢想客戶。
- 開始為你的夢想百大挖井吧。想辦法服務他們，然後開始努力打入。
- 與此同時，你要學習如何在這個平台上花錢進場。

這是你應該開始和集中全部精力的地方，直到你的漏斗達到百萬美元俱樂部目標，也就是它至少賺了 100 萬美元。達到這一點之後，再繼續往第二個平台實施，然後第三個。用你在網路上賺的每一分錢，將利潤中很大一部分重新投資到廣告上。最後，不要停止。流量是所有公司的命脈，持續不斷的潛在客戶流，乃是生意維持繁榮的祕密。

每天都想辦法給自己加薪。問問自己：「我要如何才能獲得更多流量？」「在我的夢想百大名單中，我今天可以聯繫哪一位？」「有什麼新的整合機會？」「有哪些可以加入我夢想百大名單的新人嗎？」「我要如何讓他們成為聯盟夥伴？」「我要怎麼做才能激勵他們幫忙推銷？」「我要如何才能讓他們更常宣傳推銷？」

所有這些問題都源於我的首要問題「我怎樣才能每天給自己加薪？」。透過自問這個問題，然後翻閱《網路行銷究極攻略》、《專家機密》和這本書來找到答案。這些指南手冊並非奠基於概念想法，而是以我在戰壕裡待了十五年才發現的久經考驗的原則為根據。這些都是堅持下來並始終有效的辦法。

我希望你能利用這些祕訣，找到更多夢想客戶，並以你的最高水準為他們服務。他們在等待被你找到，這樣你就可以改變他們的生活。如果你致力於此，你的企業將成為改變人們生活的催化劑，這就是企業存在背後的真正目的。

感謝你們容我藉由這些書頁和這個系列為你們服務。這真的是一種榮譽，我迫不及待想看看你們將如何運用所學到的框架。歡迎在任何社交媒體平台上與我聯繫，跟我打招呼，並和我分享這些「流量密碼」如何改變你的人生。

謝謝你！

別忘了，你與成功只有一個漏斗的距離……

羅素・布朗森

致謝

2004 年 8 月 17 日，我和我年輕的太太在小湖邊度假。那時候，智慧型手機還沒有出現，網路在湖邊也收不到訊號。我感到與世隔絕。真好。

幾個月前，我才剛開始我的小生意，還在企圖釐清自己到底在做什麼。我很好奇在這次旅途中是否有人寄電郵給我，或者想向我買東西，於是我決定要上網查看一下我的電子信箱。

某天下午稍晚，我開車去找能上網的地方。我在小鎮上轉了一圈，終於找到一家即將關門的圖書館。外面有個牌子說可以上網，於是我就趁他們讓所有人離開的幾分鐘前，跳下車、溜了進去。

我走到一台電腦前，登入查看我的電子郵件。等待信件載入時，我開始緊張起來，希望沒有錯過任何重要的東西。當收件匣打開時，我看到了十幾封新郵件。

大多數都是廣告，沒有一封來自客戶的信，接著我看到一封特別的郵件。標題主旨寫著「我們做到了！」。這封信來自約翰‧里茲（John Reese），他是我所關注的早期網路行銷先驅之一。

「我們做到了什麼？」我開啟電郵時不禁好奇。

郵件中寫道：「我們打破了我們一直想要達成的紀錄。」我不

確定他說的是什麼紀錄，於是繼續看下去。

「我們設定一天內賺 100 萬美元的目標，推出我的新產品『流量密碼』。我們花了幾個月的時間準備這場發行活動，今天它正式推出了。在短短十八個小時內，我們的銷售額就超過 100 萬美元的目標！」

我很震驚。我靠在椅子上，一遍又一遍地讀著那句話。一個人，一個只比我大幾歲的人，一天內賺的錢比我自認為這輩子可能賺到的還多。假如他能做到的話……那麼我呢？真的有可能嗎？

然後我看了看他的產品名字：「流量密碼」。就在同一時刻，圖書館的人請我們都離開，因為他們要關門了。離開圖書館後，在這週剩下的時間裡，我滿腦子只想著「流量密碼」這個詞。如果他知道如何讓他的網站有足夠的流量，能夠一天就賺到 100 萬美元，我必須知道他的祕密。我知道流量是我現在還沒有的關鍵，如果我想讓我的生意成功，它是我所缺少的要素。

這開始了我長達十五年的旅程：學習如何讓流量（即人們）進入我的網站和漏斗。在這個過程中，我有機會向太多人學習，無法一一說出他們的名字。

比如馬克・喬那教會我電子郵件列表的力量，以及如何發展它們的策略；切特・霍姆斯向我介紹夢想百大的概念，這個概念成為我們今日如何獲得流量的框架；丹・甘迺迪和傑・亞伯拉罕教會我直效行銷的基礎；當然還有約翰・里茲，他是第一個傳授我在多個平台上獲得流量的祕密的人。

自從我開始這段旅程之後，我延攬到一些很棒的合作夥伴，他

們不僅採納這些想法，且在公司的不同部門運作。布倫特・科皮特（Brent Coppieters）和後來的戴夫・伍德沃德（Dave Woodward）幫助尋找、招募和訓練我們的聯盟軍隊，這使得導引到我們漏斗的流量比其他所有來源加起來都還要多。約翰・帕克斯在幾年前開始為我們研究臉書廣告，最終建立一個龐大的媒體購買團隊，為我們在 Google、YouTube、Pinterest、推特，以及 Snapchat 等平台上運行付費廣告，以及在所有主要平台上導引自然流量。他們不斷測試和創新這些策略，其規模之大，少有人想像得到。

每一個戰術，每一個策略，全來自於我與其他了不起的企業家和行銷人員的交談對話。要記住每一個想法從何而來是不可能的，但我在整本書中都試圖將每一個學到的概念，歸功於我記憶所及的人。

我還要感謝每一位幫助我寫這本書的人。直到著手之前，我不會相信投入這類計畫得投入這麼多時間。我想要特別感謝喬伊・安德森（Joy Anderson），她幫助編輯這本書、確保我的概念和想法維持清晰、讓我們能按進度進行、與設計師合作，以及幫助這本書順利完成。謝謝你額外花了那麼多時間幫忙完成這個傑作。

最後，我想要特別致謝。在《專家機密》出版期間，我已決定不再寫下一本書了。幾個小時後，我收到一封來自約翰・里茲的郵件，問我是否願意購買這個「流量密碼」品牌和網域名稱「TrafficSecrets.com」。我的心怦怦直跳，立刻知道這是該系列最後一本書了。如果我的企業家客戶想要他們的公司取得長期成功，我需要用最後一套重要的祕密和框架提供武裝。

我很快答應約翰，幾天後，網域名稱已歸在我的帳戶，而我也開始著手進行這個計畫。我要感謝約翰讓我能繼續保存流量密碼這個遺產。如果十五年前他沒有讓我相信這一切都是可能的，我就不可能站在這個位置和你們分享這些祕密。

章節附註

推薦序

1. Costner, Kevin. *Field of Dreams*. DVD. Directed by Phil Alden Robinson. Los Angeles: Gordon Company, 1989.

前言

2. Downey, Jr., Robert. *Avengers: Infinity War*. DVD. Directed by Anthony Russo and Joe Russo. Los Angeles: Marvel Studios, 2018.

Part One

密碼 #1

3. Collier, Robert. *The Robert Collier Letter Book*. Robert Collier Publishing Inc., 1989.
4. Newman, Lily Hay. "America's First TV Ad Cost $9 for 9 Seconds." *Slate*. July 1, 2016, https://slate.com/business/2016/07/the-first-legal-tv-commercial-aired-on-july-1-1941-for-bulova-watch-co-watch-it.html.

密碼 #2

5. Holmes, Chet. *The Ultimate Sales Machine*. Penguin Publishing Group, 2008.
6. Bilyeu, Tom. August 4, 2016. "Tom Bilyeu on Building a Unicorn." Podcast audio. *Foundr*. https://foundr.com/tom-bilyeu-quest-nutrition.
7. Derricks, Dana. *Dream 100*. Self-published. https://www.dream100book.com.
8. Tiku, Nitasha. "What's *Not* Included in Facebook's 'Download Your Data.'" *Wired* online. April 23, 2018, https://www.wired.com/story/whats-not-included-in-facebooks-download-your-data.

密碼 #4

9. Mackay, Harvey. *Dig Your Well Before You're Thirsty*. The Crown Publishing Group, 1999.

密碼 #5

10. Blau, John. "eBay Buys Skype for $2.6 Billion." *PCWorld.* September 12, 2005, https://www.pcworld.com/article/122516/article.html.

11. Rusli, Evelyn M. "Facebook Buys Instagram for $1 Billion." *The New York Times* online. April 9, 2012, https://dealbook.nytimes.com/2012/04/09/facebook-buys-instagram-for-1-billion.

密碼 #6

12. Frey, David. "Follow-Up Marketing: How to Win More Sales with Less Effort." *Business Know-How.* January 11, 2017, https://www.businessknowhow.com/marketing/less_effort.htm.

13. Litman, Mike. Presentation at Big Seminar, Atlanta, GA, 2005. http://www.generatorsoftware.com/transcription/bigsem5/MLitman.doc.

14. Kennedy, Dan. "The Most Important Question You Should Ask When Advertising." *Dan Kennedy's Magnetic Marketing.*February 26, 2013, https://nobsinnercircle.com/blog/advertising/the-most-important-question-you-should-ask-when-advertising.

密碼 #7

15. Spiegel, Danny. "Today in TV History: Bill Clinton and His Sax Visit Arsenio." *TV Insider* online. June 3, 2015, https://www.tvinsider.com/2979/rerun-bill-clinton-on-arsenio-hall.

16. *Celebrity Apprentice*, "Walking Papers, Parts 1 and 2," NBC, April 1, 2012.

17. Vaynerchuk, Gary. Presentation at Traffic & Conversion Summit, San Diego, CA, 2016.

18. Durmonski, Ivaylo, Lisa Parmley, Mohit Pawar, and Prashant Pillai. "Endure Long Enough to Get Noticed." *Nathan Barry.* February 18, 2019, https://nathanbarry.com/endure.

19. Vaynerchuk, Gary. "Document, Don't Create: Creating Content That Builds Your Personal Brand." *GaryVaynerchuk.com.* December 2, 2016, https://www.garyvaynerchuk.com/creating-content-that-builds-your-personal-brand.

20. Barrymore, Drew, and David Arquette. *Never Been Kissed.* DVD. Directed by Raja Gosnell. Los Angeles: Fox 2000 Pictures, 1999.

Part Two

密碼 #10

21. Wikipedia contributors. "Timeline of Instagram." *Wikipedia, The Free Encyclopedia.* Accessed September 27, 2019, https://en.wikipedia.org/w/index.php?title=Timeline_of_Instagram&oldid=916307088.

22. Smith, Kit. "49 Incredible Instagram Statistics You Need to Know." *Brandwatch*. May 7, 2019. https://www.brandwatch.com/blog/instagram-stats.

23. Hartmans, Avery and Rob Price. "Instagram Just Reached 1 Billion Users." *Business Insider* online. June 20, 2018, https://www.businessinsider.com/instagram-monthly-active-users-1-billion-2018-6.

24. Rusli, Evelyn. "Facebook Buys Instagram for $1 Billion." *The New York Times* online. April 9, 2012, https://dealbook.nytimes.com/2012/04/09/facebook-buys-instagram-for-1-billion.

25. Shinal, John. "Mark Zuckerburg Couldn't Buy Snapchat Years Ago, And Now He's Close to Destroying The Company." *CNBC* online. July 12, 2017,https://www.cnbc.com/2017/07/12/how-mark-zuckerberg-has-used-instagram-to-crush-evan-spiegels-snap.html.

密碼 #11

26. "Then and Now: A History of Social Networking Sites." *CBS News* online. Accessed September 26, 2019, https://www.cbsnews.com/pictures/then-and-now-a-history-of-social-networking-sites.

27. Patrizio, Andy. "ICQ, The Original Instant Messenger, Turns 20." *Network World*. November 18, 2016, https://www.networkworld.com/article/3142451/icq-the-original-instant-messenger-turns-20.html.

28. Noyes, Dan. "Top 20 Valuable Facebook Statistics - Updated September 2019." *Zephoria Digital Marketing*. Accessed September 26, 2019, https://zephoria.com/top-15-valuable-facebook-statistics.

29. Tiku, Nitasha. "What's *Not* Included in Facebook's 'Download Your Data.'" *Wired* online. April 23, 2018, https://www.wired.com/story/ whats-not-included-in-facebooks-download-your-data.

30. "Facebook Unveils Facebook Ads." *Facebook Newsroom*. November 6, 2007, https://newsroom.fb.com/news/2007/11/facebook-unveils-facebook-ads.

31. Vaynerchuk, Gary. *Jab, Jab, Jab, Right Hook*. HarperCollins Publishing, 2013.

32. Constine, Josh. "Facebook Launches Messenger Platform with Chatbots." *TechCrunch*. April 12, 2016, https://techcrunch.com/2016/04/12/agents-on-messenger.

密碼 #12

33. McAlone, Nathan. "The True Story Behind Google's Hilarious First Name: BackRub." *Business Insider* online. October 6, 2015, https://www.businessinsider.com/the-true-story-behind-googles-first-name-backrub-2015-10.

34. Soulo, Tim. "Google PageRank Is NOT Dead: Why It Still Matters." *SEO* (Blog). August 6, 2019, https://ahrefs.com/blog/google-pagerank.

35. "On-Page Ranking Factors." *MOZ*. Accessed September 26, 2019, https://moz.com/learn/seo/on-page-factors.

36. "Panda, Penguin and Hummingbird: Google Algorithm Zoo Explained." *Avocado SEO*. November 11, 2016, https://avocadoseo.com/panda-penguin-hummingbird-google-algorithm-zoo-explained.

37. Schachinger, Kristine. "Everything You Need to Know About the Google 'Fred' Update." *Search Engine Journal*. December 19, 2019, https://www.searchenginejournal.com/google-algorithm-history/fred-update.

38. *Late Show with David Letterman*. CBS, 1993–2015.

39. Dean, Brian. "Link Building Case Study: How I Increased My Search Traffic by 110% in 14 Days." *Backlinko*. September 2, 2016, https://backlinko.com/skyscraper-technique.

40. Dean, Brian. "Skyscraper Technique: SEO Strategy Checklist." *Backlinko*.https://backlinko.com/wp-content/uploads/2015/10/Backlinko_SkyscraperTechnique-Checklist.pdf.

密碼 #13

41. Chi, Clifford. "51 YouTube Stats Every Video Marketer Should Know In 2019." *HubSpot*. February 12, 2019, https://blog.hubspot.com/marketing/youtube-stats.

42. Wikipedia contributors. "History of YouTube." *Wikipedia, The Free Encyclopedia*. Accessed September 27, 2019, https://en.wikipedia.org/w/index.php?title=History_of_YouTube&oldid=916710807.

密碼 #14

43. "Podcast Statistics (2019) – Newest Available Data Infographic." *Music Oomph*. Accessed September 26, 2019, https://musicoomph.com/podcast-statistics.

44. Harbinger, Jordan. March 14, 2018. "Jordan Harbinger Tells Me How He Booked Guests Like Shaq and Other Podcasting Techniques." Podcast audio. *Mixergy*. https://mixergy.com/interviews/the-jordan-harbinger-show-with-jordan-harbinger.

45. Harbinger, Jordan. August 15, 2019. "Introducing The Jordan Harbinger Show." Podcast audio. *Business Wars*. https://www.stitcher.com/podcast/business-wars/e/63233619.

密碼 #15

46. *The Jerry Springer Show*. NBC, 1991–2018.

Part Three

密碼 #17

47. "Daymond John." *The Shark Group*. Accessed September 26, 2019, https://www.thesharkgroup.com/speaking/daymond-john.

48. "Lori Greiner." LoriGreiner.com. Accessed September 26, 2019, http://www.lorigreiner.com/meet-lori.html.
49. "Mark's Bio." Mark Cuban Companies. Accessed September 26, 2019, http://markcubancompanies.com/about.html.

密碼 #18

50. Ferriss, Tim. The 4-Hour Workweek. Potter/Ten Speed/Harmony/Rodale, 2009.

密碼 #19

51. Schwartz, Eugene M. Breakthrough Advertising. Boardroom Reports Inc., 1984.

密碼 #20

52. Filsaime, Mike. Butterfly Marketing Manuscript 3.0. CreateSpace, 2011.
53. "Gmail Invites Auctioned on eBay." Geek.com. May 3, 2004, https://www.geek.com/news/gmail-invites-auctioned-on-ebay-556690.
54. Drew and Arash. "Celebrating Half a Billion Users." Dropbox. March 7, 2016, https://blog.dropbox.com/topics/company/500-million.
55. Strickland, Jonathan. "How Facebook Works." HowStuffWorks. Accessed September 26, 2019. https://computer.howstuffworks.com/internet/social-networking/networks/facebook.htm.
56. "PS: I Love You. Get Your Free Email at Hotmail." TechCrunch online. October 19, 2009, https://techcrunch.com/2009/10/18/ps-i-love-you-get-your-free-email-at-hotmail.
* Magnet free icon Created by flaticon.

流量密碼

Traffic Secrets: The Underground Playbook for Filling Your Websites and Funnels with Your Dream Customers

作　　者	羅素‧布朗森（Russell Brunson）	
譯　　者	許玉意	
主　　編	林玟萱	

總 編 輯　李映慧
執 行 長　陳旭華（ymal@ms14.hinet.net）

社　　長　郭重興
發行人兼
出版總監　曾大福
出　　版　大牌出版／遠足文化事業股份有限公司
發　　行　遠足文化事業股份有限公司
地　　址　23141 新北市新店區民權路 108-2 號 9 樓
電　　話　+886- 2- 2218 1417
傳　　真　+886- 2- 8667 1851

印務協理　江域平
封面設計　陳文德
排　　版　新鑫電腦排版工作室
印　　製　成陽印刷股份有限公司
法律顧問　華洋法律事務所　蘇文生律師

定　　價　540 元
初　　版　2022 年 09 月
有著作權　侵害必究（缺頁或破損請寄回更換）
本書僅代表作者言論，不代表本公司／出版集團之立場與意見

電子書 E-ISBN
9786267191002 (PDF)
9786267191019 (EPUB)

國家圖書館出版品預行編目資料

流量密碼 / 羅素‧布朗森（Russell Brunson）著 ; 許玉意譯. -- 初版. --
　　新北市 : 大牌出版 , 遠足文化事業股份有限公司發行 , 2022.09
　　面 ;　公分
　　譯自：Traffic secrets : the underground playbook for filling your web-
　　　　sites and funnels with your dream customers.

　　ISBN 978-626-7102-73-2（平裝）

　　1. 網路行銷　2. 顧客關係管理　3. 電子商務